安全施工从这里开始

施工现场机械安全

张平安　主编

中国·武汉

图书在版编目(CIP)数据

施工现场机械安全/张平安主编. —武汉：华中科技大学出版社，2013.9
(安全施工从这里开始)
ISBN 978-7-5609-9234-1

Ⅰ.①施… Ⅱ.①张… Ⅲ.①建筑机械-安全管理 Ⅳ.①TU607

中国版本图书馆 CIP 数据核字(2013)第 159447 号

安全施工从这里开始
施工现场机械安全 张平安 主编

出版发行：华中科技大学出版社(中国·武汉)
地　　址：武汉市武昌珞喻路 1037 号(邮编：430074)
出 版 人：阮海洪

责任编辑：杨峭菲 责任监印：秦　英
责任校对：李　雪 装帧设计：王亚平

印　　刷：北京京丰印刷厂
开　　本：787 mm×1092 mm　1/16
印　　张：13.5
字　　数：354 千字
版　　次：2013 年 9 月第 1 版第 1 次印刷
定　　价：34.00 元

投稿热线：(010)64155588－8038　hzjzgh@163.com
本书若有印装质量问题，请向出版社营销中心调换
全国免费服务热线：400－6679－118　竭诚为您服务

本书内容主要包括：施工现场机械安全基础、施工现场机械安全操作、施工现场常用机械性能及常见故障。

本书结合了国家及建筑行业最新颁布实施的质量验收规范、职业健康和安全要求等，力求做到安全要求内容最新，文字通俗易懂、深入浅出，并辅以插图、表格，能满足不同文化层次建筑工程施工人员的需要，具有较强的可读性和指导性。本书可作为工程施工操作人员的必备辅导书籍和培训教材。

建筑业是一个危险较高、事故多发的行业。建筑施工中人员流动大、露天和高处作业多、工程施工的复杂性及工作环境的多变性都导致施工现场安全事故频发。因此，非常有必要对施工现场进行系统化的管理。

施工过程中，我们应该对可能发生的事故隐患和可能发生安全问题的环节予以充分重视并加以防护，从而控制人的不安全行为和物的不安全状态。

随着国民经济的进一步发展，城市建设的速度和规模也达到了空前的水平，工程建设过程中逐渐引进了先进的施工技术和设备。为了保证这些技术和设备的安全使用，我们特地组织相关专业的人员编写了"安全施工从这里开始"系列丛书，旨在提高施工人员自身业务能力，保证自身安全，防止安全事故的发生。

本丛书包括：

《施工安全资料》；

《施工现场机械安全》；

《施工现场临时用电安全》；

《施工现场安全》。

本丛书结合《建筑机械使用安全技术规程》（JGJ 33—2012）、《施工现场临时用电安全技术规范》（JGJ 46—2005）等现行国家标准进行编写，重点介绍了施工现场存在的安全隐患、施工安全资料的编写及施工机械的安全操作、临时用电安全等内容，并尽量做到重点突出、表达简练。

参加本丛书编写的主要人员有葛新丽、张福芳、高宗峰、王茂作、张桂云、张平安、李同庆、王丽平、计富元、曲琳、梁燕、郭玉忠、郭雪峰、张蒙、郝鹏飞、张日新等。

由于编者水平有限，加之编写时间仓促，书中存在不足之处在所难免，恳请广大读者予以批评和指正。

编者

2013年7月

目录

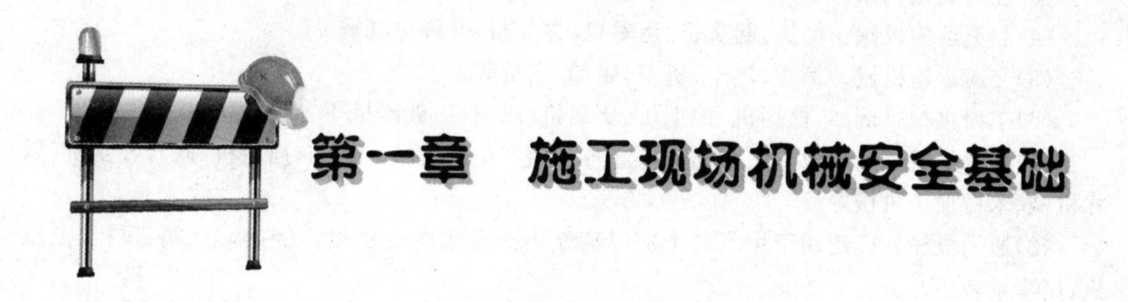

第一章　施工现场机械安全基础

第一节　施工机械相关知识

一、机械产品分类

1. 机械产品的主要类别

机械设备种类繁多。机械设备运行时，其一些部件甚至其本身可进行不同形式的机械运动。机械设备由驱动装置、变速装置、传动装置、工作装置、制动装置、防护装置、润滑系统和冷却系统等部分组成。

机械行业的主要产品包括以下12类。

(1)农业机械。例如，拖拉机、播种机、收割机械等。

(2)重型矿山机械。例如，冶金机械、矿山机械、起重机械、装卸机械、工矿车辆、水泥设备等。

(3)工程机械。例如，叉车、铲土运输机械、压实机械、混凝土机械等。

(4)石油化工通用机械。例如，石油钻采机械、炼油机械、化工机械、泵、风机、阀门、气体压缩机、制冷空调机械、造纸机械、印刷机械、塑料加工机械、制药机械等。

(5)电工机械。例如，发电机械、变压器、电动机、高低压开关、电线电缆、蓄电池、电焊机、家用电器等。

(6)机床。例如，金属切削机床、锻压机械、铸造机械、木工机械等。

(7)汽车。例如，载货汽车、公路客车、轿车、改装汽车、摩托车等。

(8)仪器仪表。例如，自动化仪表、电工仪器仪表、光学仪器、成分分析仪、汽车仪器仪表、电料装备、电教设备、照相机等。

(9)基础机械。例如，轴承、液压件、密封件、粉末冶金制品、标准紧固件、工业链条、齿轮、模具等。

(10)包装机械。例如，包装机、装箱机、输送机等。

(11)环保机械。例如，水污染防治设备、大气污染防治设备、固体废物处理设备等。

(12)其他机械。

非机械行业的主要产品包括铁道机械、建筑机械、纺织机械、轻工机械、船舶机械等。

2. 按机械设备的使用功能分类

从行业部门管理角度，机械设备通常按特定的功能用途分为十大类。

(1)动力机械。例如，锅炉、汽轮机、水轮机、内燃机、电动机等。

(2)金属切削机床。例如，车床、铣床、磨床、刨床、齿轮加工机床等。

(3)金属成型机械。例如,锻压机械(包括各类压力机)、铸造机械、辊轧机械等。

(4)起重运输机械。例如,起重机、运输机、卷扬机、升降电梯等。

(5)交通运输机械。例如,汽车、机车、船舶、飞机等。

(6)工程机械。例如,挖掘机、推土机、铲运机、压路机、破碎机等。

(7)农业机械。用于农、林、牧、副、渔业各种生产中的机械。例如,插秧机、联合收割机、园林机械、木材加工机械等。

(8)通用机械。广泛用于生产各个部门甚至生活设施中的机械。例如,泵、阀、风机、空压机、制冷设备等。

(9)轻工机械。例如,纺织机械、食品加工机械、造纸机械、印刷机械、制药设备等。

(10)专用设备。各行业生产中专用的机械设备。例如,冶金设备、石油化工设备、矿山设备、建筑材料和耐火材料设备、地质勘探设备等。

3. 按能量转换方式不同分类

(1)产生机械能的机械。例如,蒸汽机、内燃机、电动机等。

(2)转换机械能为其他能量的机械。例如,发电机、泵、风机、空压机等。

(3)使用机械能的机械。这是应用数量最大的一类机械。例如,起重机、工程机械等。

4. 按设备规模和尺寸大小分类

按设备规模和尺寸大小可分为中小型、大型、特重型三类机械设备。

5. 从安全卫生的角度分类

根据我国对机械设备安全管理的规定,借用欧盟机械指令危险机械的概念,从机械使用安全卫生的角度,可以将机械设备分为三类:

(1)一般机械。事故发生概率很小,危险性不大的机械设备。例如,数控机床、加工中心等。

(2)危险机械。危险性较大的、人工上下料的机械设备。例如,木工机械、冲压剪切机械、塑料(橡胶)射出或压缩成型机械等。

(3)特种设备。涉及生命安全、危险性较大的设备设施,包括承压类设备(锅炉、压力容器和压力管道)、机电类设备(电梯、起重机械、客运索道和大型游乐设施)和厂内运输车辆。

二、机械设备的危险部位及传动机构安全防护对策

1. 机械设备的危险部位

机械设备可造成碰撞、夹击、剪切、卷入等多种伤害。其主要危险部位如下:

(1)旋转部件和成切线运动部件间的咬合处,如动力传输皮带和皮带轮、链条和链轮、齿条和齿轮等。

(2)旋转的轴,包括连接器、芯轴、卡盘、丝杠和杆等。

(3)旋转的凸块和孔处,含有凸块或空洞的旋转部件是很危险的,如风扇叶、凸轮、飞轮等。

(4)对向旋转部件的咬合处,如齿轮、混合辊等。

(5)旋转部件和固定部件的咬合处,如辐条手轮或飞轮和机床床身、旋转搅拌机和无防护开口外壳搅拌装置等。

(6)接近类型,如锻锤的锤体、动力压力机的滑枕等。

(7)通过类型,如金属刨床的工作台及其床身、剪切机的刀刃等。

(8)单向滑动部件,如带锯边缘的齿、砂带磨光机的研磨颗粒、凸式运动带等。

(9)旋转部件与滑动部件之间,如某些平板印刷机面上的机构、纺织机床等。

2. 机械传动机构安全的防护对策

机床上常见的传动机构有齿轮啮合机构、皮带传动机构、联轴器等。这些机构高速旋转着，人体某一部位有可能被带进去而造成伤害事故，因而有必要把传动机构危险部位加以防护，以保护操作者的安全。

在齿轮传动机构中，两轮开始啮合的地方最危险，如图 1-1 所示。在皮带传动机构中，皮带开始进入皮带轮的部位最危险，如图 1-2 所示。联轴器上裸露的突出部分有可能钩住工人衣服等，给工人造成伤害，如图 1-3 所示。

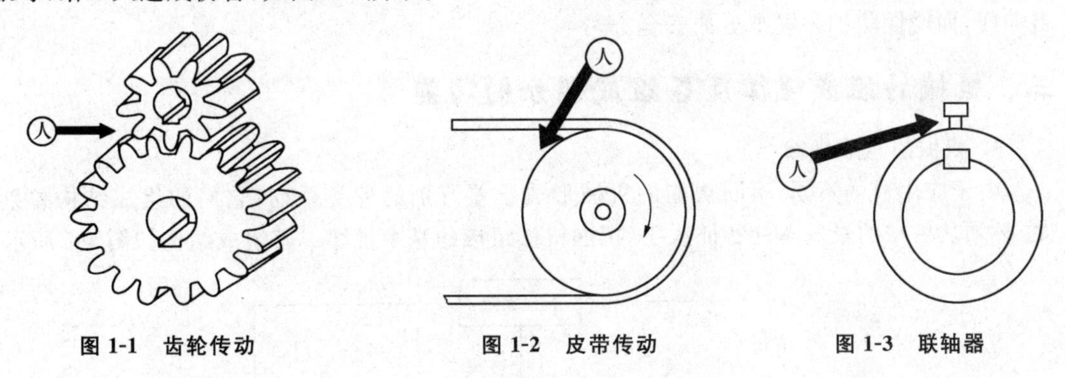

图 1-1　齿轮传动　　图 1-2　皮带传动　　图 1-3　联轴器

(1)齿轮传动的安全防护。啮合传动有齿轮(直齿轮、斜齿轮、伞齿轮、齿轮齿条等)啮合传动、蜗轮蜗杆和链条传动等。

齿轮传动机构必须装置全封闭型的防护装置。应该强调的是：机器外部绝不允许有裸露的啮合齿轮，不管啮合齿轮处于何种位置，因为即使啮合齿轮处于操作人员不常到的地方，工人在维护保养机器时也有可能与其接触而带来不必要的伤害。在设计和制造机器时，应尽量将齿轮装入机座内，而不使其外露。对于一些历史遗留下来的老设备，如发现啮合齿轮外露，就必须进行改造，加上防护罩。齿轮传动机构没有防护罩不得使用。

防护装置的材料可用钢板或铸造箱体，必须坚固牢靠，保证在机器运行过程中不发生振动。要求装置合理，防护罩的外壳与传动机构的外形相符，同时应便于开启，便于维护保养机器，即要求能方便地打开和关闭。为了引起人们的注意，防护罩内壁应涂成红色，最好装电气联锁，使防护装置在开启的情况下机器停止运转。另外，防护罩壳体本身不应有尖角和锐利部分，并尽量使之既不影响机器的美观，又起到安全作用。

(2)皮带传动的安全防护。皮带传动的传动比精确度较齿轮啮合的传动比差，但是当过载时，皮带打滑，起到了过载保护作用。皮带传动机构传动平稳、噪声小、结构简单、维护方便，因此广泛应用于机械传动中。但是，由于皮带摩擦后易产生静电放电现象，故不适用于容易发生燃烧或爆炸的场所。

皮带传动机构的危险部分是皮带接头处、皮带进入皮带轮的地方，如图 1-4 中箭头所指部位应加以防护。

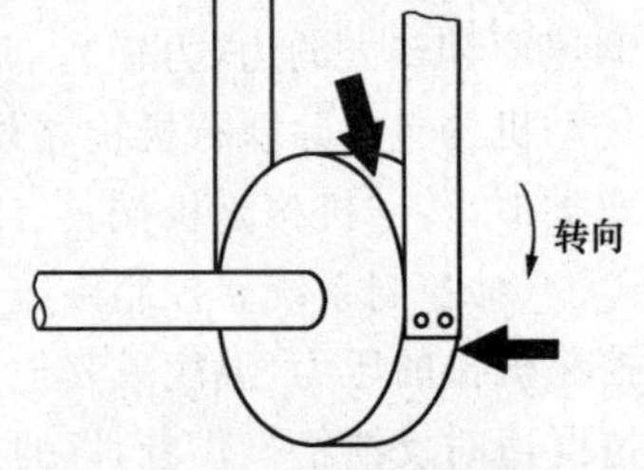

图 1-4　皮带传动危险部位

皮带传动装置的防护罩可采用金属骨架的防护网，与皮带的距离不应小于 50 mm，设计应合理，不应影响机器的运行。一般传动机构离地面 2 m 以下，应设防护罩。但在下列3 种情况下，即使传动机构离地面 2 m 以上也应加以防护：皮带轮中心距之间的距离在 3 m 以上；皮带宽度在 15 cm 以上；皮带回转的速度在9 m/min以上。这样，万一皮带断裂，不至于伤人。

皮带的接头必须牢固可靠，安装皮带应松紧适宜。皮带传动机构的防护可采用将皮带全部遮盖起来的方法，或采用防护栏杆防护。

(3)联轴器等的安全防护。一切突出于轴面而不平滑的物件(键、固定螺钉等)均增加了轴的危险性。联轴器上突出的螺钉、销、键等均可能给人们带来伤害。因此对联轴器的安全要求是没有突出的部分，即采用安全联轴器。但这样还没有彻底排除隐患，根本的办法就是加防护罩，最常见的是Ω形防护罩。

轴上的键及固定螺钉必须加以防护，为了保证安全，螺钉一般应采用沉头螺钉，使之不突出轴面，而增设防护装置则更加安全。

三、机械的组成规律及各组成部分的功能

1. 机械的组成规律

由于应用目的不同，不同功能的机械形成千差万别的种类系列，它们的组成结构差别很大，必须从机械的最基本的特征入手，把握机械组成的基本规律。其组成结构如图1-5所示。

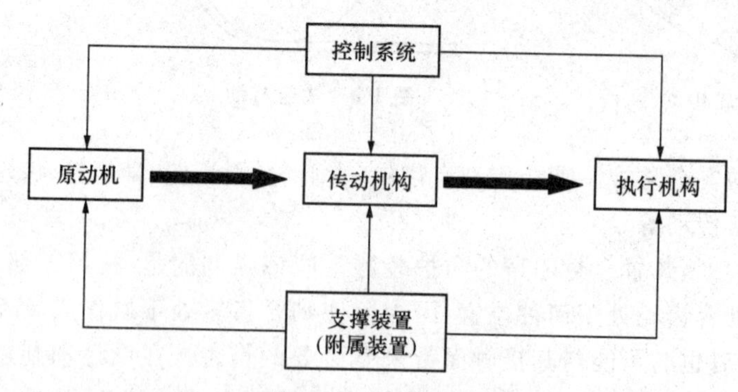

图1-5 机械的组成结构

2. 机械各组成部分的功能

(1)原动机。原动机提供机械工作运动的动力源。常用的原动机有电动机、内燃机、人力或畜力(常用于轻小设备或工具，作为特殊场合的辅助动力)和其他形式等。

(2)执行机构。执行机构也称为“工作机构”，是实现机械应用功能的主要机构。通过刀具或其他器具与物料的相对运动或直接作用，改变物料的形状、尺寸、状态或位置。执行机构是区别不同功能机械的最有特性的部分，它们之间的结构组成和工作原理往往有很大差别。执行机构及其周围区域是操作者进行作业的主要区域，称为“操作区”。

(3)传动机构。传动机构用来将原动机与执行机构联系起来，传递运动和力(力矩)，或改变运动形式。对于大多数机械，传动机构将原动机的高转速低转矩转换成执行机构需要的较低速度和较大的力(力矩)。常见的传动机构有齿轮传动、带传动、链传动、曲柄连杆机构等。传动机构包括除执行机构之外的绝大部分可运动零部件。不同功能机械的传动机构可以相同或类似，传动机构是机械具有共性的部分。

(4)控制系统。控制系统是人机接口部位，可操纵机械的启动、制动、换向、调速等运动，或控制机械的压力、温度或其他工作状态，包括各种操纵器和显示器。显示器可以把机械的运行情况适时反馈给操作者，以便操作者通过操纵器及时、准确地控制、调整机械的状态，保证作业任务的顺利进行，防止发生事故。

(5)支撑装置。用来连接、支撑机械的各个组成部分，承受工作外载荷和整个机械的质量，是

机械的基础部分，有固定式和移动式两类。固定式支撑装置与地基相连(例如机床的基座、床身、导轨、立柱等)，移动式支撑装置可带动整个机械运动(例如可移动机械的金属结构、机架等)。支撑装置的变形、振动和稳定性不仅影响加工质量，还直接关系到作业的安全。

附属装置包括安全防护装置、润滑装置、冷却装置、专用的工具装备等，它们对保护人员安全、维持机械的稳定正常运行和进行机械维护保养起着重要的作用。

四、机械使用状态

(1)正常工作状态。人们往往存在认识的误区，认为在机械的正常工作状态不应该有危险，其实不然。在机械完成预定功能的正常运转过程中，具备运动要素并产生直接后果，运转期间仍然存在着各种不可避免的危险。

(2)非正常工作状态。在机械作业运转过程中，由于各种原因引起的意外状态。原因可能是动力突然丧失(失电)，也可能是来自外界的干扰等。机械的非正常工作状态往往没有先兆，可直接导致或轻或重的事故危害。

(3)故障状态。它是指机械设备(系统)或零部件丧失了规定功能的状态。设备的故障，会造成整个机械设备的正常运行停止，有时关键机械的局部故障会影响整个流水线运转、甚至使整个车间停产，给企业带来经济损失。

从人员的安全角度看，故障状态可能会导致两种结果。有些故障的出现，对所涉及机械的安全功能影响很小，不会出现什么大的危险。例如，当机械的动力源或某零部件发生故障时，使机械停止运转，机械处于故障保护状态，一切由于运动所导致的危险都不存在了。而有些故障的出现，会导致某种危险状态。

(4)非工作状态。机器停止运转，处于静止状态。在大多数情况下，机械基本是安全的。但不排除由于环境照度不够，导致人员与机械悬凸结构的碰撞、跌入机坑的危险；结构坍塌，室外机械在风力作用下的滑移或倾覆；堆放的易燃易爆原材料在适宜环境条件下的燃烧爆炸等。

(5)检修保养状态。它是指维护和修理所进行的作业活动，包括保养、修理、改装、翻建、检查、状态监控和防腐润滑等。尽管检修保养一般在停机状态下进行，但其作业的特殊性往往迫使检修人员采用一些超常规的操作行为。

第二节　危险有害因素识别及机械事故原因分析

一、危险有害因素

1. 危险有害因素的基本概念

根据外界因素对人的作用机理、作用时间和作用效果，在狭义概念上，常分为危险因素和有害因素。

(1)危险因素。它是指直接作用于人的身体，可能导致人员伤亡后果的外界因素，强调危险事件的突发性和瞬间作用。例如，物体打击、刀具切割、电击等。直接危害即狭义安全问题。

(2)有害因素。它是指通过人的生理或心理对人体健康间接产生的危害，可能导致人员患病的外界因素。强调在一定时间范围的累积作用效果。例如，粉尘、噪声、振动、辐射危害等。间接危害即狭义卫生问题。

机械设备及其生产过程中存在的危险因素和有害因素，在很多情况下是来自同一源头的同一因素，由于转变条件和存在状态不同、量值和浓度不同、作用的时间和空间不同等原因，其后果有很大差别。有时表现为人身伤害，这时常被视为危险因素；有时由于影响健康引发职业病，又被视为有害因素；有时两者兼而有之，是危险因素还是有害因素，容易造成认识混乱，反而不利于危险因素的识别和安全风险分析评价。为便于管理，现在对此分类的趋势是，对危险因素和有害因素不加更细区分，统称为“危险有害因素”，或将二者并为一体，统称为“危险因素”。

2. 危险有害因素产生的原因

危险有害因素造成事故或灾难，本质上是由于存在着能量和有害物质，且能量或有害物质失去控制（泄漏、散发、释放等）。因此，能量和有害物质存在并失控是危险有害因素产生的根源。

二、危险有害因素的分类

1. 主要危险有害因素类型

在机械行业，存在以下主要危险和危害因素：

(1)物体打击。物体打击指物体在重力或其他外力的作用下产生运动，打击人体而造成人身伤亡事故。不包括主体机械设备、车辆、起重机械、坍塌等引发的物体打击。

(2)车辆伤害。车辆伤害指企业机动车辆在行驶中引起的人体坠落和物体倒塌、飞落、挤压等伤亡事故。不包括起重提升、牵引车辆和车辆停驶时发生的事故。

(3)机械伤害。机械伤害指机械设备运动或静止部件、工具、加工件直接与人体接触引起的挤压、碰撞、冲击、剪切、卷入、绞绕、甩出、切割、切断、刺扎等伤害，不包括车辆、起重机械引起的伤害。

(4)起重伤害。起重伤害指各种起重作业（包括起重机械安装、检修、试验）中发生的挤压、坠落、物体（吊具、吊重物）打击等。

(5)触电。触电包括各种设备、设施的触电，电工作业时触电，以及雷击等。

(6)灼烫。灼烫指火焰烧伤、高温物体烫伤、化学灼伤（酸、碱、盐、有机物引起的体内外的灼伤）、物理灼伤（光、放射性物质引起的体内外的灼伤）。不包括电灼伤和火灾引起的烧伤。

(7)火灾。火灾包括火灾引起的烧伤和死亡。

(8)高处坠落。高处坠落指在高处作业中发生坠落造成的伤害事故。不包括触电坠落事故。

(9)坍塌。坍塌是指物体在外力或重力作用下，超过自身的强度极限或因结构稳定性破坏而造成的事故。如挖沟时的土石塌方、脚手架坍塌、堆置物倒塌、建筑物坍塌等。不适用于矿山冒顶片帮和车辆、起重机械、爆破引起的坍塌。

(10)火药爆炸。火药爆炸指火药、炸药及其制品在生产、加工、运输、储存中发生的爆炸事故。

(11)化学性爆炸。化学性爆炸指可燃性气体、粉尘等与空气混合形成爆炸混合物，接触引爆源发生的爆炸事故（包括气体分解、喷雾爆炸等）。

(12)物理性爆炸。物理性爆炸包括锅炉爆炸、容器超压爆炸等。

(13)中毒和窒息。包括中毒、缺氧窒息、中毒性窒息。

(14)其他伤害。其他伤害指除上述以外的伤害，如摔、扭、挫、擦等伤害。

2. 危险有害因素按机械设备自身的特点分类

按机械设备自身的特点、能量形式及作用方式，将机械加工设备及其生产过程中的不利因素，分为机械的危险有害因素和非机械的危险有害因素两大类。

(1)机械的危险有害因素。指机械设备及其零部件(静止的或运动的)直接造成人身伤亡事故的灾害性因素。例如，由钝器造成挫裂伤、锐器导致的割伤、高处坠落引发的跌伤等机械性损伤。

(2)非机械的危险有害因素。指机械运行生产过程及作业环境中可导致非机械性损伤事故或职业病的因素。例如，电气危险、热危险、噪声和振动危险、辐射危险，由机械加工、使用或排出的材料和物质产生的危险，在设计时由于忽略人类工效学产生的危险等。

无论是导致直接危害还是间接危害的影响因素，标准不再细分危险因素与有害因素，一律称为"危险因素"。标准第一次将未履行安全人机学原则产生的危险明确为危险因素之一。

三、机械运行过程中产生的危险

1. 机械危险

由于机械设备及其附属设施的构件、零件、工具、工件或飞溅的固体、流体物质等的机械能(动能和势能)作用，可能产生伤害的各种物理因素，以及与机械设备有关的滑绊、倾倒和跌落危险。

2. 电气危险

电气危险的主要形式是电击、燃烧和爆炸。电气危险产生的条件有人体与带电体的直接接触或接近高压带电体，静电现象，带电体绝缘不充分而产生漏电，线路短路或过载引起的熔化粒子喷射、热辐射和化学效应，由于电击所导致的惊恐使人跌倒、摔伤等。

3. 温度危险

人体与超高温物体、材料、火焰或爆炸物接触，以及热源辐射所产生的烧伤或烫伤；高温生理反应；低温冻伤和低温生理反应；高温引起的燃烧或爆炸等。产生温度危险的条件有环境温度，冷、热源辐射或直接接触高、低温物体(材料、火焰或爆炸物等)。

4. 噪声危险

主要危险源有机械噪声、电磁噪声和空气动力噪声等。根据噪声的强弱和作用时间不同，可造成耳鸣、听力下降、永久性听力损伤，甚至爆震性耳聋等；再有是对生理的影响(包括对神经系统、心血管系统的影响)；还可能使人产生厌烦、精神压抑等不良心理反应；干扰语言和听觉信号从而可能继发其他危险等。

5. 振动危险

按振动作用于人体的方式，可分为局部振动和全身振动。振动可对人体造成生理和心理的影响，严重的振动可能产生生理严重失调等病变。

6. 辐射危险

某些辐射源可杀伤人体细胞和机体内部的组织，轻者会引起各种病变，重者会导致死亡。各种辐射源可分为电离辐射和非电离辐射两类。

(1)电离辐射包括X射线、γ射线、α粒子、β粒子、质子、中子、高能电子束等。

(2)非电离辐射包括电波辐射(低频、无线电射频和微波辐射)、光波辐射(红外线、紫外线和可见光辐射)和激光等。

7. 材料和物质产生的危险

(1)接触或吸入有害物,可能是有毒、腐蚀性或刺激性的液、气、雾、烟和粉尘等。

(2)生物(如霉菌)和微生物(病毒或细菌)、致害动物、植物及动物的大机体等。

(3)火灾与爆炸危险。

(4)料堆(垛)坍塌、土/岩滑动造成淹埋所致的窒息危险。

8. 不符合安全人机工程学原则产生的危险

由于机械设计或环境条件不符合安全人机工程学原则,存在与人的生理或心理特征、能力不协调之处,可能产生以下危险:

(1)对生理的影响。超负荷、长期静态或动态操作姿势、超劳动强度导致的危险。

(2)对心理的影响。由于精神负担过重而紧张、生产节奏过缓而松懈、思想准备不足而恐惧等心理作用而产生的危险。

(3)对人操作的影响。表现为操作偏差或失误而导致的危险等。

(4)其他影响。不符合卫生要求的气温、湿度、气流、照明等作业环境。

9. 综合性危险

存在于机械设备及生产过程中的危险有害因素涉及面很宽,既有设备自身造成的危害,又有材料和物质产生的危险,也有生产过程中人的不安全因素,还有工作环境恶劣、劳动条件差(如负荷操作)等原因带来的灾害,表现为复杂、多样、动态、随机的特点。有些单一危险看起来微不足道,当它们组合起来时就可能发展为严重危险。

四、机械伤害的基本类型及预防对策

1. 机械伤害的基本类型

(1)卷绕和绞缠的危险。引起这类伤害的是做回转运动的机械部件。如轴类零件,包括联轴器、主轴、丝杠等;回转件上的凸出形状,如安装在轴上的凸出键、螺栓或销钉、手轮上的手柄等;旋转运动的机械部件的开口部分,如链轮、齿轮、皮带轮等圆轮形零件的轮辐,旋转凸轮的中空部位等。旋转运动的机械部件将人的头发、饰物(如项链)、手套、肥大衣袖或下摆随回转件卷绕,继而引起对人的伤害。

(2)挤压、剪切和冲击的危险。引起这类伤害的是做往复直线运动的零部件。其运动轨迹可能是横向的,如大型机床的移动工作台、牛头刨床的滑枕、运转中的带链等;也可能是垂直的,如剪切机的压料装置和刀片、压力机的滑块、大型机床的升降台等。两个物件相对运动状态可能是接近型,距离越来越近,甚至最后闭合;也可能是通过型,当相对接近时,错动擦肩而过。做直线运动特别是相对运动的两部件之间、运动部件与静止部件之间产生对人的夹挤、冲撞或剪切伤害。

(3)引入或卷入、碾轧的危险。引起这类伤害的主要危险是相互配合的运动副,例如,啮合的齿轮之间及齿轮与齿条之间,带与带轮、链与链轮进入啮合部位的夹紧点,两个做相对回转运动的辊子之间的夹口引发的引入或卷入;轮子与轨道、车轮与路面等滚动的旋转件引发的碾轧等。

(4)飞出物打击的危险。由于发生断裂、松动、脱落或弹性位能等机械能释放,使失控的物件飞甩或反弹对人造成伤害。例如,轴的破坏引起装配在其上的带轮、飞轮等运动零部件坠落或飞出;由于螺栓的松动或脱落,引起被紧固的运动零部件脱落或飞出;高速运动的零件破裂,碎块甩出;切削废屑的崩甩等。另外,还有弹性元件的位能引起的弹射,例如,弹簧、带等的断裂；在压力、真空下的液体或气体位能引起的高压流体喷射等。

(5)物体坠落打击的危险。处于高位置的物体具有势能，当它们意外坠落时，势能转化为动能，造成伤害。例如，高处掉落的零件、工具或其他物体（哪怕是质量很小）；悬挂物体的吊挂零件破坏或夹具夹持不牢引起物体坠落；由于质量分布不均衡、重心不稳，在外力作用下发生倾翻、滚落；运动部件运行超行程脱轨导致的伤害等。

(6)切割和擦伤的危险。切削刀具的锋刃，零件表面的毛刺，工件或废屑的锋利飞边，机械设备的尖棱、利角、锐边，粗糙的表面（如砂轮、毛坯）等，无论物体的状态是运动还是静止的，这些由于形状产生的危险都会构成潜在的危险。

(7)碰撞和剐蹭的危险。机械结构上的凸出、悬挂部分，如起重机的支腿、吊杆，机床的手柄，长、大加工件伸出机床的部分等。这些物件无论是静止的，还是运动的，都可能产生危险。

(8)跌倒、坠落的危险。由于地面堆物无序或地面凸凹不平导致的磕绊跌伤；接触面摩擦力过小（光滑、油污、冰雪等）造成打滑、跌倒；人从高处失足坠落，误踏入坑井坠落等。假如由于跌落引起二次伤害，后果将会更严重。

机械危险大量表现为人员与可运动件的接触伤害，各种形式的机械危险或者机械危险与其他非机械危险往往交织在一起。在进行危险识别时，应该从机械系统的整体出发，综合考虑机械的不同状态、同一危险的不同表现方式、不同危险因素之间的联系和作用，以及显现或潜在危险的不同形态等。

2. 产生机械危险的条件

机械能（动能和势能）传递和转化失控、运动载体或容器的破坏，以及人员的意外接触等，是机械危险事件发生的条件。在对机械本身和机械使用过程中产生的危险进行识别时，一定要分析产生机械危险的条件，从而消除产生危险的根源或降低事故发生频率，减小伤害程度。

(1)形状和表面性能。切割要素、锐边利角部分、粗糙或过于光滑的表面。

(2)相对位置。与运动零部件可能产生接触的危险区域、相对位置或距离。

(3)质量和稳定性。重力影响下可运动零部件的位能，由于质量分布不均造成重心不稳和失衡。

(4)质量和速度（加速度）。可控或不可控运动中的零部件的动能、速度和加速度的冲量。

(5)机械强度。由于机械强度不够，零（构）件断裂、容器破坏或结构件坍塌。

(6)位能积累。弹性元件（弹簧）及在压力、真空下的液体或气体的势能。

3. 机械伤害的预防对策

机械危害风险的大小除取决于机器的类型、用途、使用方法和人员的知识、技能、工作态度等因素外，还与人们对危险的了解程度和所采取的避免危险的措施有关。正确判断什么是危险和什么时候会发生危险是十分重要的。预防机械伤害包括两方面的对策。

(1)实现机械本质安全。

1)消除产生危险的原因。

2)减少或消除接触机器的危险部件的次数。

3)使人们难以接近机器的危险部位（或提供安全装置，使得接近这些部位不会导致伤害）。

4)提供保护装置或者个人防护装备。

上述措施是依次序给出的，也可以结合起来应用。

(2)保护操作者和有关人员安全。

1)通过培训，提高人们辨别危险的能力。

2)通过对机器的重新设计,使危险部位更加醒目,或者使用警示标志。

3)通过培训,提高避免伤害的能力。

4)采取必要的行动增强避免伤害的自觉性。

4. 通用机械安全设施的技术要求

(1)安全设施设计要素。

1)设计安全装置时,应把安全人机学的因素考虑在内。疲劳是导致事故的一个重要因素,设计者应考虑下面几个因素,使人的疲劳降低到最小的程度,使操作人员健康舒适地进行劳动。

①合理布置各种控制操作装置。

②正确选择工作平台的位置及高度。

③提供座椅。

④出入作业地点应方便。

2)在无法用设计来做到本质安全时,为了消除危险,应使用安全装置。设置安全装置,应考虑的因素主要有:

①强度、刚度、稳定性和耐久性。

②对机器可靠性的影响,例如固定的安全装置有可能使机器过热。

③可视性(从操作及安全的角度来看,需要机器的危险部位有良好的可见性)。

④对其他危险的控制,例如选择特殊的材料来控制噪声的强度。

(2)机械安全防护装置的一般要求。

1)安全防护装置应结构简单、布局合理,不得有锐利的边缘和突缘。

2)安全防护装置应具有足够的可靠性,在规定的寿命期限内有足够的强度、刚度、稳定性、耐腐蚀性、抗疲劳性,以确保安全。

3)安全防护装置应与设备运转联锁,保证安全防护装置未起作用之前,设备不能运转;安全防护罩、屏、栏的材料及其至运转部件的距离,应符合的规定。

4)光电式、感应式等安全防护装置应设置自身出现故障的报警装置。

5)紧急停车开关应保证瞬时动作时,能终止设备的一切运动;对有惯性运动的设备,紧急停车开关应与制动器或离合器联锁,以保证迅速终止运行;紧急停车开关的形状应区别于一般开关,颜色为红色;紧急停车开关的布置应保证操作人员易于触及,不发生危险;设备由紧急停车开关停止运行后,必须按启动顺序重新启动才能重新运转。

(3)机械设备安全防护罩的技术要求。

1)只要操作人员可能触及到的传动部件,在防护罩没闭合前,传动部件就不能运转。

2)采用固定防护罩时,操作人员触及不到运转中的活动部件。

3)防护罩与活动部件有足够的间隙,避免防护罩和活动部件之间的任何接触。

4)防护罩应牢固地固定在设备或基础上,拆卸、调节时必须使用工具。

5)开启式防护罩打开时或一部分失灵时,应使活动部件不能运转或运转中的部件停止运动。

6)使用的防护罩不允许给生产场所带来新的危险。

7)不影响操作,在正常操作或维护保养时不需拆卸防护罩。

8)防护罩必须坚固可靠,以避免与活动部件接触造成损坏和工件飞脱造成的伤害。

9)防护罩一般不准脚踏和站立,必须做平台或阶梯时,平台或阶梯应能承受1 500 N的垂直力，并采取防滑措施。

(4)机械设备安全防护装置的技术要求。防护罩应尽量采用封闭结构；当现场需要采用网状结构时，应满足《机械安全　防护装置　固定式和活动式防护装置设计与制造一般要求》(GB/T 8196—2003)对安全距离(防护罩外缘与危险区域——人体进入后，可能引起致伤危险的空间区域)的规定。

五、安全隐患分析

安全隐患可存在于机械的设计、制造、运输、安装、使用、报废、拆卸及处理等全寿命的各个环节和各种状态。机械事故的发生往往是多种因素综合作用的结果，用安全系统的认识观点，可以从物的不安全状态、人的不安全行为和安全管理上的缺陷找到原因。

1. 物的不安全状态

物的不安全状态构成生产中的客观安全隐患和危险，是引发事故的直接原因。广义的物包括机械设备、工具，原材料、中间与最终产成品、排出物和废料，作业环境和场地等。物的不安全状态可能来自机械设备寿命周期的各个阶段。

(1)设计阶段。机械结构设计不合理、未满足安全人机工程学要求、计算错误、安全系数不够、对使用条件估计不足等导致的先天安全缺陷。

(2)制造阶段。零件加工超差、粗制滥造，原材料以次充好、偷工减料，安装中的野蛮作业等，使机械及其零部件受到损伤而埋下隐患。

(3)使用阶段。购买无生产许可的、有严重安全隐患或问题的机械设备；设备缺乏必要的安全防护装置，报废零部件未及时更换带病运行，润滑保养不良；拼设备，超机械的额定负荷、额定寿命运转，不良作业环境造成零部件腐蚀性破坏、机械系统功能降低甚至失效等。

2. 人的不安全行为

在机械使用过程中，人的不安全行为是引发事故的另一个重要的直接原因。人的行为受到生理、心理等多种因素的影响，表现是多种多样的。缺乏安全意识和安全技能差，即安全素质低下是人为引发事故的主要原因。指挥失误(违章指挥)、操作失误(操作差错、在意外情况时的反射行为或违章作业)、监护失误等是人的不安全行为常见的表现。在日常工作中，人的不安全行为常常表现在不安全的工作习惯上。

3. 安全管理缺陷

安全管理是一个系统工程，包括领导者的安全意识水平，健全的安全管理组织机构和明确的安全生产责任制，对设备(特别是对危险设备和特种设备)的监管，对员工的安全教育和培训，安全规章制度的建立，制定事故应急救援预案，建立以人为本的职业安全卫生管理体系等。

物的不安全状态、人的不安全行为往往是事故发生的直接原因，安全管理缺陷是事故发生的间接原因，但却是深层次的原因。安全管理是生产经营活动正常运转的必要条件，同时又是控制事故、实现安全的极其重要的手段，每一起事故的发生，总可以从管理的漏洞中找到原因。

第三节　施工机械安全操作基本要求

一、土石方机械安全操作基本要求

(1)土石方机械的内燃机、电动机和液压装置的使用，应符合《建筑机械使用安全技术规程》(JGJ 33—2012)的规定。

(2)机械进入现场前,应查明行驶路线上的桥梁、涵洞的上部净空和下部承载能力,确保机械安全通过。

(3)机械通过桥梁时,应采用低速挡慢行,在桥面上不得转向或制动。

(4)作业前,必须查明施工场地内明、暗铺设的各类管线等设施,并应采用明显记号标识。严禁在离地下管线、承压管道 1 m 距离以内进行大型机械作业。

(5)作业中,应随时监视机械各部位的运转及仪表指示值,如发现异常,应立即停机检修。

(6)机械运行中,不得接触转动部位。在修理工作装置时,应将工作装置降到最低位置,并应将悬空工作装置垫上垫木。

(7)在电杆附近取土时,对不能取消的拉线、地垄和杆身,应留出土台,土台大小应根据电杆结构、掩埋深度和土质情况由技术人员确定。

(8)机械与架空输电线路的安全距离应符合现行行业标准《施工现场临时用电安全技术规范》(JGJ 46—2005)的规定。

(9)在施工中遇下列情况之一时应立即停工:

1)填挖区土体不稳定,土体有可能坍塌;

2)地面涌水冒浆,机械陷车,或因雨水机械在坡道上打滑;

3)遇大雨、雷电、浓雾等恶劣天气;

4)施工标志及防护设施被损坏;

5)工作面安全净空不足。

(10)机械回转作业时,配合人员必须在机械回转半径以外工作。当需要在回转半径以内工作时,必须将机械停止回转并制动。

(11)雨期施工时,机械应停放在地势较高的坚实位置。

(12)机械作业不得破坏基坑支护系统。

(13)行驶或作业中的机械,除驾驶室外的任何地方不得有乘员。

二、桩工机械安全操作基本要求

(1)桩工机械类型应根据桩的类型、桩长、桩径、地质条件、施工工艺等综合考虑选择。

(2)桩机上的起重部件应执行《建筑机械使用安全技术规程》(JGJ 33—2012)的有关规定。

(3)施工现场应按桩机使用说明书的要求进行整平压实,地基承载力应满足桩机的使用要求。在基坑和围堰内打桩,应配置足够的排水设备。

(4)桩机作业区内不得有妨碍作业的高压线路、地下管道和埋设电缆。作业区应有明显标志或围栏,非工作人员不得进入。

(5)桩机电源供电距离宜在 200 m 以内,工作电源电压的允许偏差为其公称值的±5%。电源容量与导线截面应符合设备施工技术要求。

(6)作业前,应由项目负责人向作业人员做详细的安全技术交底。桩机的安装、试机、拆除应严格按设备使用说明书的要求进行。

(7)安装桩锤时,应将桩锤运到立柱正前方 2 m 以内,并不得斜吊。桩机的立柱导轨应按规定润滑。桩机的垂直度应符合使用说明书的规定。

(8)作业前,应检查并确认桩机各部件连接牢靠,各传动机构、齿轮箱、防护罩、吊具、钢丝绳、制动器等应完好,起重机起升、变幅机构工作正常,润滑油、液压油的油位符合规定,液压系统无泄漏，液压缸动作灵敏，作业范围内不得有非工作人员或障碍物。电动机应按《建筑机械使用安全技术规程》(JGJ 33—2012)的要求执行。

(9)水上打桩时，应选择排水量比桩机重量大 4 倍以上的作业船或安装牢固的排架，桩机与船体或排架应可靠固定，并应采取有效的锚固措施。当打桩船或排架的偏斜度超过 3°时，应停止作业。

(10)桩机吊桩、吊锤、回转、行走等动作不应同时进行。吊桩时，应在桩上拴好拉绳，避免桩与桩锤或机架碰撞。桩机吊锤(桩)时，锤(桩)的最高点离立柱顶部的最小距离应确保安全。轨道式桩机吊桩时应夹紧夹轨器。桩机在吊有桩和锤的情况下，操作人员不得离开岗位。

(11)桩机不得侧面吊桩或远距离拖桩。桩机在正前方吊桩时，混凝土预制桩与桩机立柱的水平距离不应大于 4 m，钢桩不应大于 7 m，并应防止桩与立柱碰撞。

(12)使用双向立柱时，应在立柱转向到位，用锁销将立柱与基杆锁住后起吊。

(13)施打斜桩时，应先将桩锤提升到预定位置，并将桩吊起，套入桩帽，桩尖插入桩位后再后仰立柱。履带三支点式桩架在后倾打斜桩时，后支撑杆应顶紧；轨道式桩架应在平台后增加支撑，并夹紧夹轨器。立柱后仰时，桩机不得回转及行走。

(14)桩机回转时，制动应缓慢，轨道式和步履式桩架同向连续回转不应大于一周。

(15)桩锤在施打过程中，监视人员应在距离桩锤中心 5 m 以外。

(16)插桩后，应及时校正桩的垂直度。桩入土 3 m 以上时，不得用桩机行走或回转动作来纠正桩的倾斜度。

(17)拔送桩时，不得超过桩机起重能力。拔送载荷应符合下列规定：

1)电动桩机拔送载荷不得超过电动机满载电流时的载荷；

2)内燃机桩机拔送桩时，发现内燃机明显降速，应立即停止作业。

(18)作业过程中，应经常检查设备的运转情况，当发生异响、吊索具破损、紧固螺栓松动、漏气、漏油、停电及其他不正常情况时，应立即停机检查，排除故障。

(19)桩机作业或行走时，除本机操作人员外，不应搭载其他人员。

(20)桩机行走时，地面的平整度与坚实度应符合要求，并应有专人指挥。走管式桩机横移时，桩机距滚管终端的距离不应小于 1 m。桩机带锤行走时，应将桩锤放至最低位。履带式桩机行走时，驱动轮应置于尾部位置。

(21)在有坡度的场地上，坡度应符合桩机使用说明书的规定，并应将桩机重心置于斜坡上方，沿纵坡方向作业和行走。桩机在斜坡上不得回转。在场地的软硬边际，桩机不应横跨软硬边际。

(22)遇风速 12.0 m/s 及以上的大风和雷雨、大雾、大雪等恶劣气候时，应停止作业。当风速达到 13.9 m/s 及以上时，应将桩机顺风向停置，并应按使用说明书的要求，增设缆风绳，或将桩架放倒。桩机应有防雷措施，遇雷电时，人员应远离桩机。冬期作业应清除桩机上的积雪，工作平台应有防滑措施。

(23)桩孔成型后，当暂不浇筑混凝土时，孔口必须及时封盖。

(24)作业中，当停机时间较长时，应将桩锤落下垫稳。检修时，不得悬吊桩锤。

(25)桩机在安装、转移和拆运时，不得强行弯曲液压管路。

(26)作业后，应将桩机停放在坚实平整的地面上，将桩锤落下垫实，并切断动力电源。轨道式桩架应夹紧夹轨器。

三、钢筋加工机械安全操作基本要求

(1)机械的安装应坚实稳固。固定式机械应有可靠的基础;移动式机械作业时应揳紧行走轮。

(2)手持式钢筋加工机械作业时,应佩戴绝缘手套等防护用品。

(3)加工较长的钢筋时,应有专人帮扶。帮扶人员应听从机械操作人员指挥,不得任意推拉。

四、混凝土机械安全操作基本要求

(1)混凝土机械的内燃机、电动机、空气压缩机等应符合《建筑机械使用安全技术规程》(JGJ 33—2012)第3章的有关规定。行驶部分应符合《建筑机械使用安全技术规程》(JGJ 33—2012)第6章的有关规定。

(2)液压系统的溢流阀、安全阀应齐全有效,调定压力应符合说明书要求。系统应无泄漏,工作应平稳,不得有异响。

(3)混凝土机械的工作机构、制动器、离合器、各种仪表及安全装置应齐全完好。

(4)电气设备作业应符合现行行业标准《施工现场临时用电安全技术规范》(JGJ 46—2005)的有关规定。插入式、平板式振捣器的漏电保护器应采用防溅型产品,其额定漏电动作电流不应大于15 mA;额定漏电动作时间不应大于0.1 s。

(5)冬期施工,机械设备的管道、水泵及水冷却装置应采取防冻保温措施。

五、运输机械安全操作基本要求

(1)各类运输机械应有完整的机械产品合格证及相关的技术资料。

(2)启动前应重点检查下列项目,并应符合相应要求:

1)车辆的各总成、零件、附件应按规定装配齐全,不得有脱焊、裂缝等缺陷。螺栓、铆钉连接紧固不得松动、缺损;

2)各润滑装置应齐全并应清洁有效;

3)离合器应结合平稳、工作可靠、操作灵活,踏板行程应符合规定;

4)制动系统各部件应连接可靠,管路畅通;

5)灯光、喇叭、指示仪表等应齐全完整;

6)轮胎气压应符合要求;

7)燃油、润滑油、冷却水等应添加充足;

8)燃油箱应加锁;

9)运输机械不得有漏水、漏油、漏气、漏电现象。

(3)运输机械启动后,应观察各仪表指示值,检查内燃机运转情况,检查转向机构及制动器等性能,并确认正常,当水温达到40℃以上、制动气压达到安全压力以上时,应低挡起步。起步对应检查周边环境,并确认安全。

(4)装载的物品应捆绑稳固牢靠,整车重心高度应控制在规定范围内,轮式机具和圆形物件装运时应采取防止滚动的措施。

(5)运输机械不得人货混装,运输过程中,料斗内不得载人。

(6)运输超限物件时,应事先勘察路线,了解空中、地面上、地下障碍及道路、桥梁等的通过能力,并应制定运输方案,应按规定办理通行手续。在规定时间内按规定路线行驶。超限部分白天应插警示旗,夜间应挂警示灯。装卸人员及电工携带工具随行,保证运行安全。

(7)运输机械水温未达到70℃时,不得高速行驶。行驶中变速应逐级增减挡位,不得强推硬拉。前进和后退交替时,应在运输机械停稳后换挡。

(8)运输机械行驶中,应随时观察仪表的指示情况,当发现机油压力低于规定值,水温过高,有异响、异味等情况时,应立即停车检查,并应排除故障后继续运行。

(9)运输机械运行时不得超速行驶,并应保持安全距离。进入施工现场应沿规定的路线行进。

(10)车辆上、下坡应提前换入低速挡,不得中途换挡。下坡时,应以内燃机变速箱阻力控制车速,必要时,可间歇轻踏制动器。严禁空挡滑行。

(11)在泥泞、冰雪道路上行驶时,应降低车速,并应采取防滑措施。

(12)车辆涉水过河时,应先探明水深、流速和水底情况,水深不得超过排气管或曲轴皮带盘,并应低速直线行驶,不得在中途停车或换挡。涉水后,应缓行一段路程,轻踏制动器使浸水的制动片上的水分蒸发掉。

(13)通过危险地区时,应先停车检查,确认可以通过后,由有经验的人员指挥前进。

(14)运载易燃易爆、剧毒、腐蚀性等危险品时,应使用专用车辆按相应的安全规定运输,并应有专业随车人员。

(15)爆破器材的运输,应符合现行国家法规《爆破安全规程》(GB 6722—2003)的要求。起爆器材与炸药、不同种类的炸药严禁同车运输。车箱底部应铺软垫层,并应有专业押运人员,按指定路线行驶。不得在人口稠密处、交叉路口和桥上(下)停留。车厢应用帆布覆盖并设置明显标志。

(16)装运氧气瓶的车厢不得有油污,氧气瓶严禁与油料或乙炔气瓶混装。氧气瓶上防振胶圈应齐全,运行过程中,氧气瓶不得滚动及相互撞击。

(17)车辆停放时,应将内燃机熄火,拉紧手制动器,关锁车门。在下坡道停放时应挂倒挡,在上坡道停放时应挂一挡,并应使用三角木楔等楔紧轮胎。

(18)平头型驾驶室需前倾时,应清理驾驶室内物件,关紧车门后前倾并锁定。平头型驾驶室复位后,应检查并确认驾驶室已锁定。

(19)在车底进行保养、检修时,应将内燃机熄火,拉紧手制动器并将车轮楔牢。

(20)车辆经修理后需要试车时,应由专业人员驾驶,当需在道路上试车时,应事先报经公安、公路等有关部门的批准。

六、建筑起重机械安全操作基本要求

(1)建筑起重机械进入施工现场应具备特种设备制造许可证、产品合格证、特种设备制造监督检验证明、备案证明、安装使用说明书和自检合格证明。

(2)建筑起重机械有下列情形之一时,不得出租和使用:

1)属国家明令淘汰或禁止使用的品种、型号;

2)超过安全技术标准或制造厂规定的使用年限;

3)经检验达不到安全技术标准规定;

4)没有完整安全技术档案;

5)没有齐全有效的安全保护装置。

(3)建筑起重机械的安全技术档案应包括下列内容：

1)购销合同、特种设备制造许可证、产品合格证、特种设备制造监督检验证明、安装使用说明书、备案证明等原始资料；

2)定期检验报告、定期自行检查记录、定期维护保养记录、维修和技术改造记录、运行故障和生产安全事故记录、累积运转记录等运行资料；

3)历次安装验收资料。

(4)建筑起重机械装拆方案的编制、审批和建筑起重机械首次使用、升节、附墙等验收应按现行有关规定执行。

(5)建筑起重机械的装拆应由具有起重设备安装工程承包资质的单位施工，操作和维修人员应持证上岗。

(6)建筑起重机械的内燃机、电动机和电气、液压装置部分，应按《建筑机械使用安全技术规程》(JGJ 33—2012)的规定执行。

(7)选用建筑起重机械时，其主要性能参数、利用等级、载荷状态、工作级别等应与建筑工程相匹配。

(8)施工现场应提供符合起重机械作业要求的通道和电源等工作场地和作业环境。基础与地基承载能力应满足起重机械的安全使用要求。

(9)操作人员在作业前应对行驶道路、架空电线、建(构)筑物等现场环境及起吊重物进行全面了解。

(10)建筑起重机械应装有音响清晰的信号装置。在起重臂、吊钩、平衡重等转动物体上应有鲜明的色彩标志。

(11)建筑起重机械的变幅限位器、力矩限制器、起重量限制器、防坠安全器、钢丝绳防脱装置、防脱钩装置以及各种行程限位开关等安全保护装置，必须齐全有效，严禁随意调整或拆除。严禁利用限制器和限位装置代替操纵机构。

(12)建筑起重机械安装工、司机、信号司索工作业时应密切配合，按规定的指挥信号执行。当信号不清或错误时，操作人员应拒绝执行。

(13)施工现场应采用旗语、口哨、对讲机等有效的联络措施确保通信畅通。

(14)遇风速达到 9.0 m/s 及以上或大雨、大雪、大雾等恶劣天气时，严禁进行建筑起重机械的安装拆卸作业。

(15)遇风速达到 12.0 m/s 及以上或大雨、大雪、大雾等恶劣天气时，应停止露天的起重吊装作业。重新作业前，应先试吊，并应确认各种安全装置灵敏可靠后进行作业。

(16)操作人员进行起重机械回转、变幅、行走和吊钩升降等动作前，应发出音响信号示意。

(17)建筑起重机械作业时，应在臂长的水平投影覆盖范围外设置警戒区域，并应有监护措施；起重臂和重物下方不得有人停留、工作或通过。不得用起重机、物料提升机载运人员。

(18)不得使用建筑起重机械进行斜拉、斜吊和起吊埋设在地下或凝固在地面上的重物以及其他不明重量的物体。

(19)起吊重物应绑扎平稳、牢固，不得在重物上再堆放或悬挂零星物件。易散落物件应使用吊笼吊运。标有绑扎位置的物件，应按标志绑扎后吊运。吊索的水平夹角宜为 45°～60°，不得小于 30°，吊索与物件棱角之间应加保护垫料。

(20)起吊载荷达到起重机械额定起重量的 90％及以上时，应先将重物吊离地面不大于 200 mm，检查起重机械的稳定性和制动可靠性，并应在确认重物绑扎牢固、平稳后再继续起

吊。对大体积或易晃动的重物应拴拉绳。

(21)重物的吊运速度应平稳、均匀，不得突然制动。回转未停稳前，不得反向操作。

(22)建筑起重机械作业时，在遇突发故障或突然停电时，应立即把所有控制器拨到零位，并及时关闭发动机或断开电源总开关，然后进行检修。起吊物不得长时间悬挂在空中，应采取措施将重物降落到安全位置。

(23)起重机械的任何部位与架空输电导线的安全距离应符合现行行业标准《施工现场临时用电安全技术规范》(JGJ 46—2005)的规定。

(24)建筑起重机械使用的钢丝绳，应有钢丝绳制造厂提供的质量合格证明文件。

(25)建筑起重机械使用的钢丝绳，其结构形式、强度、规格等应符合起重机使用说明书的要求。钢丝绳与卷筒应连接牢固，放出钢丝绳时，卷筒上应至少保留三圈，收放钢丝绳时应防止钢丝绳损坏、扭结、弯折和乱绳。

(26)钢丝绳采用编结固接时，编结部分的长度不得小于钢丝绳直径的 20 倍，且不应小于 300 mm，其编结部分应用细钢丝捆扎。当采用绳卡固接时，与钢丝绳直径匹配的绳卡数量应符合表 1-1 的规定，绳卡间距应是 6～7 倍钢丝绳直径，最后一个绳卡距绳头的长度不得小于 140 mm。绳卡滑鞍(夹板)应在钢丝绳承载时受力的一侧，U 形螺栓应在钢丝绳的尾端，不得正反交错。绳卡初次固定后，应待钢丝绳受力后再次紧固，并宜拧紧到使尾端钢丝绳受压处直径高度压扁 1/3。作业中应经常检查紧固情况。

表 1-1　与钢丝绳径匹配的绳卡数

钢丝绳公称直径/mm	≤18	＞18～26	＞26～36	＞36～44	＞44～60
最少绳卡数/个	3	4	5	6	7

(27)每班作业前，应检查钢丝绳及钢丝绳的连接部位。钢丝绳报废标准按现行国家标准《起重机　钢丝绳　保养、维护、安装、检验和报废》(GB/T 5972—2009)的规定执行。

(28)在转动的卷筒上缠绕钢丝绳时，不得用手拉或脚踩引导钢丝绳，不得给正在运转的钢丝绳涂抹润滑脂。

(29)建筑起重机械报废及超龄使用应符合国家现行有关规定。

(30)建筑起重机械的吊钩和吊环严禁补焊。当出现下列情况之一时应更换：

1)表面有裂纹、破口；

2)危险断面及钩颈永久变形；

3)挂绳处断面磨损超过高度的 10%；

4)吊钩衬套磨损超过原厚度的 50%；

5)销轴磨损超过其直径的 5%。

(31)建筑起重机械使用时，每班都应对制动器进行检查。当制动器的零件出现下列情况之一时，应做报废处理：

1)裂纹；

2)制动器摩擦片厚度磨损达原厚度的 50%；

3)弹簧出现塑性变形；

4)小轴或轴孔直径磨损达原直径的 5%。

(32)建筑起重机械制动轮的制动摩擦面不应有妨碍制动性能的缺陷或沾染油污。制动轮出现下列情况之一时,应做报废处理:

1)裂纹;

2)起升、变幅机构的制动轮,轮缘厚度磨损大于原厚度的40%;

3)其他机构的制动轮,轮缘厚度磨损大于原厚度的50%;

4)轮面凹凸不平度达1.5～2.0 mm(小直径取小值,大直径取大值)。

七、动力与电气装置安全操作基本要求

(1)内燃机机房应有良好的通风、防雨措施,周围应有1 m宽以上的通道,排气管应引出室外,并不得与可燃物接触。室外使用的动力机械应搭设防护棚。

(2)冷却系统的水质应保持洁净,硬水应经软化处理后使用,并应按要求定期检查更换。

(3)电气设备的金属外壳应进行保护接地或保护接零,并应符合现行行业标准《施工现场临时用电安全技术规范》(JGJ 46—2005)的规定。

(4)在同一供电系统中,不得将一部分电气设备做保护接地,而将另一部分电气设备做保护接零。不得将暖气管、煤气管、自来水管作为工作零线或接地线使用。

(5)在保护接零的零线上不得装设开关或熔断器,保护零线应采用黄/绿双色线。

(6)不得利用大地作工作零线,不得借用机械本身金属结构作工作零线。

(7)电气设备的每个保护接地或保护接零点应采用单独的接地(零)线与接地干线(或保护零线)相连接。不得在一个接地(零)线中串接几个接地(零)点。大型设备应设置独立的保护接零,对高度超过30 m的垂直运输设备应设置防雷接地保护装置。

(8)电气设备的额定工作电压应与电源电压等级相符。

(9)电气装置遇跳闸时,不得强行合闸。应查明原因,排除故障后再行合闸。

(10)各种配电箱、开关箱应配锁,电箱门上应有编号和责任人标牌,电箱门内侧应有线路图,箱内不得存放任何其他物件并应保持清洁。非本岗位作业人员不得擅自开箱合闸。每班工作完毕后,应切断电源,锁好箱门。

(11)发生人身触电时,应立即切断电源后对触电者做紧急救护。不得在未切断电源之前与触电者直接接触。

(12)电气设备或线路发生火警时,应首先切断电源,在未切断电源之前,人员不得接触导线或电气设备,不得用水或泡沫灭火机进行灭火。

八、焊接机械安全操作基本要求

(1)焊接(切割)前,应先进行动火审查,确认焊接(切割)现场防火措施符合要求,并应配备相应的消防器材和安全防护用品,落实监护人员后,开具动火证。

(2)焊接设备应有完整的防护外壳,一、二次接线柱处应有保护罩。

(3)现场使用的电焊机应设有防雨、防潮、防晒、防砸的措施。

(4)焊割现场及高空焊割作业下方,严禁堆放油类、木材、氧气瓶、乙炔瓶、保温材料等易燃、易爆物品。

(5)电焊机绝缘电阻不得小于0.5 MΩ,电焊机导线绝缘电阻不得小于1 MΩ,电焊机接地电阻不得大于4 Ω。

(6)电焊机导线和接地线不得搭在易燃、易爆、带有热源或有油的物品上;不得利用建(构)

筑物的金属结构、管道、轨道或其他金属物体，搭接起来，形成焊接回路，并不得将电焊机和工件双重接地；严禁使用氧气、天然气等易燃易爆气体管道作为接地装置。

(7)电焊机的一次侧电源线长度不应大于 5 m，二次线应采用防水橡皮护套铜芯软电缆，电缆长度不应大于 30 m，接头不得超过 3 个，并应双线到位。当需要加长导线时，应相应增加导线的截面积。当导线通过道路时，应架高或穿入防护管内埋设在地下；当通过轨道时，应从轨道下面通过。当导线绝缘受损或断股时，应立即更换。

(8)电焊钳应有良好的绝缘和隔热能力。电焊钳握柄应绝缘良好，握柄与导线连接应牢靠，连接处应采用绝缘布包好。操作人员不得用胳膊夹持电焊钳，并不得在水中冷却电焊钳。

(9)对承压状态的压力容器和装有剧毒、易燃、易爆物品的容器，严禁进行焊接或切割作业。

(10)当需焊割受压容器、密闭容器、粘有可燃气体和溶液的工件时，应先消除容器及管道内的压力，清除可燃气体和溶液，并冲洗有毒、有害、易燃物质；对存有残余油脂的容器，宜用蒸汽、碱水冲洗，打开盖口，并确认容器清洗干净后，应灌满清水后进行焊割。

(11)在容器内和管道内焊割时，应采取防止触电、中毒和窒息的措施。焊、割密闭容器时，应留出气孔，必要时应在进、出气口处装设通风设备；容器内照明电压不得超过12 V；容器外应有专人监护。

(12)焊割铜、铝、锌、锡等有色金属时，应通风良好，焊割人员应戴防毒面罩或采取其他防毒措施。

(13)当预热焊件温度达 150～700℃时，应设挡板隔离焊件发出的辐射热，焊接人员应穿戴隔热的石棉服装和鞋、帽等。

(14)雨雪天不得在露天电焊。在潮湿地带作业时，应铺设绝缘物品，操作人员应穿绝缘鞋。

(15)电焊机应按额定焊接电流和暂载率操作，并应控制电焊机的温升。

(16)当清除焊渣时，应戴防护眼镜，头部应避开焊渣飞溅方向。

(17)交流电焊机应安装防二次侧触电保护装置。

九、木工机械安全操作基本要求

(1)机械操作人员应穿紧口衣裤，并束紧长发，不得系领带和戴手套。

(2)机械的电源安装和拆除及机械电气故障的排除，应由专业电工进行。机械应使用单向开关，不得使用倒顺双向开关。

(3)机械安全装置应齐全有效，传动部位应安装防护罩，各部件应连接紧固。

(4)机械作业场所应配备齐全可靠的消防器材。在工作场所，不得吸烟和动火，并不得混放其他易燃易爆物品。

(5)工作场所的木料应堆放整齐，道路应畅通。

(6)机械应保持清洁，工作台上不得放置杂物。

(7)机械的皮带轮、锯轮、刀轴、锯片、砂轮等高速转动部件的安装应平衡。

(8)各种刀具破损程度不得超过使用说明书的规定。

(9)加工前，应清除木料中的铁钉、铁丝等金属物。

(10)装设除尘装置的木工机械作业前，应先启动排尘装置，排尘管道不得变形、漏气。

(11)机械运行中，不得测量工件尺寸和清理木屑、刨花和杂物。

(12)机械运行中,不得跨越机械传动部分。排除故障、拆装刀具应在机械停止运转并切断电源后进行。

(13)操作时,应根据木材的材质、粗细、湿度等选择合适的切削和进给速度。操作人员与辅助人员应密切配合,并应同步匀速接送料。

(14)使用多功能机械时,应只使用其中一种功能,其他功能的装置不得妨碍操作。

(15)作业后,应切断电源,锁好闸箱,并应进行清理、润滑。

(16)机械噪声不应超过建筑施工场界噪声限值;当机械噪声超过限值时,应采取降噪措施。机械操作人员应按规定佩戴个人防护用品。

十、其他中小型机械安全操作基本要求

(1)中小型机械应安装稳固,用电应符合现行行业标准《施工现场临时用电安全技术规范》(JGJ 46—2005)的有关规定。

(2)中小型机械上的外露传动部分和旋转部分应设有防护罩。室外使用的机械应搭设机械防护棚或采取其他防护措施。

第四节　实现机械安全的途径与措施

一、采用本质安全技术

1. 合理的结构形式

结构合理可以从设备本身消除危险与有害因素,避免由于设计的缺陷而导致发生任何可预见的与机械设备的结构设计不合理有关的危险事件。为此,机械的结构、零部件或软件的设计应该与机械执行的预定功能相匹配。

(1)在不影响预定使用功能的前提下,避免锐边、利角和悬凸部分。

(2)不得由于配合部件的不合理设计,造成机械正常运行时的障碍、卡塞、松脱或连接失效。

(3)不得因为软件的设计瑕疵,造成数据丢失或死机。

(4)满足安全距离的规定,防止可及危险部位伤害和避免受挤压或剪切的危险。

2. 限制机械应力以保证足够的抗破坏能力

组成机械的所有零件,通过优化结构设计来达到防止由于应力过大破坏或失效、过度变形或失稳坍塌引起故障或引发事故。

(1)专业符合性要求。机械设计与制造应满足专业标准或规范符合性要求,包括选择机械的材料性能数据、设计规程、计算方法和试验规则等。

(2)足够的抗破坏能力。各组成受力零部件应保证足够的安全系数,使机械应力不超过许用值,在额定最大载荷或工作循环次数下,应满足强度、刚度、抗疲劳性和构件稳定性要求。

(3)可靠的连接紧固方法。如螺栓连接、焊接、铆接、销键连接或粘接等连接方式,设计时应特别注意提高结合部位的可靠性。可通过采用正确的计算、结构设计和紧固方法来限制应力,防止运转状态下连接松动、破坏而使紧固失效,保证结合部的连接强度及配合精度和密封要求。

(4)防止超载应力。通过在传动链预先采用“薄弱环节”预防超载,如采用易熔塞、限压阀、

断路器等限制超载应力，保障主要受力件避免破坏。

(5)良好的平衡和稳定性。通过材料的均匀性和回转精度，防止在高速旋转时引起振动或回转件的应力加大；在正常作业条件下，机械的整体应具有抗倾覆或防风、抗滑的稳定性。

3. 采用本质安全工艺过程和动力源

(1)爆炸环境中的动力源安全。对在爆炸环境中使用的机械，应采用全气动或全液压控制操纵机构，或采用本质安全电气装置，避免一般电气装置容易出现火花而导致爆炸危险。防爆电气设备类型有本质安全型、隔爆型、增安型、充油型、充砂型、正压型、无火花型、特殊型等。

(2)采用安全的电源。电气部分应符合有关电气安全标准的要求。如限制最大额定电压或失效情况下的最大电流、与具有较高电压的电路分开或隔离、采用保护电路或漏电保护装置、加强带电体的绝缘、手动控制或密闭容器采用特低安全电压等，预防电击、短路、过载和静电的危险。

(3)防止与能量形式有关的潜在危险。采用气动、液压、热能等装置的机械，应避免与这些能量形式有关的各种潜在危险，按以下要求设计：借助限压装置防止管路或元件超压，不因压力损失、压力降低或真空度降低而导致危险；所有元件(尤其管子和软管)及其连接密封和有效的防护，不因泄漏或元件失效而导致流体喷射；气体接吸器、储气罐或承压容器及元件，在动力源断开时应能自动卸压，提供隔离措施或局部卸压及压力指示措施，保持压力的元件提供识别排空的装置和注意事项的警告牌，以防剩余压力造成危险。

4. 控制系统的安全设计

机械控制系统的设计应与所有电子设备的电磁兼容性相关标准一致，防止潜在的危险工况发生，例如不合理的设计或控制系统逻辑的恶化、控制系统的元件由于缺陷而失效、动力源的突变或失效等原因导致意外启动或制动、速度或运动方向失控等。控制系统的安全设计应符合下列原则：

(1)统一机构的启、制动及变速方式；

(2)提供多种操作模式；

(3)手动控制原则；

(4)考虑复杂机器的特定要求；

(5)控制系统的可靠性。

5. 材料和物质的安全性

生产过程各个环节所涉及的各类材料(包括制造机器的材料、燃料加工原材料等)，只要在人员合理暴露的场所，其毒害物成分、浓度应低于安全卫生标准的规定，不得危及人员的安全或健康，不得对环境造成污染。此外，还必须满足下列要求：

(1)材料的力学性能和承载能力。如抗拉强度、抗剪强度、冲击韧性、屈服点等，应能满足承受预定功能的载荷(如冲击、振动、交变载荷等)作用的要求。

(2)对环境的适应性。材料应具有良好的对环境的适应性，在预定的环境条件下工作时，应考虑温度、湿度、日晒、风化、腐蚀等环境影响，材料物质应有抗腐蚀、耐老化、抗磨损的能力，不致因物理性、化学性、生物性的影响而失效。

(3)材料的均匀性。保证材料的均匀性，防止由于工艺设计不合理，使材料的金相组织不均匀而产生残余应力，或由于内部缺陷(如夹渣、气孔等)给安全埋下隐患。

(4)避免材料的毒性和火灾爆炸的危险。在设计和制造选材时，优先采用无毒和低毒的材料或物质；防止机械自身或在使用过程中产生的气、液、粉尘、蒸气或其他物质造成的火灾和爆炸风险；在液压装置和润滑系统中，使用阻燃液体（特别是高温环境中的机械）和无毒介质（特别是食品加工机械）。

（5）对可燃、易爆的液、气体材料，应设计使其在填充、使用、回收或排放时减小风险或无危险。对不可避免的毒害物（如粉尘、有毒物、辐射物、放射物、腐蚀物等），应在设计时考虑采取密闭、排放（或吸收）、隔离、净化等措施。

6. 机械的可靠性设计

机械各组成部分的可靠性都直接与安全有关，机械零件与构件的失效最终必将导致机械设备的故障。关键机件的失效会造成设备事故和人身伤亡事故，甚至大范围的灾难性后果。提高机械的可靠性可以降低危险故障率，减少查找故障和检修的次数，不因失效使机械产生危险的误动作，从而可以减小操作者面临危险的概率。

（1）机械可靠性指标。常用的机械产品可靠性指标包括产品的无故障性、耐久性、维修性、可用性和经济性等方面。通常用可靠度、故障率、平均寿命（或平均无故障工作时间）、维修度等指标。可靠性设计涉及两个方面：一是机械设备要尽量少出故障，二是出了故障要容易修复，即设备的可靠性和维修性，这是在设计时赋予产品的。

（2）可靠性设计方法。包括预防故障设计、结构安全设计、简单化和标准化设计、储备设计（冗余设计）、耐环境设计、人机工程设计、概率设计等方法。

二、履行安全人机工程学原则

1. 违反安全人机工程学原则可能产生的危险

在人一机系统中，人是最活跃的因素，起着主导作用，但同时也是最难把握、最容易受到伤害的。人的特性参数包括人体特性参数（静态参数、动态参数、生理学参数和生物力学参数等）、人的心理因素（感觉、知觉和观察力、注意力、记忆和思维能力、操作能力等）及其他因素（性格、气质、需要与动机、情绪与情感、意志、合作精神等），在机械设计时，应充分考虑人的因素，从而避免由于违反安全人机工程学原则导致的安全事故。忽略安全人机工程学原则的机械设计可能产生的危险是多方面的，包括下列方面：

（1）由于生理影响产生的危险。

（2）由于心理一生理影响产生的危险。

（3）由于人的各种差错产生的危险。受到不利环境因素的干扰、人一机界面设计不合理、多人配合操作协调不当，使人产生各种错觉引起误操作所造成的危险。

2. 人一机系统模型

在人一机系统中，显示装置将机器运行状态的信息传递给人的感觉器官，经过人的大脑对输入信息的综合分析、判断，作出决策，再通过人的运动器官反作用于机器的操作装置，实施对机器运行过程的控制，完成预定的工作目的。人与机器共处于同一环境之中。人一机系统模型如图 1-6 所示。

人一机系统的可靠性是由人的操作可靠性和机械设备的可靠性共同决定的。由于人的可靠性受人的生理和心理条件、操作水平、作业时间和环境条件等多种因素影响且变化随机，具有不稳定的特点，在机械设计时，更多地从“机宜人”理念出发，同时综合考虑技术和经济的效果，去提高人一机系统的可靠性。

在机械设计中，应该履行的安全人机工程学原则，通过合理分配人机功能、适应人体特性、优化人机界面、作业空间的布置和工作过程等方面的设计，提高机械的操作性能和可靠性。

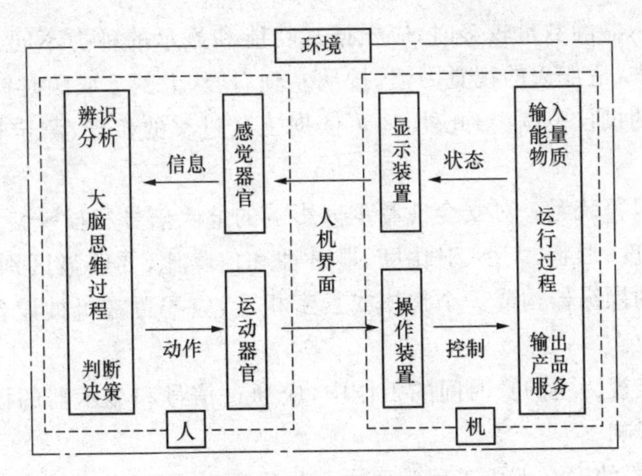

图 1-6　人—机系统模型

3. 合理分配人机功能

人与机械的特性主要反映在对信息及能量的接受、传递、转换及控制上。在机械的整体设计阶段，通过分析比较人与机各自的特性，充分发挥各自的优势，合理分配人机功能。将笨重的、危险的、频率快的、精确度高的、时间持久的、单调重复的、操作运算复杂的、环境条件差的等机器优于人的工作，交由机器完成；把创造研究、推理决策、指令和程序的编排、检查、维修、处理故障以及应付不测等人优于机器的工作，留给人来承担。

在可能的条件下，用机械设备来补充、减轻或代替人的劳动。通过实现机械化、自动化，减少操作者的干预或介入危险的机会，使人的操作岗位远离危险或有害现场，但同时也对人的知识和技能提出了较高的要求。无论机械化、自动化程度多高，人的核心和主导地位是不变的。

4. 友好的人机界面设计

人机界面是在机器上设置的供人、机进行信息交流和相互作用的界面。从物理意义上讲，人机界面是人机相互作用所必需的技术方案的一部分，集中体现在为操作人员与设备之间提供直接交流的操纵器和显示装置上。借助这些装置，操作人员可以安全有效地监控设备的运行。

(1)显示器的安全人机学要求。显示器是显示机械运行状态的装置，是人们用以观察和监控系统运行过程的手段。显示装置的设计、性能和形式选择、数量和空间布局等，应符合信息特征和人的感觉器官的感知特性，保证迅速、通畅、准确地接受信息。

按人接受信息的途径不同，显示器可分为视觉装置(借助视亮度、对比度、颜色、形状、尺寸或排列传送的信息)、听觉装置(通过发于声源的音调、频率和间歇变化传送的信息)和触觉装置(借助表面粗糙度、轮廓或位置传送的信息)。其中，由于视觉信号容易辨识、记录和储存，因而视觉装置得到了广泛应用。听觉装置常用于报警。

显示装置应满足安全人机工程学要求如下：

1)信号和显示器的种类和设计应保证清晰易辨，指示器、度盘和视觉显示装置的设计应在人能感知的参数和特征范围之内；显示形式、尺寸应便于察看；信息含义明确、耐久、清晰易辨。

2)信号和显示器的种类和数量应符合信息的特性。种类和数量要少而精，不可过多过滥，淹没主要信息，提供的信息量应控制在不超过人能接受的生理负荷限度内；信号显示的变化速率和方向应与主信息源变化的速率和方向相一致；当显示器数量很多时，其空间配置应保证清晰、可辨，迅速地提供可靠的信息。

3)当信号和显示器的数量较多时，应根据其功能和显示的种类不同，根据重要程度、使用频度和工艺流程要求，适应人的视觉习惯，按从左到右、从上到下或顺时针的优先顺序，布置在操作者视距和听力的最佳范围内；此外，还可依据工艺过程的机能、测定种类等划分为若干组排列。

4)危险信号和报警装置。对安全性有重大影响的危险信号和报警装置，优先采用声、光组合信号，应考虑其强度、形状、大小、对比度、显著性和信噪比，要明显区别并突出于其他信号，报警装置应与相关的操纵器构成一个整体或紧密相连，应配置在机械设备相应的易发生故障或危险性较大的部位。

5)在以观察和监视为主的长时间的工作中，应通过信号和显示器的设计和配置来避免超负荷和负荷不足的影响。

(2)操纵(控制)器的安全人机工程学要求。操纵装置是受到人作用而动作的执行部件，用来对机械的运行状态进行控制。按人体执行操纵的器官不同，可分为手控、脚控和声控等多种类型。由于手比脚的动作更精细、快速、准确，所以，手控操纵器占有重要位置；脚控操纵器由于动作快速且需较大的力，一般只作为手控方式的补充。操纵器的选择、设计和配置应适合于控制任务，与人体操作部分的运动器官的运动特性相适应，与操作任务要求相适应。操纵装置应满足的安全人机工程学要求如下：

1)操纵器的形状、尺寸和触感等表面特征的设计和配置应符合人体测量学指标，便于操作者的手或脚准确、快速地执行控制任务；手握操纵器与手接触部位应采用便于持握的形状，表面不得有尖角、毛刺、缺口、棱边等可能伤及手的缺陷。

2)操纵器的行程和操作力应根据控制任务、人体生物力学及人体测量参数确定，操纵力不应过大而使劳动强度增加；行程不应超过人的最佳用力范围，避免操作幅度过大引起疲劳。

3)在任何情况下，操纵器的布置应在操作者肢体活动范围可达区域内，重要和经常使用的操纵器应配置在易达区，使用频繁的应配置在最佳区，同时应符合操作的安全要求。

4)当操纵器数量较多时，其布置与排列应以"能够安全、准确、迅速地操作"为原则进行配置。应布置为成组排列，功能相关的操纵器、显示装置应集中安放；在满足控制器功能的前提下，按重要度和使用频率、操作顺序和逻辑关系配置，同时兼顾人的操作习惯；当考虑操作顺序要求时，应按照由左向右或自上而下的顺序排列；控制动作、设备响应和信息显示应相互适应或形成对应的空间关系。

5)各种操纵器的功能应易辨认，避免混淆，必要时应辅以符合标准、容易理解的形象符号或文字加以说明；当执行几种不同动作采用同一个操纵器时，每种动作状态应能清晰地显示；同一系统有多个操纵器时，为使操作者能够迅速准确地识别以防止误操作，应对操纵器进行识别编码。

6)操纵器的控制功能与动作方向应与机械系统过程的变化运动方向一致，控制动作、设备的应答和显示信息应相互适应和协调；同样操作模式的同类型机械应采用标准布置，以减少操作差错(见表1-2)。

表1-2　操纵器的控制功能与动作方向

动作/功能	开通	关闭	增加	减少	前进	后退	向左	向右	开车	刹车
向上	√		√		√				√	
向下		√		√		√	—	—		√

续表

动作/功能	开通	关闭	增加	减少	前进	后退	向左	向右	开车	刹车
向前	√		√		√		—	—	√	
向后		√		√		√			√	√
向右	√		√		√			√	√	
向左		√		√		√	√			√
顺时针	√		√		—	—		√	√	
逆时针		√		√	—	—	√		√	√
提拉	√		—	—	—	—	—	—	—	—
按压		√	—	—	—	—	—	—	—	

7)多挡位的操纵器应有可靠的定位及自锁、联锁措施,防止操作越位、意外触碰移位或由于振动等原因自行移位;在同一平面上相邻且相互平行配置时,操纵器内侧间距应保证不产生相互干涉;在特殊条件下(如振动、冲击或颠簸环境)进行精细调节或连续调节时,应提供相应的依托支撑以保证操作平稳准确;对关键控制器应有防止误动作的保护措施,使操作不会引起附加风险。

5. 工作空间的设计

在工作空间设计时,应满足以下安全人机工程学要求:

(1)应合理布置机械设备上直接由人操作或使用的装置或器具,包括各种显示器、操纵器、照明器等。显示器的配置,应使操作者可无障碍观察;操纵器应设置在机体功能可及的范围内,并适合于人操作器官功能的解剖学特性;对实现系统目标有重要影响的显示器和操纵器,应将其布置在操作者视野和操作的最佳位置,防止或减少因误判断、误操作引起的意外伤害事故。

(2)工作空间(必要时提供工作室)的设计应考虑到工作过程对人身体的约束条件,为身体的活动(特别是头、手臂、手、腿和足的活动)提供合乎心理和生理要求的充分空间;工作室结构应能防御外界的危险有害因素作用,其装潢材料必须是耐燃、阻燃的;有良好的视野,保证在无任何危险情况下使操作者在操作位置直接看到,或通过监控装置了解到控制目标的运行状态,并能确认没有人面临危险;存在安全风险的作业点,应留有在意外情况下可以避让的空间或设置逃离的安全通道。

(3)设计注重创造良好的与人的劳动姿势有关的工作空间。工作高度、工作面或工作台应适合于操作者的身体尺寸,并使操作者以安全、舒适的身体姿势进行作业,并得到适当的支撑;座位装置应可调节,适合于人的解剖、生理特点,其固定须能承受相应载荷,并不被破坏,将振动降低到合理的最低程度,防止产生疲劳和发生事故。

(4)若操作者的工作位置在坠落基准面 2 m(含 2 m)以上时,必须考虑脚踏和站立的安全性,配置供站立的平台、梯子和防坠落的栏杆等;若操作人员经常变换工作位置,还须设置安全通道;由于工作条件所限,固定式防护不足以保证人员安全时,应同时配备防高处坠落的个人防护装备(如安全带、安全网等);当机械设备的操作位置高度在 30 m 以上(含30 m)时,必须配置安全可靠的载人升降设备。

6. 工作过程的设计

工作过程设计、操作的内容和重复程度,以及操作者对整个工作过程的控制,应避免超越操作者生理或心理的功能范围，保持正确、稳定的操作姿势，保护作业人员的健康和安全。当工作系统的要求与操作者的能力之间不匹配时，可通过修改工作系统的作业程序，或要求其适合操作者的工作能力，或提供相应的设施以适应工作要求等多种途径，将不匹配现象减少到最低限度，从而提高作业过程的安全性。

(1)负载限度。减少操作时来回走动的距离和身体扭转或摆动的幅度，使操作时动作的幅度、强度、速度、用力互相协调，避免用力过度、频率过快或超载使人产生疲劳，也要防止由于工作负载不足或动作单调重复而降低对危险的警惕性。

(2)工作节奏。应遵循人体的自然节奏来设计操作模式或动作，避免将操作者的工作节奏强制与机器的自动连续节拍相联系，使操作者处于被动配合状态，防止由于工作节奏过分紧张产生疲劳而导致危险。

(3)作业姿势。身体姿势不应由于长时间的静态肌肉紧张而引起疲劳，机械设备上的操作位置，应能保证操作者可以变换姿势，交替采用坐姿和立姿。若两者必择其一，则优先选择坐姿，并配备带靠背的坐椅以供坐姿操作；身体各动作间应保持良好的平衡，提供适宜的工作平台，防止失稳或立面不足跌落，尤其是在高处作业时要特别注意。

7. 工作环境设计

(1)工作场所总体布置、工作空间大小和通道应适当。

(2)应避免人员暴露在危险及有害物质(温度、振动、噪声、粉尘、辐射、有毒)的环境中。根据现场人数、劳动强度、污染物质的产生、耗氧设备等情况调节通风。

(3)应按照当地的气候条件调节工作场所的热环境。在室外工作时，对不利的气候影响(如热、冷、雨、雪、冰等)应提供适当的遮掩物。

(4)应提供达到最佳视觉感受的照明(亮度、对比度、颜色及其反差、光分布的均匀度等)，优先采用自然光，辅之以局部照明，避免眩光、耀斑、频闪效应及不必要的反射引起的风险，提供事故状态下的应急照明设施。

(5)工作环境应避免有害或扰人的噪声和振动的影响，同时应兼顾语言信号的清晰度和人员对警示声信号的感觉。传递给人的振动和冲击不应当引起身体损伤和病理反应或感觉运动神经系统失调。

三、安全防护装置

1. 采用安全防护装置可能存在的附加危险

安全防护装置达不到相应的安全技术要求，有可能带来附加危险，即使配备了安全防护装置也不过是形同虚设，甚至比不设置更危险；设置的安全防护装置必须使用方便，否则，操作者就可能为了追求达到机械的最大效用而避开甚至拆除安全防护装置。在设计时，应注意以下因素带来的附加危险并采取措施予以避免：

(1)安全防护装置出现故障会立即增加损伤或危害健康的风险。

(2)安全防护装置在减轻操作者精神压力的同时，也容易使操作者形成心理依赖，放松对危险的警惕性。

(3)由动力驱动的安全防护装置，其运动零部件产生的接触性机械危险。

(4)安全防护装置的自身结构存在安全隐患，如尖角、锐边、凸出部分等危险。

(5)由于安全防护装置与机器运动部分安全距离不符合要求导致的危险。

2. 安全防护装置的一般要求

在人和危险之间构成安全保护屏障，是安全防护装置的基本安全功能。为此，安全防护装置必须满足与其保护功能相适应的安全技术要求。基本安全要求如下：

(1)结构形式和布局设计合理，具有切实的保护功能，确保人体不受到伤害。

(2)结构应坚固耐用，不易损坏；结构件无松脱、裂损、变形、腐蚀等危险隐患。

(3)不应成为新的危险源，不增加任何附加危险。可能与使用者接触的部分不应产生对人员的伤害或阻滞(如避免尖棱利角、加工毛刺、粗糙的边缘等)，并应提供防滑措施。

(4)不应出现漏保护区，安装可靠，不易拆卸(或非专用工具不能拆除)；不易被旁路或避开。

(5)满足安全距离的要求，使人体各部位(特别是手或脚)无法逾越接触危险，同时防止挤压或剪切。

(6)对机械使用期间各种模式的操作产生的干扰最小，不因采用安全防护装置增加操作难度或强度，视线障碍最小。

(7)不应影响机器的使用功能，不得与机械的任何正常可动零部件产生运动抵触。

(8)便于检查和修理。

3. 防护装置

防护装置是指采用壳、罩、屏、门、盖、栅栏等结构作为物体障碍，将人与危险隔离的装置。

(1)防护装置的功能。

1)隔离作用。防止人体任何部位进入机械的危险区，触及各种运动零部件。

2)阻挡作用。防止飞出物打击、高压液体的意外喷射或防止人体灼烫、腐蚀伤害等。

3)容纳作用。接受可能由机械抛出、掉落、发射的零件及其破坏后的碎片以及喷射的液体等。

4)其他作用。在有特殊要求的场合，还应对电、高温、火、爆炸物、振动、放射物、粉尘、烟雾、噪声等具有特别阻挡、隔绝、密封、吸收或屏蔽等作用。

(2)防护装置的类型。有单独使用防护装置，只有当防护装置处于关闭状态时才能起防护作用；还有与联锁装置联合使用的防护装置，无论防护装置处于任何状态都能起到防护作用。按使用方式可分为以下几种：

1)固定式防护装置。保持在所需位置(关闭)不动的防护装置。不用工具不可能将其打开或拆除。常见的形式有封闭式、固定间距式和固定距离式。其中，封闭式固定防护装置将危险区全部封闭，人员从任何地方都无法进入危险区；固定间距式和固定距离式防护装置不完全封闭危险区，凭借安全距离来防止或减少人员进入危险区的机会。

2)活动式防护装置。通过机械方法(如铁链、滑道等)与机器的构架或邻近的固定元件相连接，并且不用工具就可打开。常见的有整个装置的位置可调或装置的某组成部分可调的活动防护门、抽拉式防护罩等装置。

3)联锁防护装置。防护装置的开闭状态直接与防护的危险状态相联锁，只要防护装置不关闭，被其“抑制”的危险机器功能就不能执行，只有当防护装置关闭时，被其“抑制”的危险机器功能才有可能执行；在危险机器功能执行过程中，只要防护装置被打开，就给出停机指令。

(3)防护装置的安全技术要求。

1)固定防护装置应该用永久固定(通过焊接等)方式，或借助紧固件(螺钉、螺栓、螺母等)固定方式固定，若不用工具(或专用工具)就不能使其移动或打开。

2)防护结构体不应出现漏保护区，并应满足安全距离的要求，使人不可能越过或绕过防护装置接触危险。

3)活动防护装置或防护装置的活动体打开时,尽可能与被防护的机械借助铰链或导链保持连接,防止挪开的防护装置或活动体丢失或难以复原而使防护装置丧失安全功能。

4)活动联锁式防护装置出现丧失安全功能的故障时,被其"抑制"的危险机器功能不可能执行或停止执行,装置失效不得导致意外启动。

5)防护装置应设置在进入危险区的唯一通道上。

6)防护装置结构体应有足够的强度和刚度,能有效抵御飞出物的打击或外力的作用,避免产生不应有的变形。

7)可调式防护装置的可调或活动部分的调整件,在特定操作期间内应保持固定、自锁状态,不得因为机械振动而移位或脱落。

4. 安全装置

通过自身的结构功能限制或防止机械的某种危险,或限制运动速度、压力等危险因素。常见的有联锁装置、双手操作式装置、自动停机装置、限位装置等。

(1)安全装置的技术特征。

1)安全装置零部件的可靠性应作为其安全功能的基础,在规定的使用期限内,不会因零部件失效使安全装置丧失主要安全功能。

2)安全装置应能在危险事件即将发生时停止危险过程。

3)重新启动的功能,即当安全装置动作第一次停机后,只有再次重新启动,机械才能开始工作。

4)光电式、感应式安全装置应具有自检功能,当安全装置出现故障时,应使危险的机械功能不能执行或停止执行,并触发报警器。

5)安全装置必须与控制系统一起操作并与其形成一个整体,安全装置的性能水平应与之相适应。

6)安全装置的设计应采用"定向失效模式"的部件或系统,考虑关键件的加倍冗余,必要时还应考虑采用自动监控。

(2)安全装置的种类。按功能不同,安全装置可大致分为以下几类:

1)联锁装置。联锁装置是防止机械零部件在特定条件下(一般只要防护装置不关闭)运转的装置。可以是机械的、电动的、液压的或气动的。

2)使动装置。使动装置是一种附加手动操纵装置,当机械启动后,只有操纵该使动装置,才能使机械执行预定功能。

3)止—动操作装置。止—动操作装置是一种手动操纵装置,只有当手对操纵器作用时,机械才能启动并保持运转;当手放开操纵器时,该操作装置能自动回复到停止位置。

4)双手操纵装置。双手操纵装置是两个手动操纵器同时动作的操纵装置。只有两手同时对操纵器作用,才能启动并保持机械或机械的一部分运转。这种操纵装置可以强制操作者在机器运转期间,双手没有机会进入机器的危险区。

5)自动停机装置。自动停机装置是指当人或人体的某一部分超越安全限度,就使机械或其零部件停止运转(或保持其他的安全状态)的装置。自动停机装置可以是机械驱动的,如触发线、可伸缩探头、压敏装置等;也可以是非机械驱动的,如光电装置、电容装置、超声装置等。

6)机械抑制装置。机械抑制装置是一种机械障碍(如楔、支柱、撑杆、止转棒等)装置。该装置靠其自身强度支撑在机构中,用来防止某种危险运动发生。

7)限制装置。限制装置是防止机械或机械要素超过设计限度(如空间限度、速度限度、压力限度等)的装置。

8)有限运动控制装置。也称为行程限制装置,只允许机械零部件在有限的行程范围内动作,而不能进一步向危险的方向运动。

9)排除阻挡装置。通过机械方式,在机械的危险行程期间,将处于危险中的人体部分从危险区排除;或通过提供自由进入的障碍,减小进入危险区的概率。

5. 安全防护装置的设置原则

(1)以操作人员所站立的平面为基准,凡高度在 2 m 以内的各种运动零部件应设置防护。

(2)以操作人员所站立的平面为基准,凡高度在 2 m 以上的物料传输装置、皮带传动装置以及有施工机械施工处的下方,应设置防护。

(3)以操作人员所站立的平面为基准,凡在坠落高度的基准面 2 m 以上的作业位置,必须设置防护。

(4)为避免挤压和剪切伤害,直线运动部件之间或直线运动部件与静止部件之间的间距应符合安全距离的要求。

(5)运动部件有行程距离要求的,应设置可靠的限位装置,防止因超越行程运动而造成伤害。

(6)对于可能因超负荷发生部件损坏而造成伤害的机械,应设置负荷限制装置。

(7)对于惯性冲撞运动部件,必须采取可靠的缓冲装置,防止因惯性而造成伤害事故。

(8)对于运动中可能松脱的零部件,必须采取有效措施加以紧固,防止由于启动、制动、冲击、振动而引起松动。

6. 安全防护装置的选择原则

(1)对于机械正常运行期间操作者不需要进入危险区的场合,优先考虑选用固定式防护装置,包括进料、取料装置,辅助工作台,适当高度的栅栏,通道防护装置等。

(2)对于机械正常运转时需要进入危险区的场合,当需要进入危险区的次数较多,经常开启固定防护装置会带来不便时,可考虑采用联锁装置、自动停机装置、可调防护装置、自动关闭防护装置、双手操纵装置和可控防护装置等。

(3)对于非运行状态的其他作业期间需进入危险区的场合,如机械的设定、示教、过程转换、查找故障、清理或维修等作业,需要移开或拆除防护装置,或人为使安全装置功能受到抑制,可采用手动控制模式、止—动操纵装置或双手操纵装置、点动—有限的运动操纵装置等。有些情况下,可能需要几个安全防护装置联合使用。

四、安全信息的使用

1. 安全信息概述

(1)安全信息的功能。

1)明确机械的预定用途。安全信息应具备保证安全和正确使用机械所需的各项说明。

2)规定和说明机械的合理使用方法。安全信息中应说明安全使用机器的程序和操作模式,对不按要求而采用其他方式操作机械的潜在风险提出适当警告。

3)通知和警告遗留风险。对于通过设计和采用安全防护技术均无效或不完全有效的那些遗留风险,通过提供信息通知和警告使用者,以便采用其他的补救安全措施。

应当注意的是,安全信息只起提醒和警告的作用,不能在实质意义上避免风险。因此,安全信息不可用于弥补设计的缺陷,不能代替应该由设计解决的安全技术措施。

(2)安全信息的类别。

1)信号和警告装置等。

2)标志、符号(象形图)、安全色、文字警告等。

3)随机文件,如操作手册、说明书等。

(3)信息的使用原则。

1)根据风险的大小和危险的性质,可依次采用安全色、安全标志、警告信号和警报器。

2)根据需要信息的时间。提示操作要求的信息应采用简洁形式,长期固定在所需的机械部位附近;显示状态的信息应尽量与工序顺序一致,与机械运行同步出现;警告超载的信息应在负载接近额定值时提前发出警告信息;危险紧急状态的信息应即时发出,持续的时间应与危险存在的时间一致,持续到操作者干预为止或信号随危险状态解除而消失。

3)根据机械结构和操作的复杂程度。对于简单机械,一般只需提供有关安全标志和使用操作说明书;对于结构复杂的机械,特别是有一定危险性的大型设备,除了配备各种安全标志和使用说明书(或操作手册)外,还应配备有关负载安全的图表、运行状态信号,必要时提供报警装置等。

4)根据信息内容和对人视觉的作用采用不同的安全色。为了使人们对存在不安全因素的环境、设备引起注意和警惕,需要涂以醒目的安全色。需要强调的是,安全色的使用不能取代防范事故的其他安全措施。

5)应满足安全人机工程学的原则。采用安全信息的方式和使用的方法应与操作人员或暴露在危险区的人员能力相符合。只要可能,应使用视觉信号;在可能有人感觉缺陷的场所,例如盲区、色盲区、耳聋区或使用个人保护装备而导致出现盲区的地方,应配备感知有关安全信息的其他信号(如声音、触摸、振动等信号)。

2. 安全色

(1)安全色的颜色含义。安全色是用以传递含义的颜色,包括红、蓝、黄、绿四种颜色。

1)红色。表示禁止和停止、消防和危险。凡是禁止、停止和有危险的器件、设备或环境,均应涂以红色标志;红色闪光是警告操作者情况紧急,应迅速采取行动。

2)蓝色。表示需要执行的指令性、必须遵守的规定或应采用防范措施等。

3)黄色。表示注意、警告。凡是警告注意的器件、设备或环境,均应涂以黄色标志。

4)绿色。表示通行、安全和正常工作状态。凡是在可以通行或安全的情况下,均应涂以绿色标志。

(2)安全色的对比色。安全色有时采用组合或对比色的方式。当安全色与对比色同时使用时,应按表1-3的规定搭配使用。

表1-3 安全色的对比色

安全色	对比色
红色	白色①
蓝色	白色
黄色	黑色②
绿色	白色

注:①白色用于安全标志中红、蓝、绿的背景色,也可用于安全标志的文字和图形符号。

②黑色用于安全标志的文字、图形符号和警告标志的几何边框。

3. 信号和警告装置

(1)信号和警告装置的类别。

1)视觉信号。特点是占用空间小、视距远,可采用亮度高于背景的稳定光和闪烁光。根据险情对人危害的紧急程度和可能后果,险情视觉信号分为警告视觉信号(显示需采取适当措施予以消除或控制险情发生的可能性和先兆的信号)和紧急视觉信号(显示涉及人身伤害风险的险情开始或确已发生并需采取措施的信号)两类。

2)听觉信号。利用人的听觉反应快的特性,用声音传递信息。听觉信号的特点是可不受照明和物体障碍的限制,强迫人们注意。常见的有蜂鸣器、铃、报警器等,其声级应明显高于环境噪声的级别。

3)视听组合信号。其特点是光、声信号共同作用,用以强化危险和紧急状态的警告功能。

(2)信号和警告装置的安全要求。在信号的察觉性、可分辨性和含义明确性方面,险情视觉信号必须优于其他一切视觉信号;紧急视觉信号必须优于所有的警告视觉信号。

1)险情视觉信号应在危险事件出现前或危险事件出现时即发出,在信号接收区内任何人都应能察觉、辨认信号,并对信号做出反应。

2)信号和警告的含义确切,一种信号只能有一种特定的含义。

3)信号能被明确地察觉和识别,并与其他用途信号明显相区别。

4)防止视觉或听觉信号过多引起混乱,或显示频繁导致"敏感度"降低而丧失应有的作用。

4. 安全标志

(1)安全标志的功能分类。安全标志分为禁止标志、警告标志、指令标志和提示标志四类。

1)禁止标志。禁止人们不安全行为的图形标志。

2)警告标志。提醒人们对周围环境引起注意,以避免可能发生危险的图形标志。

3)指令标志。强制人们必须做出某种动作或采用防范措施的图形标志。

4)提示标志。向人们提供某种信息(如标明安全设施或场所等)的图形标志。

(2)安全标志的基本特征。安全标志由安全色、图形符号和几何图形构成,有时附以简短的文字警告说明,用以表达特定的安全信息。安全标志和辅助标志的组合形式、颜色和尺寸以及使用范围见表1-4,并应符合安全标准规定。

表1-4 安全标志的基本特征

标志含义	标志形状	图案颜色	衬底颜色	边框颜色	备注
禁止	圆形	黑色	白色	红色	红色斜杠
警告	正三角形	黑色	黄色	黑色	
指令	圆形	白色	蓝色		
提示	正方形	白色	绿色		

(3)安全标志应满足的要求。

1)含义明确无误。在预期使用条件下,安全标志要明显可见,易从复杂背景中识别;图形符号应由尽可能少的关键要素构成,简单、明晰,合乎逻辑;文字应释义明确无误,不使人费解或误会;使用图形符号应优先于文字警告,文字警告应采用机械设备使用国家的语言;标志必须符合公认的标准。

2)内容具体,有针对性。符号或文字警告应表示危险类别,具体且有针对性,不能笼统写

“危险”；可附有简单的文字警告或简要说明防止危险的措施。

3）标志的设置位置。机械设备易发生危险的部位，必须有安全标志。标志牌应设置在醒目、与安全有关的地方，并使人们看到后有足够的时间来注意它所表示的内容。不宜设在门、窗、架或可移动的物体上。

4）标志检查与维修。标志在整个机械寿命内应保持连接牢固、字迹清楚、颜色鲜明、清晰、持久，抗环境因素（如液体、气体、气候、盐雾、温度、光等）引起的损坏，耐磨损且尺寸稳定。应半年至一年检查一次，发现变形、破损或图形符号脱落以及变色等影响效果的情况，应及时修整、更换或重涂，以保证标志正确、醒目。

5. 随机文件

主要是指操作手册、使用说明书或其他文字说明。

（1）随机文件的内容。机械设备必须有使用说明书等技术文件。说明书内容包括：安装、搬运、储存、使用、维修和安全卫生等有关规定，应该在各个环节对遗留风险提出通知和警告，并给出对策建议。

1）关于机械设备的运输、搬运和储存的信息。机械设备的储存条件和搬运要求，尺寸、质量、重心位置，搬运操作说明（如起吊设备施力点及吊装方式）等。

2）关于机械设备自身安装和交付运行的信息。装配和安装条件，使用和维修需要的空间，允许的环境条件（温度、湿度、振动、电磁辐射等），机械设备与动力源的连接说明（特别是防止超负荷用电），机械设备及其附件清单，防护装置和安全装置的详细说明，电气装置的有关数据，机械设备的应用范围，包括禁用范围等。

3）劳动安全卫生方面的信息。机械设备工作的负载图表（尤其是安全功能图解表示），产生的噪声、振动的数据和由机械发出的射线、气体、蒸气及粉尘等数据，所用的消防装置形式，环境保护信息，证明机械设备符合有关强制性安全标准要求的正式证明文件等。

4）有关机械设备使用操作的信息。手动操纵器的说明，对设定与调整的说明，停机的模式和方法（尤其是紧急停机），关于使用某些附件可能产生的特殊风险信息以及所需的特定安全防护装置的信息，有关禁用信息，对故障的识别与位置确定、修理和调整后再启动的说明，关于遗留风险的信息，关于可能发射或泄漏有害物质的警告，使用个人防护用品和所需提供培训的说明，紧急状态应急对策的建议等。

5）维修信息。需要进行检查的性质和频次，是否要求有专门技术或特殊技能的维修人员或专家执行维修的说明，是否可由操作者进行维修的说明，提供便于执行维修任务（尤其是查找故障）的图样和图表，关于停止使用、拆卸和由于安全原因而报废的信息等。

（2）对随机文件的要求。

1）随机文件的载体。可提供电子音像制品，同时提供纸质印刷品。文件要具有耐久性，可经受使用者频繁地拿取使用和翻看。

2）使用语言。采用机械设备使用国家的官方语言；在少数民族地区使用的机械设备应使用民族语言书写，对多民族聚居的地区还应同时提供各民族语言的译文。

3）多种信息形式。尽可能做到图文并茂（如插图和表格等），文字说明不应与相应的插图和表格分离；采用字体的形式和大小应保证最好的清晰度，安全警告应采用符合标准的相应颜色和符号加以强调，以引起注意并能迅速识别。

4）面向使用者，有针对性。提供的信息必须明确针对特定型号的机械设备，而不是泛指某一类机械；面对所有合理的机械设备使用者，采用标准的术语和量纲（单位）表达；对不常用的术语应给出明确的解释及说明；若机械设备是由非专业人员使用，则应以容易理解并不发生误解的形式编写。

五、附加预防措施

1. 急停装置的设置

每台机械都应装备有一个或多个急停装置，以使已有或即将发生的危险状态得以避开，但用急停装置无法减少其风险的机械除外。急停装置应满足下列安全要求：

(1)清楚可见，便于识别，明显区别于其他控制装置。一般采用红色的掌形或蘑菇头形状。

(2)设置在使操作者或其他人员在合理的作业位置可无危险地迅速接近并触及的位置，同时还要有防止意外操作的措施。

(3)急停装置的控制机构和被操纵机构应采用强制机械作用原则，以保证操作时能迅速停机。

(4)急停装置应能迅速停止危险运动或危险过程而不产生附加风险，急停功能不应削弱安全装置或与安全功能有关的装置的效能。急停装置被启动后应保持接合状态，在用手动重调之前应不可以恢复电路。

(5)急停装置的零部件及其装配应遵循可靠性原则，能承受预期的操作条件和耐环境影响。

(6)电动急停装置的设计应符合相应电气装置标准的规定。

2. 陷入危险时的躲避和援救保护措施

设计机械时应考虑一旦出现危险时，操作者如何躲避；当伤害事故发生时，如何进行救援和解脱等。

3. 保证机械的可维修性

(1)机器的可维修性。可维修性是指通过规定的程序或手段，对出现故障的机械实施维修，以保持或恢复其预定的功能状态。设备的故障会造成机械预定功能丧失，给工作带来损失，危险故障还会引发事故。通过零部件的标准化与互换性设计，采用故障识别诊断技术，使机械一旦出现故障，容易被发现，易拆换、易检修、易安装，解除危险故障，恢复安全功能，消除安全隐患。

(2)维修作业的安全。在按规定程序或手段实施维修时，从易检易修的角度出发考虑设计机械结构形状、零部件的合理布局和安装空间，以保证维修人员的安全。设计机械时，应考虑以下可维修性因素：

1)将调整、维修点设计在危险区外，减少操作者进入危险区的频次。

2)在设计上考虑维修的可达性，包括安装场所可达、设备外部可达和设备内部可达，提供足够的检修作业空间，便于维修人员观察和检修并以安全、稳定的姿态进行维修作业。

3)在控制系统设置维修操作模式，在安全防护装置解锁或人为失效情况下，防止意外启动，保证维修安全。

4)断开动力源和能量泄放措施，使机械与所有动力源断开，保证在断开点的“下游”不再有势能或动能，使机械达到“零能量状态”。

5)随机提供专用检查、维修工具或装置，方便安全拆除和更换报废失效的零部件。

6)在较笨重的零部件上设计方便起吊设备吊装搬运的附属装置，从而减少操作者手工搬运所面临的危险。

4. 安全进出机械的措施

(1)机械的设计尽可能使高处作业地面化，避免高处作业的危险。

(2)应设计有机内平台、阶梯或其他设施，为执行相应任务提供安全通道。

(3)对于一些大型设备，如重型机械、起重运输设备等，由于有不可避免的高处作业，应根据其距地面的高度提供适当的扶手、栏杆、踏板和(或)把手，高于 3 m 的直梯还应有安全护笼，当操作位置高于 30 m 时，还应提供升降设备。

(4)在工作条件下涉及的步行区应尽量用防滑材料铺设；在大型自动化设备和运输线中，应特别注意设计安全进出的通道、跨越桥等。

5. 发现和纠正故障的诊断系统

故障诊断是指根据机械设备运行状态变化的信息，进行识别、预测和监视机械运行状态的技术。大多数机械事故是可以通过采取故障诊断等预先识别技术加以防范的。为了避免或减少因不能及时发现和纠正潜在故障而引发的危险，在设计阶段应考虑有助于发现故障的诊断系统，以及时发现和纠正故障，改善机械的有效性和可维修性，减少维修工作人员面临的危险。

六、实现机械安全的综合措施

机械安全可以概括地分为机械的产品安全和机械的使用安全两个阶段。机械的产品安全阶段主要涉及设计、制造和安装三个环节。机械的使用安全阶段是指机械在执行其预定功能，以及围绕保证机械正常运行而进行的维修、保养等多个环节，这个阶段的机械安全主要是由使用机械的用户来负责。机械设备安全应考虑其“寿命”的各个阶段，任何环节的安全隐患都可能导致使用阶段的安全事故发生。机械安全是由设计阶段的安全措施和由机械用户补充的安全措施来实现的。当设计阶段的措施不能避免或充分限制各种危险和风险时，则由用户采取补充安全措施最大限度地减小遗留风险。不同阶段的安全措施如图1-7所示。

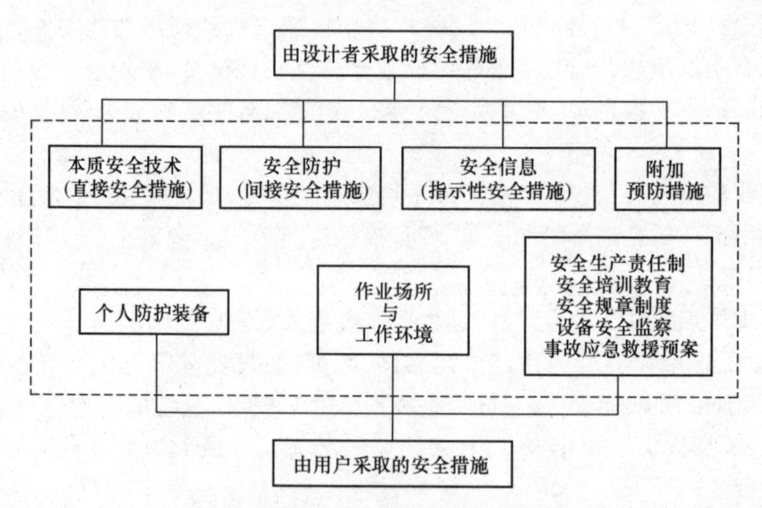

图 1-7　实现机械安全的措施及实施阶段

1. 由设计者采取的安全措施

选择安全措施应根据安全措施等级按下列顺序进行：

(1)直接安全措施。这是指机械本身应具有本质安全性能，是在机械的功能设计中采用

的，不需要额外的安全防护装置，直接把安全问题解决的技术措施，是机械设计优先考虑的措施。选择最佳设计方案，并严格按照专业标准制造、检验；合理地采用机械化、自动化和计算机技术，最大限度地消除危险或限制风险；履行安全人机学原则来实现机械本身具有本质安全性能。

(2)间接安全措施。当直接安全措施不能或不完全能实现安全时，则必须在机械设备总体设计阶段，设计出一种或多种专门用来保证人员不受伤害的安全防护装置，最大限度地预防、控制事故或危害的发生。要注意，当选用安全防护措施来避免某种风险时，警惕可能产生另一种风险；安全防护装置的设计、制造任务不应留给用户去承担。

(3)指示性安全措施。在直接安全措施和间接安全措施对完全控制风险无效或不完全有效的情况下，通过使用文字、标志、信号、安全色、符号或图表等安全信息，向人们作出说明，提出警告，并将遗留风险通知用户。

(4)附加预防措施。着眼于紧急状态的预防措施和附加措施。如急停措施，陷入危险时的人员躲避和援救措施，机械的可维修性措施，断开动力源和能量泄放措施，机械及其重型零部件装卸、安全搬运的措施，安全进出机械的措施，机械及其零部件稳定性措施等。在产品设计中采取的安全技术措施对策如图 1-8 所示。

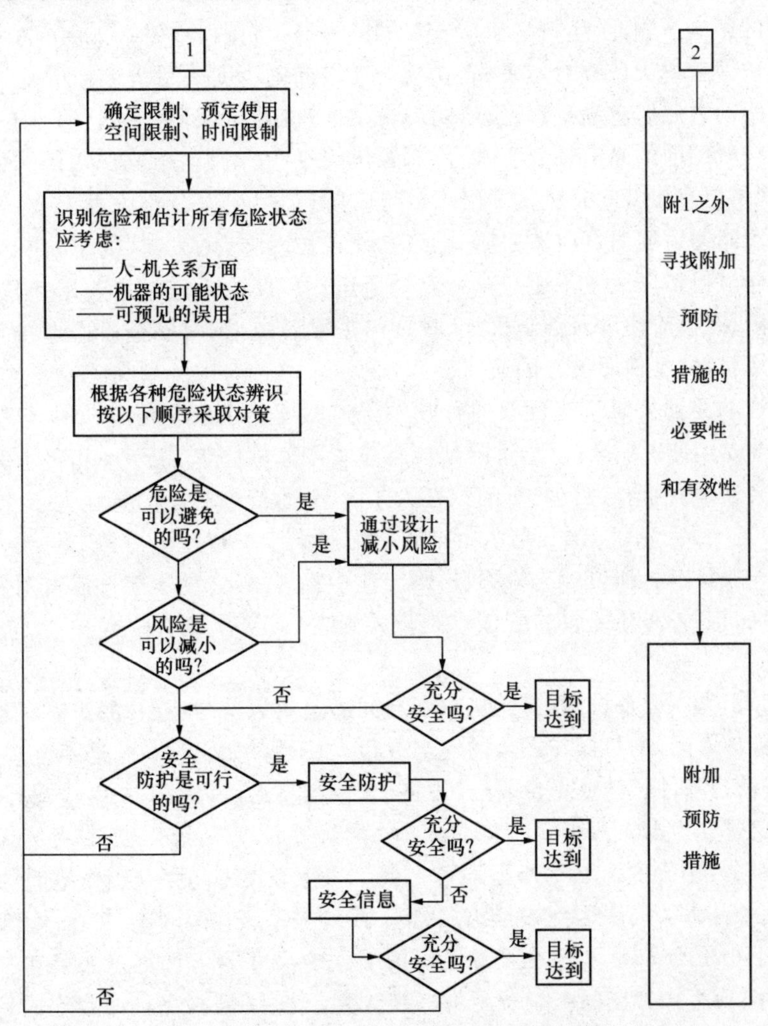

图 1-8　在产品设计中选择安全措施对策

2. 由用户采取的安全措施

(1)个人防护用品。个人防护用品是劳动者在机械的使用过程中保护人身安全与健康必备的一种防御性装备,在意外事故发生时可对避免伤害或减轻伤害程度起到一定作用。按防护部位不同,个人劳动防护用品分为:安全帽、呼吸护具、眼防护具、听力护具、防护鞋、防护手套、防护服、防坠落护具和护肤用品九大类。使用时应注意,根据接触危险能量和有害物质的作业类别和可能出现的伤害,按规定正确选配;个人劳动防护用品的规格、质量和性能必须达到保护功能要求,并符合相应的技术指标。

必须明确个人防护用品不是、也不可取代安全防护装置,它不具有避免或减少面临危险的功能,只是当危险来临时起一定的防御作用。必要时,可与安全防护装置配合使用。由于质量问题或配置不当,按规定该提供的而没能提供,不该提供的反而提供并造成伤害事故,将负相应的法律责任。

(2)作业场地与工作环境的安全性。

1)采光。生产场所采光是生产必须的条件,如果采光不良,长期作业,容易使操作者眼睛疲劳、视力下降,产生误操作或发生意外伤亡事故。同时,合理采光对提高生产效率和保证产品质量有直接的影响。因此,生产场所应有足够的光照度,以保证安全生产的正常进行。

①生产场所一般白天依赖自然采光,在阴天及夜间则由人工照明采光作为补充和代替。

②生产场所的内照明应满足《建筑照明设计标准》(GB 50034—2004)的要求。

③对厂房一般照明的光窗设置要求:厂房跨度大于 12 m 时,单跨厂房的两边应有采光侧窗,窗户的宽度不应小于开间长度的 1/2。多跨厂房相连,相连各跨应有天窗,跨与跨之间不得有墙封死。车间通道照明灯应覆盖所有通道,覆盖长度应大于 90%的车间安全通道长度。

2)通道。通道包括厂区主干道和车间安全通道。厂区主干道是指汽车通行的道路,是保证厂内车辆行驶、人员流动以及消防灭火、救灾的主要通道;车间安全通道是指为了保证职工通行和安全运送材料、工件而设置的通道。

①厂区干道的路面要求。车辆双向行驶的干道宽度不小于 5 m,有单向行驶标志的主干道宽度不小于 3 m。进入厂区门口,危险地段需设置限速限高牌、指示牌和警示牌。

②车间安全通道要求。通行汽车的宽度大于 3 m,通行电瓶车的宽度大于 1.8 m,通行手推车、三轮车的宽度大于 1.5 m,一般人行通道的宽度大于 1 m。

③通道的一般要求。通道标志应醒目,画出边沿标志,转弯处不能形成直角。通道路面应平整,无台阶、坑、沟和凸出路面的管线。道路土建施工应有警示牌或护栏,夜间应有红灯警示。

3)设备布局。生产设备设施的摆放、相互之间的距离以及与墙、柱的距离,操作者的空间,高处运输线的防护罩网,均与操作人员的安全有很大关系。如果设备布局不合理或错误,操作者空间窄小,当设备部件移动或工件、材料等飞出时,容易造成人员的伤害或意外事故。

车间生产设备分为大、中、小型三类。最大外形尺寸长度不小于 12 m 者为大型设备,6～12 m者为中型设备,小于 6 m 者为小型设备。大、中、小型设备间距和操作空间的要求如下:

①设备间距(以活动机件达到的最大范围计算),大型设备不小于 2 m,中型设备不小于 1 m,小型设备不小于 0.7 m。大、小设备间距按最大的尺寸要求计算。如果在设备之间有操作工位,则计算时应将操作空间与设备间距一并计算。若大、小设备同时存在时,大、小设备间距按大的尺寸要求计算。

②设备与墙、柱距离(以活动机件的最大范围计算),大型设备不小于 0.9 m,中型设备

不小于 0.8 m,小型设备不小于 0.7 m,在墙、柱与设备间有人操作的应满足设备与墙、柱间和操作空间的最大距离要求。

③高于 2 m 的运输线应有牢固的防护罩(网),网格大小应能防止所输送物件坠落至地面,对低于 2 m 高的运输线的起落段两侧应加设防护栏,栏高不低于 1.05 m。

4)物料堆放。生产场所的工位器具、工件、材料摆放不当,不仅妨碍操作,而且容易引起设备损坏和伤害事故。

①生产场所应划分毛坯区,成品、半成品区,工位器具区,废物垃圾区。原材料、半成品、成品应按操作顺序摆放整齐,有固定措施,平衡可靠。一般摆放方位同墙或机床轴线平行,尽量堆垛成正方形。

②生产场所的工位器具、工具、模具、夹具应放在指定的部位,安全稳妥,防止坠落和倒塌伤人。

③产品坯料等应限量存入,白班存放为每班加工量的 1.5 倍,夜班存放为加工量的 2.5 倍,但大件不得超过当班定额。

④工件、物料摆放不得超高,在垛底与垛高之比为 1∶2 的前提下,垛高不超出 2 m(单位超高除外),砂箱堆垛不超过 3.5 m。堆垛的支撑稳妥,堆垛间距合理,便于吊装,流动物件应设垫块且揳牢。

5)地面状态。生产场所地面平坦、清洁是确保物料流动、人员通行和操作安全的必备条件。

①人行道、车行道和宽度应符合规定的要求。

②为生产而设置的深度大于 0.2 m、宽度大于 0.1 m 的坑、壕、池应有可靠的防护栏或盖板,夜间应有照明。

③生产场所工业垃圾、废油、废水及废物应及时清理干净,以避免人员通行或操作时滑跌造成事故。

④生产场所地面应平坦,无绊脚物。

(3)安全管理措施。

1)落实安全生产组织和明确各级安全生产责任制,建立安全规章制度和健全安全操作规程。

2)加强对员工的安全教育和培训,包括安全法制教育、风险知识教育和安全技能教育,以及特种作业人员的岗位培训(要求持证上岗)。

3)对机械设备实施监管,特别是对安全有重要影响的重大、危险机械设备和关键机械设备及其零部件,必须进行全程安全监测,对其检查和报废实施有效的监管。

4)制定事故应急救援预案等。必须指出,由用户采取的安全措施对减小遗留风险是很重要的,但是这些措施与机械产品设计阶段的安全技术措施相比,可靠性相对较低,因此,不能用来代替应在设计阶段采取的用来消除危险、减小风险的措施。

机械系统是复杂系统,每一种安全技术管理措施都有其特定的适用范围,并受一定条件制约而具有局限性。实现机械安全靠单一措施难以奏效,需要从机械全寿命的各个阶段采取多种措施,考虑各种约束条件,综合分析、权衡、比较,选择可行的最佳对策,最终达到保障机械系统安全的目的。

第二章 施工现场机械安全操作

第一节 土石方机械施工安全

一、单斗挖掘机安全操作技术

★安全检查要点★

(1)单斗挖掘机的作业和行走场地的检查。

(2)照明、信号及报警装置等的检查。

(3)燃油、润滑油、液压油的检查。

(4)各铰接部分的检查。

(5)液压系统的检查。

(6)轮胎气压的检查。

(7)挖掘机最大开挖高度和深度的检查。

(8)各操纵过程的检查。

(9)挖掘机停放位置的检查。

★安全技术要点★

(1)单斗挖掘机的作业和行走场地应平整坚实,松软地面应用枕木或垫板垫实,沼泽或淤泥场地应进行路基处理,或更换专用湿地履带。

(2)轮胎式挖掘机使用前应支好支腿,并应保持水平位置,支腿应置于作业面的方向,转向驱动桥应置于作业面的后方。履带式挖掘机的驱动轮应置于作业面的后方。采用液压悬挂装置的挖掘机,应锁住两个悬挂液压缸。

(3)作业前应重点检查下列项目,并应符合相应要求:

1)照明、信号及报警装置等应齐全有效;

2)燃油、润滑油、液压油应符合规定;

3)各铰接部分应连接可靠;

4)液压系统不得有泄漏现象;

5)轮胎气压应符合规定。

(4)启动前,应将主离合器分离,各操纵杆放在空挡位置,并应发出信号,确认安全后启动设备。

(5)启动后,应先使液压系统从低速到高速空载循环10～20 min,不得有吸空等不正常噪声,并应检查各仪表指示值,运转正常后再接合主离合器,再进行空载运转,顺序操纵各工作机构并测试各制动器,确认正常后开始作业。

(6)作业时,挖掘机应保持水平位置,行走机构应制动,履带或轮胎应揳紧。

(7)平整场地时,不得用铲斗进行横扫或用铲斗对地面进行夯实。

(8)挖掘岩石时,应先进行爆破。挖掘冻土时,应采用破冰锤或爆破法使冻土层破碎。不得用铲斗破碎石块、冻土,或用单边斗齿硬啃。

(9)挖掘机最大开挖高度和深度,不应超过机械本身性能规定。在拉铲或反铲作业时,履带式挖掘机的履带与工作面边缘距离应大于1.0 m,轮胎式挖掘机的轮胎与工作面边缘距离应大于1.5 m。

(10)在坑边进行挖掘作业,当发现有塌方危险时,应立即处理险情,或将挖掘机撤至安全地带。坑边不得留有伞状边沿及松动的大块石。

(11)挖掘机应停稳后再进行挖土作业。当铲斗未离开工作面时,不得做回转、行走等动作。应使用回转制动器进行回转制动,不得用转向离合器反转制动。

(12)作业时,各操纵过程应平稳,不宜紧急制动。铲斗升降不得过猛,下降时,不得撞碰车架或履带。

(13)斗臂在抬高及回转时,不得碰到坑、沟侧壁或其他物体。

(14)挖掘机向运土车辆装车时,应降低卸落高度,不得偏装或砸坏车厢。回转时,铲斗不得从运输车辆驾驶室顶上越过。

(15)作业中,当液压缸将伸缩到极限位置时,应动作平稳,不得冲撞极限块。

(16)作业中,当需制动时,应将变速阀置于低速挡位置。

(17)作业中,当发现挖掘力突然变化,应停机检查,不得在未查明原因前调整分配阀的压力。

(18)作业中,不得打开压力表开关,且不得将工况选择阀的操纵手柄放在高速挡位置。

(19)挖掘机应停稳后再反铲作业,斗柄伸出长度应符合规定要求,提斗应平稳。

(20)作业中,履带式挖掘机短距离行走时,主动轮应在后面,斗臂应在正前方与履带平行,并应制动回转机构。坡道坡度不得超过机械允许的最大坡度。下坡时应慢速行驶。不得在坡道上变速和空挡滑行。

(21)轮胎式挖掘机行驶前,应收回支腿并固定可靠,监控仪表和报警信号灯应处于正常显示状态。轮胎气压应符合规定,工作装置应处于行驶方向,铲斗宜离地面1 m。长距离行驶时,应将回转制动板踩下,并应采用固定销锁定回转平台。

(22)挖掘机在坡道上行走时熄火,应立即制动,并应揳住履带或轮胎,重新发动后,再继续行走。

(23)作业后,挖掘机不得停放在高边坡附近或填方区,应停放在坚实、平坦、安全的位置,并应将铲斗收回平放在地面,所有操纵杆置于中位,关闭操作室和机棚。

(24)履带式挖掘机转移工地应采用平板拖车装运。短距离自行转移时,应低速行走。

(25)保养或检修挖掘机时,应将内燃机熄火,并将液压系统卸荷,铲斗落地。

(26)利用铲斗将底盘顶起进行检修时,应使用垫木将抬起的履带或轮胎垫稳,用木楔将落地履带或轮胎揳牢,然后再将液压系统卸荷,否则不得进入底盘下工作。

二、挖掘装载机安全操作技术

★安全检查要点★

(1)动臂后端的缓冲块的检查。

(2)装载作业前，挖掘装置的回转机构的检查。

(3)挖掘装载机停放时间的检查。

★安全技术要点★

(1)挖掘装载机的挖掘及装载作业应符合《建筑机械使用安全技术规程》(JGJ 33—2012)的规定。

(2)挖掘作业前应先将装载斗翻转，使斗口朝地，并使前轮稍离开地面，踏下并锁住制动踏板，然后伸出支腿，使后轮离地并保持水平位置。

(3)挖掘装载机在边坡卸料时，应有专人指挥，挖掘装载机轮胎距边坡缘的距离应大于1.5 m。

(4)动臂后端的缓冲块应保持完好；损坏时，应修复后使用。

(5)作业时，应平稳操纵手柄；支臂下降时不宜中途制动。挖掘时不得使用高速挡。

(6)应平稳回转挖掘装载机，并不得用装载斗砸实沟槽的侧面。

(7)挖掘装载机移位时，应将挖掘装置处于中间运输状态，收起支腿，提起提升臂。

(8)装载作业前，应将挖掘装置的回转机构置于中间位置，并应采用拉板固定。

(9)在装载过程中，应使用低速挡。

(10)铲斗提升臂在举升时，不应使用阀的浮动位置。

(11)前四阀用于支腿伸缩和装载的作业与后四阀用于回转和挖掘的作业不得同时进行。

(12)行驶时，不应高速和急转弯。下坡时不得空挡滑行。

(13)行驶时，支腿应完全收回，挖掘装置应固定牢靠，装载装置宜放低，铲斗和斗柄液压活塞杆应保持完全伸张位置。

(14)挖掘装载机停放时间超过1 h，应支起支腿，使后轮离地；停放时间超过1 d时，应使后轮离地，并应在后悬架下面用垫块支撑。

三、推土机安全操作技术

★安全检查要点★

(1)仪表指示值、液压系统的检查。

(2)采用主离合器传动的推土机的检查。

(3)推土机上、下坡度的检查。

(4)在深沟、基坑或陡坡地区作业时的检查。

(5)两台以上推土机在同一地区作业时距离的检查。

(6)推土机长途转移工地时的检查。

★安全技术要点★

(1)推土机在坚硬土壤或多石土壤地带作业时,应先进行爆破或用松土器翻松。在沼泽地带作业时,应更换专用湿地履带板。

(2)不得用推土机推石灰、烟灰等粉尘物料,不得进行碾碎石块的作业。

(3)牵引其他机构设备时,应有专人负责指挥。钢丝绳的连接应牢固可靠。在坡道或长距离牵引时,应采用牵引杆连接。

(4)作业前应重点检查下列项目,并应符合相应要求:

1)各部件不得松动,应连接良好;

2)燃油、润滑油、液压油等应符合规定;

3)各系统管路不得有裂纹或泄漏;

4)各操纵杆和制动踏板的行程、履带的松紧度或轮胎气压应符合要求。

(5)启动前,应将主离合器分离,各操纵杆放在空挡位置,并应按照《建筑机械使用安全技术规程》(JGJ 33—2012)的规定启动内燃机,不得用拖、顶方式启动。

(6)启动后应检查各仪表指示值、液压系统,并确认运转正常,当水温达到55℃、机油温度达到45℃时,全载荷作业。

(7)推土机机械四周不得有障碍物,并确认安全后开动,工作时不得有人站在履带或刀片的支架上。

(8)采用主离合器传动的推土机接合应平稳,起步不得过猛,不得使离合器处于半接合状态下运转;液力传动的推土机,应先解除变速杆的锁紧状态,踏下减速器踏板,变速杆应在低挡位,然后缓慢释放减速踏板。

(9)在块石路面行驶时,应将履带张紧。当需要原地旋转或急转弯时,应采用低速挡。当行走机构夹入块石时,应采用正、反向往复行驶使块石排除。

(10)在浅水地带行驶或作业时,应查明水深,冷却风扇叶不得接触水面。下水前和出水后,应对行走装置加注润滑脂。

(11)推土机上、下坡或超过障碍物时应采用低速挡。推土机上坡坡度角不得大于25°,下坡坡度角不得大于35°,横向坡度角不得大于10°。在坡度角25°以上的陡坡上不得横向行驶,并不得急转弯。上坡时不得换挡,下坡不得空挡滑行。当需要在陡坡上推土时,应先进行填挖,使机身保持平衡。

(12)在上坡途中,当内燃机突然熄灭,应立即放下铲刀,并锁住制动踏板。在推土机停稳后,将主离合器脱开,把变速杆放到空挡位置,并应用木块将履带或轮胎楔死后,重新启动内燃机。

(13)下坡时,当推土机下行速度大于内燃机传动速度时,转向操纵的方向应与平地行走时操纵的方向相反,并不得使用制动器。

(14)填沟作业驶近边坡时,铲刀不得越出边缘。后退时,应先换挡,后提升铲刀进行倒车。

(15)在深沟、基坑或陡坡地区作业时,应有专人指挥,垂直边坡高度应小于2 m。当大于2 m时,应放出安全边坡,同时禁止用推土刀侧面推土。

(16)推土或松土作业时,不得超载,各项操作应缓慢平稳,不得损坏铲刀、推土架、松土器等装置;无液力变矩器装置的推土机,在作业中有超载趋势时,应稍微提升刀片或变换低速挡。

(17)不得顶推与地基基础连接的钢筋混凝土桩等建筑物。顶推树木等物体不得倒向推土机及高空架设物。

(18)两台以上推土机在同一地区作业时,前后距离应大于8.0 m;左右距离应大于1.5 m。在狭窄道路上行驶时,未得前机同意,后机不得超越。

(19)作业完毕后,宜将推土机开到平坦安全的地方,并应将铲刀、松土器落到地面上。在坡道上停机时,应将变速杆挂低速挡,接合主离合器,锁住制动踏板,并将履带或轮胎揳住。

(20)停机时,应先降低内燃机转速,变速杆放在空挡,锁紧液力传动的变速杆,分开主离合器,踏下制动踏板并锁紧,在水温降到75℃以下、油温降到90℃以下后熄火。

(21)推土机长途转移工地时,应采用平板拖车装运。短途行走转移距离不宜超过10 km,铲刀距地面宜为400 mm,不得用高速挡行驶和进行急转弯,不得长距离倒退行驶。

(22)在推土机下面检修时,内燃机应熄火,铲刀应落到地面上或垫稳。

四、拖式铲运机安全操作技术

★安全检查要点★

(1)铲运机行驶道路的检查。

(2)钢丝绳、轮胎气压、铲土斗及卸土板回缩弹簧、拖把万向接头、撑架以及各部滑轮等的检查。

(3)多台铲运机联合作业时的检查。

(4)在狭窄地段运行时的检查。

(5)铲运机上、下坡道时的检查。

(6)在新填筑的土堤上作业时的检查。

(7)在下陡坡铲土时的检查。

(8)修理斗门或在铲斗下检修作业的检查。

★安全技术要点★

(1)拖式铲运机牵引使用时应符合《建筑机械使用安全技术规程》(JGJ 33—2012)的有关规定。

(2)铲运机作业时,应先采用松土器翻松。铲运作业区内不得有树根、大石块和大量杂草等。

(3)铲运机行驶道路应平整坚实,路面宽度应比铲运机宽度大2 m。

(4)启动前,应检查钢丝绳、轮胎气压、铲土斗及卸土板回缩弹簧、拖把万向接头、撑架以及各部滑轮等,并确认处于正常工作状态;液压式铲运机铲斗和拖拉机连接叉座与牵引连接块应锁定,各液压管路应连接可靠。

(5)开动前,应使铲斗离开地面,机械周围不得有障碍物。

(6)作业中,严禁人员上下机械,传递物件,以及在铲斗内、拖把或机架上坐立。

(7)多台铲运机联合作业时,各机之间前后距离应大于10 m(铲土时应大于5 m),左右距离应大于2 m,并应遵守"下坡让上坡、空载让重载、支线让干线"的原则。

(8)在狭窄地段运行时,未经前机同意,后机不得超越。两机交会或超车时应减速,两机左右间距应大于0.5 m。

(9)铲运机上、下坡道时,应低速行驶,不得中途换挡,下坡时不得空挡滑行,行驶的横向坡度角不得超过6°,坡宽应大于铲运机宽度2 m。

(10)在新填筑的土堤上作业时,离堤坡边缘应大于1 m。当需在斜坡横向作业时,应先将斜坡挖填平整，使机身保持平衡。

(11)在坡道上不得进行检修作业。在陡坡上不得转弯、倒车或停车。在坡上熄火时，应将铲斗落地、制动牢靠后再启动。下陡坡时，应将铲斗触地行驶，辅助制动。

(12)铲土时，铲土与机身应保持直线行驶。助铲时应有助铲装置，并应正确开启斗门，不得切土过深。两机动作应协调配合，平稳接触，等速助铲。

(13)在下陡坡铲土时，铲斗装满后，在铲斗后轮未达到缓坡地段前，不得将铲斗提离地面，应防铲斗快速下滑冲击主机。

(14)在不平地段行驶时，应放低铲斗，不得将铲斗提升到高位。

(15)拖拉陷车时，应有专人指挥，前后操作人员应配合协调，确认安全后起步。

(16)作业后，应将铲运机停放在平坦地面，并应将铲斗落在地面上。液压操纵的铲运机应将液压缸缩回，将操纵杆放在中间位置，进行清洁、润滑后，锁好门窗。

(17)非作业行驶时，铲斗应用锁紧链条挂牢在运输行驶位置上；拖式铲运机不得载人或装载易燃、易爆物品。

(18)修理斗门或在铲斗下检修作业时，应将铲斗提起后用销子或锁紧链条固定，再采用垫木将斗身顶住，并应采用木楔楔住轮胎。

五、自行式铲运机安全操作技术

★安全检查要点★

(1)自行式铲运机的行驶道路的检查。
(2)多台铲运机联合作业的检查。
(3)铲运机的转向和制动系统的检查。
(4)沿沟边或填方边坡作业的检查。
(5)穿越泥泞或松软地面的检查。
(6)夜间作业照明的检查。

★安全技术要点★

(1)自行式铲运机的行驶道路应平整坚实，单行道宽度不宜小于5.5 m。

(2)多台铲运机联合作业时，前后距离不得小于20 m，左右距离不得小于2 m。

(3)作业前，应检查铲运机的转向和制动系统，并确认灵敏可靠。

(4)铲土或在利用推土机助铲时，应随时微调转向盘，铲运机应始终保持直线前进。不得在转弯情况下铲土。

(5)下坡时，不得空挡滑行，应踩下制动踏板辅助以内燃机制动，必要时可放下铲斗，以降低下滑速度。

(6)转弯时，应采用较大回转半径低速转向，操纵转向盘不得过猛；当重载行驶或在弯道上下坡时，应缓慢转向。

(7)不得在坡度角大于15°的横坡上行驶，也不得在横坡上铲土。

(8)沿沟边或填方边坡作业时，轮胎离路肩不得小于0.7 m，并应放低铲斗，降速缓行。

(9)在坡道上不得进行检修作业。遇在坡道上熄火时，应立即制动，下降铲斗，把变速杆放在空挡位置，然后启动内燃机。

(10)穿越泥泞或松软地面时，铲运机应直线行驶，当一侧轮胎打滑时，可踏下差速器锁止踏板。当离开不良地面时，应停止使用差速器锁止踏板。不得在差速器锁止时转弯。

(11)夜间作业时，前后照明应齐全完好，前大灯应能照至 30 m；非作业行驶时，应符合《建筑机械使用安全技术规程》(JGJ 33—2012)的相关规定。

六、静作用压路机安全操作技术

★安全检查要点★

(1)压路机碾压的工作面的检查。

(2)制动性能及转向功能的检查。

(3)碾压速度的检查。

(4)在新建场地上进行碾压时的检查。

(5)上下坡时挡位的检查。

(6)两台以上压路机同时作业时的检查。

(7)压路机停放位置的检查。

(8)严寒季节停机时的检查。

★安全技术要点★

(1)压路机碾压的工作面，应经过适当平整，对新填的松软土，应先用羊足碾或打夯机逐层碾压或夯实后，再用压路机碾压。

(2)工作地段的纵坡不应超过压路机最大爬坡能力，横坡坡度角不应大于 20°。

(3)应根据碾压要求选择机种。当光轮压路机需要增加机重时，可在滚轮内加砂或水。当气温降至 0℃及以下时，不得用水增重。

(4)轮胎压路机不宜在大块石基层上作业。

(5)作业前，应检查并确认滚轮的刮泥板平整良好，各紧固件不得松动；轮胎压路机应检查轮胎气压，确认正常后启动。

(6)启动后，应检查制动性能及转向功能并确认灵敏可靠。开动前，压路机周围不得有障碍物或人员。

(7)不得用压路机拖拉任何机械或物件。

(8)碾压时应低速行驶。速度宜控制在 3～4 km/h 范围内，在一个碾压行程中不得变速。碾压过程中应保持正确的行驶方向，碾压第二行时应与第一行重叠半个滚轮压痕。

(9)变换压路机前进、后退方向应在滚轮停止运动后进行。不得将换向离合器当作制动器使用。

(10)在新建场地上进行碾压时，应从中间向两侧碾压。碾压时，距场地边缘不应少于 0.5 m。

(11)在坑边碾压施工时，应由里侧向外侧碾压，距坑边不应少于 1 m。

(12)上下坡时，应事先选好挡位，不得在坡上换挡，下坡时不得空挡滑行。

(13)两台以上压路机同时作业时，前后间距不得小于 3 m，在坡道上不得纵队行驶。

(14)在行驶中，不得进行修理或加油。需要在机械底部进行修理时，应将内燃机熄火，刹车制动，并揳住滚轮。

(15)对有差速器锁定装置的三轮压路机,当只有一只轮子打滑时,可使用差速器锁定装置,但不得转弯。

(16)作业后,应将压路机停放在平坦坚实的场地上,不得停放在软土路边缘及斜坡上,且不得妨碍交通,并应锁定制动。

(17)严寒季节停机时,宜采用木板将滚轮垫离地面,应防止滚轮与地面冻结。

(18)压路机转移距离较远时,应采用汽车或平板拖车装运。

七、振动压路机安全操作技术

★安全检查要点★

(1)压路机工作场地的检查。

(2)压路机振动频率的检查。

(3)振动压路机的使用的检查。

★安全技术要点★

(1)作业时,压路机应先起步后起振,内燃机应先置于中速,然后再调至高速。

(2)压路机换向时应先停机;压路机变速时应降低内燃机转速。

(3)压路机不得在坚实的地面上进行振动。

(4)压路机碾压松软路基时,应先碾压 1～2 遍后再振动碾压。

(5)压路机碾压时,压路机振动频率应保持一致。

(6)换向离合器、起振离合器和制动器的调整,应在主离合器脱开后进行。

(7)上下坡时或急转弯时不得使用快速挡。铰接式振动压路机在转弯半径较小绕圈碾压时不得使用快速挡。

(8)压路机在高速行驶时不得接合振动。

(9)停机时应先停振,然后将换向机构置于中间位置,变速器置于空挡,最后拉起手制动操纵杆。

(10)振动压路机的使用还应符合《建筑机械使用安全技术规程》(JGJ 33—2012)的有关规定。

八、平地机安全操作技术

★安全检查要点★

(1)平地机作业区的检查。

(2)仪表指示值的检查。

(3)制动器的检查。

(4)防滑链的检查。

(5)平地机作业中变矩器油温的检查。

(6)平地机停放位置的检查。

★安全技术要点★

(1)起伏较大的地面宜先用推土机推平,再用平地机平整。

(2)平地机作业区内不得有树根、大石块等障碍物。

(3)作业前应按《建筑机械使用安全技术规程》(JGJ 33—2012)的规定进行检查。

(4)平地机不得用于拖拉其他机械。

(5)启动内燃机后,应检查各仪表指示值并应符合要求。

(6)开动平地机时,应鸣笛示意,并确认机械周围不得有障碍物及行人,用低速挡起步后,应测试并确认制动器灵敏有效。

(7)作业时,应先将刮刀下降到接近地面处,起步后再下降刮刀铲土。铲土时,应根据铲土阻力大小,随时调整刮刀的切土深度。

(8)刮刀的回转、铲土角的调整及向机外侧斜,应在停机时进行;刮刀左右端的升降动作,可在机械行驶中调整。

(9)刮刀角铲土和齿耙松地时应采用一挡速度行驶;刮土和平整作业时应用二、三挡速度行驶。

(10)土质坚实的地面应先用齿耙翻松,翻松时应缓慢下齿。

(11)使用平地机清除积雪时,应在轮胎上安装防滑链,并应探明工作面的深坑、沟槽位置。

(12)平地机在转弯或调头时,应使用低速挡;在正常行驶时,应使用前轮转向;当场地特别狭小时,可使用前后轮同时转向。

(13)平地机行驶时,应将刮刀和齿耙升到最高位置,并将刮刀斜放,刮刀两端不得超出后轮外侧。行驶速度不得超过使用说明书规定。下坡时,不得空挡滑行。

(14)平地机作业中变矩器的油温不得超过120℃。

(15)作业后,平地机应停放在平坦、安全的场地上,刮刀应落在地面上,手制动器应拉紧。

九、轮胎式装载机安全操作技术

★安全检查要点★

(1)装载机作业场地坡度的检查。

(2)轮胎式装载机作业场地和行驶道路的检查。

(3)装载机的装载量的检查。

(4)装载机在坡、沟边卸料时,轮胎离边缘安全距离的检查。

(5)装载机变矩器油温的检查。

★安全技术要点★

(1)装载机与汽车配合装运作业时,自卸汽车的车厢容积应与装载机铲斗容量相匹配。

(2)装载机作业场地坡度应符合使用说明书的规定。作业区内不得有障碍物及无关人员。

(3)轮胎式装载机作业场地和行驶道路应平坦坚实。在石块场地作业时,应在轮胎上加装保护链条。

(4)作业前应按《建筑机械使用安全技术规程》(JGJ 33—2012)的规定进行检查。

(5)装载机行驶前,应先鸣笛示意,铲斗宜提升离地 0.5 m。装载机行驶过程中应测试制动器的可靠性。装载机搭乘人员应符合规定。装载机铲斗不得载人。

(6)装载机高速行驶时应采用前轮驱动;低速铲装时,应采用四轮驱动。铲斗装载后升起行驶时,不得急转弯或紧急制动。

(7)装载机下坡时不得空挡滑行。

(8)装载机的装载量应符合使用说明书的规定。装载机铲斗应从正面铲料,铲斗不得单边受力。装载机应低速缓慢举臂翻转铲斗卸料。

(9)装载机操纵手柄换向应平稳。装载机满载时,铲臂应缓慢下降。

(10)在松散不平的场地作业时,应把铲臂放在浮动位置,使铲斗平稳地推进;当推进阻力增大时,可稍微提升铲臂。

(11)当铲臂运行到上下最大限度时,应立即将操纵杆回到空挡位置。

(12)装载机运载物料时,铲臂下铰点宜保持离地面 0.5 m,并保持平稳行驶。铲斗提升到最高位置时,不得运输物料。

(13)铲装或挖掘时,铲斗不应偏载。铲斗装满后,应先举臂,再行走、转向、卸料。铲斗行走过程中不得收斗或举臂。

(14)当铲装阻力较大,出现轮胎打滑时,应立即停止铲装,排除过载后再铲装。

(15)在向汽车装料时,铲斗不得在汽车驾驶室上方越过。如汽车驾驶室顶无防护,驾驶室内不得有人。

(16)向汽车装料,宜降低铲斗高度,减小卸落冲击。汽车装料不得偏载、超载。

(17)装载机在坡、沟边卸料时,轮胎离边缘应保留安全距离,安全距离宜大于 1.5 m;铲斗不宜伸出坡、沟边缘。在坡度角大于 3°的坡面上,装载机不得朝下坡方向俯身卸料。

(18)作业时,装载机变矩器油温不得超过 110℃,超过时,应停机降温。

(19)作业后,装载机应停放在安全场地,铲斗应平放在地面上,操纵杆应置于中位,制动应锁定。

(20)装载机转向架未锁闭时,严禁站在前后车架之间进行检修保养。

(21)装载机铲臂升起后,在进行润滑或检修等作业时,应先装好安全销,或先采取其他措施支住铲臂。

(22)停车时,应使内燃机转速逐步降低,不得突然熄火,应防止液压油因惯性冲击而溢出油箱。

十、蛙式夯实机安全操作技术

★安全检查要点★

(1)漏电保护器、接零或接地及电缆线接头的检查。

(2)传动皮带、皮带轮与偏心块的检查。

(3)转动部分的检查。

(4)负荷线、电缆线长的检查。

(5)夯实机启动后的检查。

(6)电动机旋转方向的检查。

★安全检查要点★

(7)夯实机扶手上的按钮开关和电动机的接线的检查。

(8)多机作业时平行间距和前后间距的检查。

(9)夯实机电动机温升的检查。

★安全技术要点★

(1)蛙式夯实机宜适用于夯实灰土和素土。蛙式夯实机不得冒雨作业。

(2)作业前应重点检查下列项目,并应符合相应要求:

1) 漏电保护器应灵敏有效,接零或接地及电缆线接头应绝缘良好;

2)传动皮带应松紧合适,皮带轮与偏心块应安装牢固;

3)转动部分应安装防护装置,并应进行试运转,确认正常;

4)负荷线应采用耐气候型的四芯橡皮护套软电缆。电缆线长不应大于 50 m。

(3)夯实机启动后,应检查电动机旋转方向,错误时应倒换相线。

(4)作业时,夯实机扶手上的按钮开关和电动机的接线应绝缘良好。当发现有漏电现象时,应立即切断电源,进行检修。

(5)夯实机作业时,应一人扶夯,一人传递电缆线,并应戴绝缘手套和穿绝缘鞋。递线人员应跟在夯机后或两侧调顺电缆线。电缆线不得扭结或缠绕,并应保持 3～4 m 的余量。

(6)作业时,不得夯击电缆线。

(7)作业时,应保持夯实机平衡,不得用力压扶手。转弯对应用力平稳,不得急转弯。

(8)夯实填高松软土方时,应先在边缘以内 100～150 mm 夯实 2～3 遍后,再夯实边缘。

(9)不得在斜坡上夯行,以防夯头后折。

(10)夯实房心土时,夯板应避开钢筋混凝土基础及地下管道等地下物。

(11)在建筑物内部作业时,夯板或偏心块不得撞击墙壁。

(12)多机作业时,其平行间距不得小于 5 m,前后间距不得小于 10 m。

(13)夯实机作业时,夯实机四周 2 m 范围内,不得有非夯实机操作人员。

(14)夯实机电动机温升超过规定时,应停机降温。

(15)作业时,当夯实机有异常响声时,应立即停机检查。

(16)作业后,应切断电源,卷好电缆线,清理夯实机。夯实机保管应防水防潮。

十一、振动冲击夯安全操作技术

★安全检查要点★

(1)振动冲击夯作业范围的检查。

(2)振动冲击夯使用方法的检查。

(3)短距离转移的检查。

★安全技术要点★

(1)振动冲击夯适用于压实黏性土、砂及砾石等散状物料,不得在水泥路面和其他坚硬地面作业。

(2)内燃机冲击夯作业前,应检查并确认有足够的润滑油,油门控制器应转动灵活。

(3)内燃机冲击夯启动后,应逐渐加大油门,夯机跳动稳定后开始作业。

(4)振动冲击夯作业时,应正确掌握夯机,不得倾斜,手把不宜握得过紧,能控制夯机前进速度即可。

(5)正常作业时,不得使劲往下压手把,以免影响夯机跳起高度。夯实松软土或上坡时,可将手把稍向下压,并应能增加夯机前进速度。

(6)根据作业要求,内燃冲击夯应通过调整油门的大小,在一定范围内改变夯机振动频率。

(7)内燃冲击夯不宜在高速下连续作业。

(8)当短距离转移时,应先将冲击夯手把稍向上抬起,将运转轮装入冲击夯的挂钩内,再压下手把,使重心后倾,再推动手把转移冲击夯。

(9)振动冲击夯还应符合《建筑机械使用安全技术规程》(JGJ 33—2012)的规定。

十二、强夯机械安全操作技术

★安全检查要点★

(1)主要结构和部件的材料及制作质量的检查。

(2)夯机的作业场地的检查。

(3)夯机在工作状态时,起重臂仰角的检查。

(4)梯形门架支腿的检查。

★安全技术要点★

(1)担任强夯作业的主机,应按照强夯等级的要求经过计算选用。当选用履带式超重机做主机时,应符合《建筑机械使用安全技术规程》(JGJ 33—2012)的规定。

(2)强夯机械的门架、横梁、脱钩器等主要结构和部件的材料及制作质量,应经过严格检查,对不符合设计要求的,不得使用。

(3)夯机驾驶室挡风玻璃前应增设防护网。

(4)夯机的作业场地应平整,门架底座与夯机着地部位的场地不平度不得超过 100 mm。

(5)夯机在工作状态时,起重臂仰角应符合使用说明书的要求。

(6)梯形门架支腿不得前后错位,门架支腿在未支稳垫实前,不得提锤。变换夯位后,应重新检查门架支腿,确认稳固可靠,然后再将锤提升 100～300 mm,检查整机的稳定性,确认可靠后作业。

(7)夯锤下落后,在吊钩尚未降至夯锤吊环附近前,操作人员严禁提前下坑挂钩。从坑中提锤时,严禁挂钩人员站在锤上随锤提升。

(8)夯锤起吊后,地面操作人员应迅速撤至安全距离以外,非强夯施工人员不得进入夯点 30 m 范围内。

(9)夯锤升起如超过脱钩高度仍不能自动脱钩时，起重指挥应立即发出停车信号，将夯锤落下，应在查明原因并正确处理后继续施工。

(10)当夯锤留有的通气孔在作业中出现堵塞现象时，应及时清理，并不得在锤下作业。

(11)当夯坑内有积水或因黏土产生的锤底吸附力增大时，应采取措施排除，不得强行提锤。

(12)转移夯点时，夯锤应由辅机协助转移，门架随夯机移动前，支腿离地面高度不得超过500 mm。

(13)作业后，应将夯锤下降，放在坚实稳固的地面上。在非作业时，不得将锤悬挂在空中。

第二节　桩工机械施工安全

一、柴油打桩锤安全操作技术

★安全检查要点★

(1)导向板的固定与磨损情况的检查。

(2)起落架各工作机构的检查。

(3)柴油锤与桩帽的连接的检查。

(4)缓冲胶垫的检查。

(5)桩帽上缓冲垫木的厚度的检查。

(6)柴油锤运转时，冲击部分的跳起高度的检查。

(7)长期停用的柴油锤的检查。

★安全技术要点★

(1)作业前应检查导向板的固定与磨损情况，导向板不得有松动或缺件，导向面磨损不得大于7 mm。

(2)作业前应检查并确认起落架各工作机构安全可靠，启动钩与上活塞接触线距离应为5～10 mm。

(3)作业前应检查柴油锤与桩帽的连接，提起柴油锤，柴油锤脱出砧座后，柴油锤下滑长度不应超过使用说明书的规定值，超过时，应调整桩帽连接钢丝绳的长度。

(4)作业前应检查缓冲胶垫，当砧座和橡胶垫的接触面小于原面积2/3时，或下汽缸法兰与砧座间隙小于使用说明书的规定值时，均应更换橡胶垫。

(5)水冷式柴油锤应加满水箱，并应保证柴油锤连续工作时有足够的冷却水。冷却水应使用清洁的软水。冬期作业时应加温水。

(6)桩帽上缓冲垫木的厚度应符合要求，垫木不得偏斜。金属桩的垫木厚度应为100～150 mm；混凝土桩的垫木厚度应为200～250 mm。

(7)柴油锤启动前，柴油锤、桩帽和桩应在同一轴线上，不得偏心打桩。

(8)在软土打桩时，应先关闭油门冷打，当每击贯入度小于100 mm时，再启动柴油锤。

(9)柴油锤运转时，冲击部分的跳起高度应符合使用说明书的要求，达到规定高度时，应减小油门，控制落距。

(10)当上活塞下落而柴油锤未燃爆，上活塞发生短时间的起伏时，起落架不得落下，以防撞击碰块。

(11)打桩过程中，应有专人负责拉好曲臂上的控制绳，在意外情况下，可使用控制绳紧急停锤。

(12)柴油锤启动后，应提升起落架，在锤击过程中起落架与上汽缸顶部之间的距离不应小于 2 m。

(13)筒式柴油锤上活塞跳起时，应观察是否有润滑油从泄油孔中流出。下活塞的润滑油应按使用说明书的要求加注。

(14)柴油锤出现早燃时，应停止工作，并应按使用说明书的要求进行处理。

(15)作业后，应将柴油锤放到最低位置，封盖上汽缸和吸排气孔，关闭燃料阀，将操作杆置于停机位置，起落架升至高于桩锤 1 m 处，并应锁住安全限位装置。

(16)长期停用的柴油锤，应从桩机上卸下，放掉冷却水、燃油及润滑油，将燃烧室及上、下活塞打击面清洗干净，并应做好防腐措施，盖上保护套，入库保存。

二、振动桩锤安全操作技术

★安全检查要点★

(1)振动桩锤各部位螺栓、销轴的检查。

(2)各传动胶带的松紧度的检查。

(3)导向装置与立柱导轨的配合间隙的检查。

(4)振动桩锤启动时间的检查。

(5)沉桩速度、电机电流的检查。

(6)拔桩顺序的检查。

(7)振动桩锤作业时，减振装置各摩擦部位的检查。

★安全技术要点★

(1)作业前，应检查并确认振动桩锤各部位螺栓、销轴的连接牢靠，减振装置的弹簧、轴和导向套完好。

(2)作业前，应检查各传动胶带的松紧度，松紧度不符合规定时应及时调整。

(3)作业前，应检查夹持片的齿形。当齿形磨损超过 4 mm 时，应更换或用堆焊修复。使用前，应在夹持片中间放一块 10～15 mm 厚的钢板进行试夹。试夹中液压缸应无渗漏，系统压力应正常，夹持片之间无钢板时不得试夹。

(4)作业前，应检查并确认振动桩锤的导向装置牢固可靠。导向装置与立柱导轨的配合间隙应符合使用说明书的规定。

(5)悬挂振动桩锤的起重机吊钩应有防松脱的保护装置。振动桩锤悬挂钢架的耳环应加装保险钢丝绳。

(6)振动桩锤启动时间不应超过使用说明书的规定。当启动困难时，应查明原因，排除故障后继续启动。启动时应监视电流和电压，当启动后的电流降到正常值时，开始作业。

(7)夹桩时,夹紧装置和桩的头部之间不应有空隙。当液压系统工作压力稳定后,才能启动振动桩锤。

(8)沉桩前,应以桩的前端定位,并按使用说明书的要求调整导轨与桩的垂直度。

(9)沉桩时,应根据沉桩速度放松吊桩钢丝绳。沉桩速度、电机电流不得超过使用说明书的规定。沉桩速度过慢时,可在振动桩锤上按规定增加配重。当电流急剧上升时,应停机检查。

(10)拔桩时,当桩身埋入部分被拔起1.0~1.5 m时,应停止拔桩,在拴好吊桩用钢丝绳后,再起振拔桩。当桩尖离地面只有1.0~2.0 m时,应停止振动拔桩,由起重机直接拔桩。桩拔出后,吊桩钢丝绳未吊紧前,不得松开夹紧装置。

(11)拔桩应按沉桩的相反顺序起拔。夹紧装置在夹持板桩时,应靠近相邻一根。对工字桩应夹紧腹板的中央。当钢板桩和工字桩的头部有钻孔时,应将钻孔焊平或将钻孔以上割掉,或应在钻孔处焊接加强板,防止桩断裂。

(12)振动桩锤在正常振幅下仍不能拔桩时,应停止作业,改用功率较大的振动桩锤。拔桩时,拔桩力不应大于桩架的负荷能力。

(13)振动桩锤作业时,减振装置各摩擦部位应具有良好的润滑。减振器横梁的振幅超过规定时,应停机查明原因。

(14)作业中,当遇液压软管破损、液压操纵失灵或停电时,应立即停机,并应采取安全措施,不得让桩从夹紧装置中脱落。

(15)停止作业时,在振动桩锤完全停止运转前不得松开夹紧装置。

(16)作业后,应将振动桩锤沿导杆放至低处,并采用木块垫实,带桩管的振动桩锤可将桩管沉入土中3 m以上。

(17)振动桩锤长期停用时,应卸下振动桩锤。

三、静力压桩机安全操作技术

★安全检查要点★

(1)桩的贯入阻力的检查。

(2)作业完毕,桩机停放位置的检查。

(3)作业后控制器的检查。

★安全技术要点★

(1)桩机纵向行走时,不得单向操作一个手柄,应两个手柄一起动作。短船回转或横向行走时,不应碰触长船边缘。

(2)桩机升降过程中,四个顶升缸中的两个一组,交替动作,每次行程不得超过100 mm。当单个顶升缸动作时,行程不得超过50 mm。压桩机在顶升过程中,船形轨道不宜压在已入土的单一桩顶上。

(3)压桩作业时,应有统一指挥,压桩人员和吊桩人员应密切联系,相互配合。

(4)起重机吊桩进入夹持机构,进行接桩或插桩作业后,操作人员在压桩前应确认吊钩已安全脱离桩体。

(5)操作人员应按桩机技术性能作业,不得超载运行。操作时动作不应过猛,应避免冲击。

(6)桩机发生浮机时,严禁起重机作业。如起重机已起吊物体,应立即将起吊物卸下,暂停压桩,在查明原因采取相应措施后,方可继续施工。

(7)压桩时,非工作人员应离机 10 m。起重机的起重臂及桩机配重下方严禁站人。

(8)压桩时,操作人员的身体不得进入压桩台与机身的间隙之中。

(9)压桩过程中,桩产生倾斜时,不得采用桩机行走的方法强行纠正,应先将桩拔起,清除地下障碍物后,重新插桩。

(10)在压桩过程中,当夹持的桩出现打滑现象时,应通过提高液压缸压力增加夹持力,不得损坏桩,并应及时找出打滑原因,排除故障。

(11)桩机接桩时,上一节桩应提升 350～400 mm,并不得松开夹持板。

(12)当桩的贯入阻力超过设计值时,增加配重应符合使用说明书的规定。

(13)当桩压到设计要求时,不得用桩机行走的方式,将超过规定高度的桩顶部分强行推断。

(14)作业完毕,桩机应停放在平整地面上,短船应运行至中间位置,其余液压缸应缩进回程,起重机吊钩应升至最高位置,各部制动器应制动,外露活塞杆应清理干净。

(15)作业后,应将控制器放在零位,并依次切断各部电源,锁闭门窗,冬期应放尽各部积水。

(16)转移工地时,应按规定程序拆卸桩机,所有油管接头处应加保护盖帽。

四、转盘钻孔机安全操作技术

★安全检查要点★

(1)钻架的吊重中心、钻机的卡孔和护进管中心的检查。

(2)钻头和钻杆的检查。

(3)各部操纵手柄放置位置的检查。

(4)泥浆质量和浆面高度的检查。

(5)空气反循环使用的检查。

★安全技术要点★

(1)钻架的吊重中心、钻机的卡孔和护进管中心应在同一垂直线上,钻杆中心偏差不应大于 20 mm。

(2)钻头和钻杆连接螺纹应良好,滑扣的不得使用。钻头焊接应牢固可靠,不得有裂纹。钻杆连接处应安装便于拆卸的垫圈。

(3)作业前,应先将各部操纵手柄置于空挡位置,人力盘动时不得有卡阻现象,然后空载运转,确认一切正常后方可作业。

(4)开钻时,应先进浆后开钻;停机时,应先停钻后停浆。泥浆泵应有专人看管,对泥浆质量和浆面高度应随时测量和调整,随时清除沉淀池中的杂物,出现漏浆现象时应及时补充泥浆。

(5)开钻时,钻压应轻,转速应慢。在钻进过程中,应根据地质情况和钻进深度选择合适的钻压和钻速,均匀给进。

(6)换挡时,应先停钻,挂上挡后再开钻。

(7)加接钻杆时,应使用特制的连接螺栓紧固,并应做好连接处的清洁工作。

(8)钻机下和井孔周围 2 m 以内及高压胶管下不得站人。钻杆不应在旋转时提升。

(9)发生提钻受阻时,应先设法使钻具活动后再慢慢提升,不得强行提升。当钻进受阻时,应采用缓冲击法解除,并查明原因,采取措施继续钻进。

(10)钻架、钻台平车、封口平车等的承载部位不得超载。

(11)使用空气反循环时,喷浆口应遮拦,管端应固定。

(12)钻进结束时,应把钻头略为提起,降低转速,空转 5～20 min 后再停钻。停钻时,应先停钻后停风。

(13)作业后,应对钻机进行清洗和润滑,并应将主要部位进行遮盖。

五、螺旋钻孔机安全操作技术

★安全检查要点★

(1)钻杆及各部件的检查。

(2)电源的频率与钻机控制箱的内频率的检查。

(3)钻机各部件的检查。

(4)阻力过大、钻进困难、钻头发出异响或机架出现摇晃、移动、偏斜时的检查。

(5)钻头磨损情况的检查。

★安全技术要点★

(1)安装前,应检查并确认钻杆及各部件不得有变形;安装后,钻杆与动力头中心线的偏斜度不应超过全长的1%。

(2)安装钻杆时,应从动力头开始,逐节往下安装。不得将所需长度的钻杆在地面上接好后一次起吊安装。

(3)钻机安装后,电源的频率与钻机控制箱的内频率应相同,不同时,应采用频率转换开关予以转换。

(4)钻机应放置在平稳、坚实的场地上。汽车式钻机应将轮胎支起,架好支腿,并应采用自动微调或线锤调整挺杆,使之保持垂直。

(5)启动前应检查并确认钻机各部件连接应牢固,传动带的松紧度应适当,减速箱内油位应符合规定,钻深限位报警装置应有效。

(6)启动前,应将操纵杆放在空挡位置。启动后,应进行空载运转试验,检查仪表、制动等,温度、声响应正常。

(7)钻孔时,应将钻杆缓慢放下,使钻头对准孔位,当电流表指针偏向无负荷状态时即可下钻。在钻孔过程中,当电流表超过额定电流时,应放慢下钻速度。

(8)钻机发出下钻限位报警信号时,应停钻,并将钻杆稍稍提升,在解除报警信号后,方可继续下钻。

(9)卡钻时,应立即停止下钻。查明原因前,不得强行启动。

(10)作业中,当需改变钻杆回转方向时,应在钻杆完全停转后再进行。

(11)作业中,当发现阻力过大、钻进困难、钻头发出异响或机架出现摇晃、移动、偏斜时,应立即停钻,在排除故障后,继续施钻。

(12)钻机运转时,应有专人看护,防止电缆线被缠入钻杆。

(13)钻孔时,不得用手清除螺旋片中的泥土。

(14)钻孔过程中,应经常检查钻头的磨损情况,当钻头磨损量超过使用说明书的允许值时,应予更换。

(15)作业中停电时,应将各控制器放置在零位,切断电源,并应及时采取措施,将钻杆从孔内拔出。

(16)作业后,应将钻杆及钻头全部提升至孔外,先清除钻杆和螺旋叶片上的泥土,再将钻头放下接触地面,锁定各部制动,将操纵杆放到空挡位置,切断电源。

六、全套管钻机安全操作技术

★安全检查要点★

(1)套管和浇注管的检查。

(2)套管垂直度的检查。

(3)接头螺栓的检查。

★安全技术要点★

(1)作业前应检查并确认套管和浇注管内侧不得有损坏和明显变形,不得有混凝土黏结。

(2)钻机内燃机启动后,应先怠速运转,再逐步加速至额定转速。钻机对位后,应进行试调,达到水平后,再进行作业。

(3)第一节套管入土后,应随时调整套管的垂直度。当套管入土深度大于5 m时,不得强行纠偏。

(4)在套管内挖土碰到硬土层时,不得用锤式抓斗冲击硬土层,应采用十字凿锤将硬土层有效地破碎后,再继续挖掘。

(5)用锤式抓斗挖掘管内土层时,应在套管上加装保护套管接头的喇叭口。

(6)套管在对接时,接头螺栓应按出厂说明书规定的扭矩对称拧紧。接头螺栓拆下时,应立即洗净后浸入油中。

(7)起吊套管时,不得用卡环直接吊在螺纹孔内,以免损坏套管螺纹,应使用专用工具吊装。

(8)挖掘过程中,应保持套管的摆动。当发现套管不能摆动时,应拔出液压缸,将套管上提,再用起重机助拔,直至拔起部分套管能摆动为止。

(9)浇筑混凝土时,钻机操作应和灌注作业密切配合,应根据孔深、桩长适当配管,套管与浇注管保持同心,在浇注管埋入混凝土2～4 m时,应同步拔管和拆管。

(10)上拔套管时,应左右摆动,套管分离时,下节套管头应用卡环保险,防止套管下滑。

(11)作业后,应及时清除机体、锤式抓斗及套管等外表的混凝土和泥沙,将机架放回行走位置,将机组转移至安全场所。

七、旋挖钻机安全操作技术

★安全检查要点★

(1)作业地面的检查。

(2)钻孔作业前，固定上车转台和底盘车架的检查。

(3)卷扬机钢丝绳与桅杆夹角的检查。

(4)钻杆的检查。

★安全技术要点★

(1)作业地面应坚实平整，作业过程中地面不得下陷，工作坡度的坡度角不得大于2°。

(2)钻机驾驶员进出驾驶室时，应利用阶梯和扶手上下。在作业过程中，不得将操纵杆当扶手使用。

(3)钻机行驶时，应将上车转台和底盘车架锁住，履带式钻机还应锁定履带伸缩油缸的保护装置。

(4)钻孔作业前，应检查并确认固定上车转台和底盘车架的销轴已拔出。履带式钻机应将履带的轨距伸至最大。

(5)在钻机转移工作点、装卸钻具钻杆、收臂放塔和检修调试时，应有专人指挥，并确认附近不得有非作业人员和障碍。

(6)卷扬机提升钻杆、钻头和其他钻具时，重物应位于桅杆正前方。卷扬机钢丝绳与桅杆夹角应符合使用说明书的规定。

(7)开始钻孔时，钻杆应保持垂直，位置应正确，并应慢速钻进，在钻头进入土层后，再加快钻进。当钻斗穿过软硬土层交界处时，应慢速钻进。提钻时，钻头不得转动。

(8)作业中，发生浮机现象时，应立即停止作业，查明原因并正确处理后，继续作业。

(9)钻机移位时，应将钻桅及钻具提升到规定高度，并应检查钻杆，防止钻杆脱落。

(10)作业中，钻机作业范围内不得有非工作人员进入。

(11)钻机短时停机，钻桅可不放下，动力头及钻具应下放，并宜尽量接近地面。长时间停机，钻桅应按使用说明书的要求放置。

(12)钻机保养时，应按使用说明书的要求进行，并应将钻机支撑牢靠。

八、深层搅拌机安全操作技术

★安全检查要点★

(1)搅拌机就位后，搅拌机水平度和导向架垂直度的检查。

(2)作业前，仪表、油泵等的检查。

(3)吸浆、输浆管路或粉喷高压软管各接头的检查。

(4)作业中电流的检查。

(5)作业中，搅拌机动力头润滑情况的检查。

★安全技术要点★

(1)搅拌机就位后,应检查搅拌机的水平度和导向架的垂直度,并应符合使用说明书的要求。

(2)作业前,应先空载试机,设备不得有异响,并应检查仪表、油泵等,确认正常后,正式开机运转。

(3)吸浆、输浆管路或粉喷高压软管的各接头应连接紧固。泵送水泥浆前,管路应保持湿润。

(4)作业中,应控制深层搅拌机的入土切削速度和提升搅拌的速度,并应检查电流表,电流不得超过规定。

(5)发生卡钻、停钻或管路堵塞现象时,应立即停机,并应将搅拌头提离地面,查明原因,妥善处理后,重新开机施工。

(6)作业中,搅拌机动力头的润滑应符合规定,动力头不得断油。

(7)当喷浆式搅拌机停机超过 3 h,应及时拆卸输浆管路,排除灰浆,清洗管道。

(8)作业后,应按使用说明书的要求做好清洁保养工作。

九、成槽机安全操作技术

★安全检查要点★

(1)各传动机构、安全装置、钢丝绳等的检查。

(2)成槽机起重性能参数的检查。

(3)工作场地的检查。

(4)成槽机工作时成槽垂直度的检查。

(5)运输时,电缆及油管的检查。

★安全技术要点★

(1)作业前,应检查各传动机构、安全装置、钢丝绳等,确认安全可靠后,方可空载试车。试车运行中,应检查油缸、油管、油马达等液压元件,不得有渗漏油现象,油压应正常,油管盘、电缆盘应运转灵活,不得有卡滞现象,并应与起升速度保持同步。

(2)成槽机回转应平稳,不得突然制动。

(3)成槽机作业中,不得同时进行两种及以上动作。

(4)钢丝绳应排列整齐,不得松乱。

(5)成槽机起重性能参数应符合主机起重性能参数,不得超载。

(6)安装时,成槽抓斗应放置在把杆铅锤线下方的地面上,把杆角度应为 75°～78°。起升把杆时,成槽抓斗应逐渐慢速提升,电缆与油管应同步卷起,以防油管与电缆损坏。接油管时应保持油管的清洁。

(7)工作场地应平坦坚实,在松软地面上作业时,应在履带下铺设厚度在 30 mm 以上的钢板,钢板纵向间距不应大于 30 mm。起重臂最大仰角不得超过 78°,并应经常检查钢丝绳、滑轮,不得有严重磨损及脱槽现象,传动部件、限位保险装置、油温等应正常。

(8)成槽机行走履带应平行于槽边,并应尽可能使主机远离槽边,以防槽段塌方。

(9)成槽机工作时,把杆下不得有人员,人员不得用手触摸钢丝绳及滑轮。

(10)成槽机工作时,应检查成槽的垂直度,并应及时纠偏。

(11)成槽机工作完毕,应远离槽边,抓斗应着地,设备应及时清洁。

(12)拆卸成槽机时,应将把杆置于75°～78°角的位置,放落成槽抓斗,逐渐变幅把杆,同步下放起升钢丝绳、电缆与油管,并应防止电缆、油管拉断。

(13)运输时,电缆及油管应卷绕整齐,并应垫高油管盘和电缆盘。

十、冲孔桩机安全操作技术

★安全检查要点★

(1)冲孔桩机施工场地的检查。

(2)卷扬机钢丝绳的检查。

(3)提升落锤高度的检查。

★安全技术要点★

(1)冲孔桩机施工场地应平整坚实。

(2)作业前应重点检查下列项目,并应符合相应要求:

1)连接应牢固,离合器、制动器、棘轮停止器、导向轮等传动应灵活可靠;

2)卷筒不得有裂纹,钢丝绳缠绕应正确,绳头应压紧,钢丝绳断丝、磨损不得超过规定;

3)安全信号和安全装置应齐全良好;

4)桩机应有可靠的接零或接地,电气部分应绝缘良好;

5)开关应灵敏可靠。

(3)卷扬机启动、停止或到达终点时,速度应平缓。卷扬机使用应执行《建筑机械使用安全技术规程》(JGJ 33—2012)的规定。

(4)冲孔作业时,不得碰撞护筒、孔壁和钩挂护筒底缘;重锤提升时,应缓慢平稳。

(5)卷扬机钢丝绳应按规定进行保养及更换。

(6)卷扬机换向应在重锤停稳后进行,减少对钢丝绳的破坏。

(7)钢丝绳上应设有标志,提升落锤高度应符合规定,防止提锤过高击断锤齿。

(8)停止作业时,冲锤应提出孔外,不得埋锤,并应及时切断电源;重锤落地前,司机不得离岗。

第三节　钢筋加工机械施工安全

一、钢筋调直切断机安全操作技术

★安全检查要点★

(1)料架、料槽的检查。

★安全检查要点★

(2)电气系统的检查。

(3)调直后的钢筋的检查。

(4)钢筋长度的检查。

★安全技术要点★

(1)料架、料槽应安装平直,并应与导向筒、调直筒和下切刀孔的中心线一致。

(2)切断机安装后,应用手转动飞轮,检查传动机构和工作装置,并及时调整间隙,紧固螺栓。在检查并确认电气系统正常后,进行空运转。切断机空运转时,齿轮应啮合良好,并不得有异响,确认正常后开始作业。

(3)作业时,应按钢筋的直径,选用适当的调直块、曳引轮槽及传动速度。调直块的孔径应比钢筋直径大 2～5 mm。曳引轮槽宽应和所需调直钢筋的直径相符合。大直径钢筋宜选用较慢的传动速度。

(4)在调直块未固定或防护罩未盖好前,不得送料。作业中,不得打开防护罩。

(5)送料前,应将弯曲的钢筋端头切除。导向筒前应安装一根长度宜为 1 m 的钢管。

(6)钢筋送入后,手应与曳引轮保持安全距离。

(7)当调直后的钢筋仍有慢弯时,可逐渐加大调直块的偏移量,直到调直为止。

(8)切断 3～4 根钢筋后,应停机检查钢筋长度,当超过允许偏差时,应及时调整限位开关或定尺板。

二、钢筋切断机安全操作技术

★安全检查要点★

(1)接送料的工作台面的检查。

(2)各传动部分及轴承的检查。

(3)切断短料时,手和切刀之间的距离的检查。

(4)机械有异常响声或切刀歪斜等不正常现象时的检查。

(5)液压式切断机启动前,液压油位的检查。

★安全技术要点★

(1)接送料的工作台面应和切刀下部保持水平,工作台的长度应根据加工材料长度确定。

(2)启动前,应检查并确认切刀不得有裂纹,刀架螺栓应紧固,防护罩应牢靠。应用手转动皮带轮,检查齿轮啮合间隙,并及时调整。

(3)启动后,应先空运转,检查并确认各传动部分及轴承运转正常后,开始作业。

(4)机械未达到正常转速前,不得切料。操作人员应使用切刀的中、下部位切料,应紧握钢筋对准刃口迅速投入,并应站在固定刀片一侧用力压住钢筋,防止钢筋末端弹出伤人。不得用双手分在刀片两边握住钢筋切料。

(5)操作人员不得剪切超过机械性能规定强度及直径的钢筋或烧红的钢筋。一次切断多根钢筋时,其总截面积应在规定范围内。

(6)剪切低合金钢筋时,应更换高硬度切刀,剪切直径应符合机械性能的规定。

(7)切断短料时,手和切刀之间的距离应大于 150 mm,并应采用套管或夹具将切断的短料压住或夹牢。

(8)机械运转中,不得用手直接清除切刀附近的断头和杂物。在钢筋摆动范围和机械周围,非操作人员不得停留。

(9)当发现机械有异常响声或切刀歪斜等不正常现象时,应立即停机检修。

(10)液压式切断机启动前,应检查并确认液压油位符合规定。切断机启动后,应空载运转,检查并确认电动机旋转方向应符合规定,并应打开放油阀,在排净液压缸体内的空气后开始作业。

(11)手动液压式切断机使用前,应将放油阀按顺时针方向旋紧,作业完毕后,应立即按逆时针方向旋松。

三、钢筋弯曲机安全操作技术

★安全检查要点★

(1)工作台和弯曲机台面的检查。

(2)芯轴直径的检查。

(3)启动前的检查。

(4)钢筋直径的检查。

★安全技术要点★

(1)工作台和弯曲机台面应保持水平。

(2)作业前应准备好各种芯轴及工具,并应按加工钢筋的直径和弯曲半径的要求,装好相应规格的芯轴和成型轴、挡铁轴。

(3)芯轴直径应为钢筋直径的 2.5 倍。挡铁轴应有轴套。挡铁轴的直径和强度不得小于被弯钢筋的直径和强度。

(4)启动前,应检查并确认芯轴、挡铁轴、转盘等不得有裂纹和损伤,防护罩应有效。在空载运转并确认正常后,开始作业。

(5)作业时,应将需弯曲的一端钢筋插入在转盘固定销的间隙内,将另一端紧靠机身固定销,并用手压紧,在检查并确认机身固定销安放在挡住钢筋的一侧后,启动机械。

(6)弯曲作业时,不得更换轴芯、销子及变换角度、调速,不得进行清扫和加油。

(7)对超过机械铭牌规定直径的钢筋不得进行弯曲。在弯曲未经冷拉或带有锈皮的钢筋时,应戴防护镜。

(8)在弯曲高强度钢筋时,应进行钢筋直径换算,钢筋直径不得超过机械允许的最大弯曲能力,并应及时调换相应的芯轴。

(9)操作人员应站在机身设有固定销的一侧。成品钢筋应堆放整齐,弯钩不得朝上。

(10)转盘换向应在弯曲机停稳后进行。

四、钢筋冷拉机安全操作技术

★安全检查要点★

(1)冷拉机的检查。

(2)采用延伸率控制的冷拉机的检查。

(3)照明设施安装高度的检查。

★安全技术要点★

(1)应根据冷拉钢筋的直径,合理选用冷拉卷扬机。卷扬钢丝绳应经封闭式导向滑轮,并应和被拉钢筋成直角。操作人员应能见到全部冷拉场地。卷扬机与冷拉中心线距离不得小于5 m。

(2)冷拉场地应设置警戒区,并应安装防护栏及警告标志。非操作人员不得进入警戒区。作业时,操作人员与受拉钢筋的距离应大于2 m。

(3)采用配重控制的冷拉机应有指示起落的记号或专人指挥。冷拉机的滑轮、钢丝绳应相匹配。配重提起时,配重离地高度应小于300 mm。配重架四周应设置防护栏杆及警告标志。

(4)作业前,应检查冷拉机,夹齿应完好;滑轮、拖拉小车应润滑灵活;拉钩、地锚及防护装置应齐全牢固。

(5)采用延伸率控制的冷拉机,应设置明显的限位标志,并应有专人负责指挥。

(6)照明设施宜设置在张拉警戒区外。当需设置在警戒区内时,照明设施安装高度应大于5 m,并应有防护罩。

(7)作业后,应放松卷扬钢丝绳,落下配重,切断电源,并锁好开关箱。

五、钢筋冷拔机安全操作技术

★安全检查要点★

(1)机械各部的检查。

(2)钢筋冷拔量的检查。

(3)作业时,操作人员的手与轧辊距离的检查。

★安全技术要点★

(1)启动机械前,应检查并确认机械各部连接牢固,模具不得有裂纹,轧头与模具的规格应配套。

(2)钢筋冷拔量应符合机械出厂说明书的规定。机械出厂说明书未作规定时,可按每次冷拔缩减模具孔径0.5 ~1.0 mm进行。

(3)轧头时，应先将钢筋的一端穿过模具，钢筋穿过的长度宜为100～150 mm，再用夹具夹牢。

(4)作业时，操作人员的手与轧辊应保持300～500 mm的距离。不得用手直接接触钢筋和滚筒。

(5)冷拔模架中应随时加足润滑剂，润滑剂可采用石灰和肥皂水调和晒干后的粉末。

(6)当钢筋的末端通过冷拔模后，应立即脱开离合器，同时用手闸挡住钢筋末端。

(7)冷拔过程中，当出现断丝或钢筋打结乱盘时，应立即停机处理。

六、钢筋螺纹成型机安全操作技术

★安全检查要点★

(1)刀具、运转部位的检查。

(2)锥螺纹加工的检查。

(3)钢筋直径的检查。

★安全技术要点★

(1)在机械使用前，应检查并确认刀具安装应正确，连接应牢固，运转部位润滑应良好，不得有漏电现象，空车试运转并确认正常后作业。

(2)钢筋应先调直再下料。钢筋切口端面应与轴线垂直，不得用气割下料。

(3)加工锥螺纹时，应采用水溶性切削润滑液。当气温低于0℃时，可掺入15%～20%亚硝酸钠。套丝作业时，不得用机油作润滑液或不加润滑液。

(4)加工时，钢筋应夹持牢固。

(5)机械在运转过程中，不得清扫刀片上面的积屑杂物和进行检修。

(6)不得加工超过机械铭牌规定直径的钢筋。

七、钢筋除锈机安全操作技术

★安全检查要点★

操作人员防护用品的检查。

★安全技术要点★

(1)作业前应检查并确认钢丝刷已固定牢靠，传动部分应润滑充分，封闭式防护罩及排尘装置等应完好。

(2)操作人员应束紧袖口，并应佩戴防尘口罩、手套和防护眼镜。

(3)带弯钩的钢筋不得上机除锈。弯度较大的钢筋宜在调直后除锈。

(4)操作时，应将钢筋放平，并侧身送料。不得在除锈机正面站人。较长钢筋除锈时，应有2人配合操作。

第四节　混凝土机械施工安全

一、混凝土搅拌机安全操作技术

★安全检查要点★

(1)作业区的检查。

(2)供水系统的仪表计量的检查。

★安全技术要点★

(1)作业区应排水通畅,并应设置沉淀池及防尘设施。

(2)操作人员视线应良好。操作台应铺设绝缘垫板。

(3)作业前应重点检查下列项目,并应符合相应要求:

1)料斗上、下限位装置应灵敏有效,保险销、保险链应齐全完好。钢丝绳报废应执行现行国家标准《起重机　钢丝绳　保养、维护、安装、检验和报废》(GB/T 5972—2009)的规定。

2)制动器、离合器应灵敏可靠。

3)各传动机构、工作装置应正常。开式齿轮、皮带轮等传动装置的安全防护罩应齐全可靠。齿轮箱、液压油箱内的油质和油量应符合要求。

4)搅拌筒与托轮接触应良好,不得窜动、跑偏。

5)搅拌筒内叶片应紧固,不得松动,叶片与衬板间隙应符合说明书规定。

6)搅拌机开关箱应设置在距搅拌机 5 m 的范围内。

(4)作业前应进行空载运转,确认搅拌筒或叶片运转方向正确。反转出料的搅拌机应进行正、反转运转。空载运转时,不得有冲击现象和异常声响。

(5)供水系统的仪表计量应准确,水泵、管道等部件应连接可靠,不得有泄漏。

(6)搅拌机不宜带载启动,在达到正常转速后上料,上料量及上料程序应符合使用说明书的规定。

(7)料斗提升时,人员严禁在料斗下停留或通过;当需在料斗下方进行清理或检修时,应将料斗提升至上止点,并必须用保险销锁牢或用保险链挂牢。

(8)搅拌机运转时,不得进行维修、清理工作。当作业人员需进入搅拌筒内作业时,应先切断电源,锁好开关箱,悬挂“禁止合闸”的警示牌,并应派专人监护。

(9)作业完毕,宜将料斗降到最低位置,并应切断电源。

二、混凝土搅拌运输车安全操作技术

★安全检查要点★

(1)液压系统和气动装置的安全阀、溢流阀的调整压力的检查。

★安全检查要点★

(2)燃油、润滑油、液压油、制动液及冷却液的检查。

(3)搅拌筒及机架缓冲件的检查。

(4)装料前的检查。

(5)出料作业时搅拌机停靠位置的检查。

★安全技术要点★

(1)混凝土搅拌运输车的内燃机和行驶部分应符合《建筑机械使用安全技术规程》(JGJ 33—2012)的有关规定。

(2)液压系统和气动装置的安全阀、溢流阀的调整压力应符合使用说明书的要求,卸料槽锁扣及搅拌筒的安全锁定装置应齐全完好。

(3)燃油、润滑油、液压油、制动液及冷却液应添加充足,质量应符合要求,不得有渗漏。

(4)搅拌筒及机架缓冲件应无裂纹或损伤,筒体与托轮应接触良好。搅拌叶片、进料斗、主辅卸料槽不得有严重磨损和变形。

(5)装料前应先启动内燃机空载运转,并低速旋转搅拌筒 3～5 min,当各仪表指示正常、制动气压达到规定值时,并检查确认后装料。装载量不得超过规定值。

(6)行驶前,应确认操作手柄处于"搅动"位置并锁定,卸料槽锁扣应扣牢。搅拌行驶时最高速度不得大于 50 km/h。

(7)出料作业时,应将搅拌运输车停靠在地势平坦处,应与基坑及输电线路保持安全距离,并应锁定制动系统。

(8)进入搅拌筒维修、清理混凝土前,应将发动机熄火,操作杆置于空挡,将发动机钥匙取出,并应设专人监护,悬挂安全警示牌。

三、混凝土输送泵安全操作技术

★安全检查要点★

(1)混凝土泵安放位置的检查。

(2)混凝土输送管道的敷设的检查。

(3)混凝土泵的安全防护装置的检查。

(4)砂石粒径、水泥强度等级及配合比的检查。

(5)混凝土泵启动后的检查。

(6)泵送混凝土的排量、浇注顺序的检查。

(7)混凝土泵作业中泵送设备和管路的检查。

★安全技术要点★

(1)混凝土泵应安放在平整、坚实的地面上,周围不得有障碍物,支腿应支设牢靠,机身应保持水平和稳定,轮胎应揳紧。

(2)混凝土输送管道的敷设应符合下列规定：

1)管道敷设前应检查并确认管壁的磨损量应符合使用说明书的要求，管道不得有裂纹、砂眼等缺陷。新管或磨损量较小的管道应敷设在泵出口处。

2)管道应使用支架或与建筑结构固定牢固。泵出口处的管道底部应依据泵送高度、混凝土排量等设置独立的基础，并能承受相应荷载。

3)敷设垂直向上的管道时，垂直管不得直接与泵的输出口连接，应在泵与垂直管之间敷设长度不小于15 m的水平管，并加装逆止阀。

4)敷设向下倾斜的管道时，应在泵与斜管之间敷设长度不小于5倍落差的水平管。当倾斜度大于7°时，应加装排气阀。

(3)作业前应检查并确认管道连接处管卡扣牢，不得泄漏。混凝土泵的安全防护装置应齐全可靠，各部位操纵开关、手柄等位置应正确，搅拌斗防护网应完好牢固。

(4)砂石粒径、水泥强度等级及配合比应符合出厂规定，并应满足混凝土泵的泵送要求。

(5)混凝土泵启动后，应空载运转，观察各仪表的指示值，检查泵和搅拌装置的运转情况，并确认一切正常后作业。泵送前应向料斗加入清水和水泥砂浆润滑泵及管道。

(6)混凝土泵在开始或停止泵送混凝土前，作业人员应与出料软管保持安全距离，作业人员不得在出料口下方停留。出料软管不得埋在混凝土中。

(7)泵送混凝土的排量、浇注顺序应符合混凝土浇筑施工方案的要求。施工荷载应控制在允许范围内。

(8)混凝土泵工作时，料斗中混凝土应保持在搅拌轴线以上，不应吸空或无料泵送。

(9)混凝土泵工作时，不得进行维修作业。

(10)混凝土泵作业中，应对泵送设备和管路进行观察，发现隐患应及时处理。对磨损超过规定的管子、卡箍、密封圈等应及时更换。

(11)混凝土泵作业后应将料斗和管道内的混凝土全部排出，并对泵、料斗、管道进行清洗。清洗作业应按说明书要求进行。不宜采用压缩空气进行清洗。

四、混凝土泵车安全操作技术

★安全检查要点★

(1)混凝土泵车停放位置的检查。

(2)混凝土泵车作业前车身的倾斜度的检查。

(3)作业前重点项目的检查。

(4)需要移动车身时，移动速度的检查。

★安全技术要点★

(1)混凝土泵车应停放在平整坚实的地方，与沟槽和基坑的安全距离应符合使用说明书的要求。臂架回转范围内不得有障碍物，与输电线路的安全距离应符合现行行业标准《施工现场临时用电安全技术规范》(JGJ 46—2005)的有关规定。

(2)混凝土泵车作业前，应将支腿打开，并应采用垫木垫平，车身的倾斜度不应大于3°。

(3)作业前应重点检查下列项目，并应符合相应要求：

1)安全装置应齐全有效，仪表应指示正常；

2)液压系统、工作机构应运转正常；

3)料斗网格应完好牢固；

4)软管安全链与臂架连接应牢固。

(4)伸展布料杆应按出厂说明书的顺序进行。布料杆在升离支架前不得回转。不得用布料杆起吊或拖拉物件。

(5)当布料杆处于全伸状态时，不得移动车身。当需要移动车身时，应将上段布料杆折叠固定，移动速度不得超过 10 km/h。

(6)不得接长布料配管和布料软管。

五、插入式振捣器安全操作技术

★安全检查要点★

(1)电缆线的检查。

(2)振捣器软管的弯曲半径的检查。

★安全技术要点★

(1)作业前应检查电动机、软管、电缆线、控制开关等，并应确认处于完好状态。电缆线连接应正确。

(2)操作人员作业时应穿戴符合要求的绝缘鞋和绝缘手套。

(3)电缆线应采用耐候型橡皮护套铜芯软电缆，并不得有接头。

(4)电缆线长度不应大于 30 m，不得缠绕、扭结和挤压，并不得承受任何外力。

(5)振捣器软管的弯曲半径不得小于 500 mm，操作时应将振捣器垂直插入混凝土，深度不宜超过 600 mm。

(6)振捣器不得在初凝的混凝土、脚手板和干硬的地面上进行试振。在检修或作业间断时，应切断电源。

(7)作业完毕，应切断电源，并应将电动机、软管及振动棒清理干净。

六、附着式、平板式振捣器安全操作技术

★安全检查要点★

(1)操作人员穿戴的检查。

(2)平板式振捣器电缆长度的检查。

(3)平板式振捣器作业时的检查。

(4)安装在混凝土模板上的附着式振捣器的检查。

★安全技术要点★

(1)作业前应检查电动机、电源线、控制开关等，并确认完好无破损。附着式振捣器的安装位置应正确，连接应牢固，并应安装减振装置。

(2)操作人员穿戴应符合《建筑机械使用安全技术规程》(JGJ 33—2012)的要求。

(3)平板式振捣器应采用耐气候型橡皮护套铜芯软电缆,并不得有接头和承受任何外力,其长度不应超过 30 m。

(4)附着式、平板式振捣器的轴承不应承受轴向力,振捣器使用时,应保持振捣器电动机轴线在水平状态。

(5)附着式、平板式振捣器的使用应符合《建筑机械使用安全技术规程》(JGJ 33—2012)的规定。

(6)平板式振捣器作业时应使用牵引绳控制移动速度,不得牵拉电缆。

(7)在同一块混凝土模板上同时使用多台附着式振捣器时,各振动器的振频应一致,安装位置宜交错设置。

(8)安装在混凝土模板上的附着式振捣器,每次作业时间应根据施工方案确定。

(9)作业完毕,应切断电源,并应将振捣器清理干净。

七、混凝土振动台安全操作技术

★安全检查要点★

(1)电动机、传动及防护装置的检查。

(2)振动台的检查。

(3)振动台电缆的检查。

(4)油温、传动装置的检查。

★安全技术要点★

(1)作业前应检查电动机、传动及防护装置,并确认完好有效。轴承座、偏心块及机座螺栓应紧固牢靠。

(2)振动台应设有可靠的锁紧夹,振动时应将混凝土槽锁紧,混凝土模板在振动台上不得无约束振动。

(3)振动台电缆应穿在电管内,并预埋牢固。

(4)作业前应检查并确认润滑油不得有泄漏,油温、传动装置应符合要求。

(5)在作业过程中,不得调节预置拨码开关。

(6)振动台应保持清洁。

八、混凝土喷射机安全操作技术

★安全检查要点★

(1)管道安装的检查。

(2)喷射机内部的检查。

(3)作业前重点项目的检查。

(4)发生堵管时的检查。

★安全技术要点★

(1)喷射机风源、电源、水源、加料设备等应配套齐全。

(2)管道应安装正确，连接处应紧固密封。当管道通过道路时，管道应有保护措施。

(3)喷射机内部应保持干燥和清洁。应按出厂说明书规定的配合比配料，不得使用结块的水泥和未经筛选的砂石。

(4)作业前应重点检查下列项目，并应符合相应要求：

1)安全阀应灵敏可靠；

2)电源线应无破损现象，接线应牢靠；

3)各部密封件应密封良好，橡胶结合板和旋转板上出现的明显沟槽应及时修复；

4)压力表指针显示应正常。应根据输送距离，及时调整风压的上限值；

5)喷枪水环管应保持畅通。

(5)启动时，应按顺序分别接通风、水、电。开启进气阀时，应逐步达到额定压力。启动电动机后，应空载试运转，确认一切正常后方可投料作业。

(6)机械操作人员和喷射作业人员应有信号联系，送风、加料、停料、停风及发生堵塞时，应联系畅通，密切配合。

(7)喷嘴前方不得有人员。

(8)发生堵管时，应先停止喂料，敲击堵塞部位，使物料松散，然后用压缩空气吹通。操作人员作业时，应紧握喷嘴，不得甩动管道。

(9)作业时，输送软管不得随地拖拉和折弯。

(10)停机时，应先停止加料，再关闭电动机，然后停止供水，最后停送压缩空气，并应将仓内及输料管内的混合料全部喷出。

(11)停机后，应将输料管、喷嘴拆下清洗干净，清除机身内外黏附的混凝土料及杂物，并应使密封件处于放松状态。

九、混凝土布料机安全操作技术

★安全检查要点★

(1)混凝土布料机的支撑面的检查。

(2)手动混凝土布料机回转速度、牵引绳长度的检查。

★安全技术要点★

(1)设置混凝土布料机前，应确认现场有足够的作业空间，混凝土布料机任一部位与其他设备及构筑物的安全距离不应小于0.6 m。

(2)混凝土布料机的支撑面应平整坚实。固定式混凝土布料机的支撑应符合使用说明书的要求，支撑结构应经设计计算，并应采取相应加固措施。

(3)手动式混凝土布料机应有可靠的防倾覆措施。

(4)混凝土布料机作业前应重点检查下列项目，并应符合相应要求：

1)支腿应打开垫实，并应锁紧；

2)塔架的垂直度应符合使用说明书要求；

3)配重块应与臂架安装长度匹配；

4)臂架回转机构润滑应充足，转动应灵活；

5)机动混凝土布料机的动力装置、传动装置、安全及制动装置应符合要求；

6)混凝土输送管道应连接牢固。

(5)手动混凝土布料机回转速度应缓慢均匀，牵引绳长度应满足安全距离的要求。

(6)输送管出料口与混凝土浇筑面宜保持1 m的距离，不得被混凝土掩埋。

(7)人员不得在臂架下方停留。

(8)遇风速达到10.8 m/s及以上或大雨、大雾等恶劣天气应停止作业。

第五节　焊接机械施工安全

一、交(直)流焊机安全操作技术

★安全检查要点★

(1)多台焊机在同一场地作业时的检查。

(2)移动电焊机或停电时的检查。

★安全技术要点★

(1)使用前，应检查并确认初、次级线接线正确，输入电压符合电焊机的铭牌规定，接线螺母、螺栓及其他部件完好齐全，不得松动或损坏。直流焊机换向器与电刷接触应良好。

(2)当多台焊机在同一场地作业时，相互间距不应小于600 mm，应逐台启动，并应使三相负载保持平衡。多台焊机的接地装置不得串联。

(3)移动电焊机或停电时，应切断电源，不得用拖拉电缆的方法移动焊机。

(4)调节焊接电流和极性开关应在卸除负荷后进行。

(5)硅整流直流电焊机主变压器的次级线圈和控制变压器的次级线圈不得用摇表测试。

(6)长期停用的焊机启用时，应空载通电一定时间，进行干燥处理。

二、氩弧焊机安全操作技术

★安全检查要点★

(1)接地装置的检查。

(2)水冷型焊机的检查。

(3)焊机的高频防护装置的检查。

(4)氮气瓶和氩气瓶与焊接地点的检查。

★安全技术要点★

(1)作业前，应检查并确认接地装置安全可靠，气管、水管应通畅，不得有外漏。工作场所

应有良好的通风措施。

(2)应先根据焊件的材质、尺寸、形状确定极性，再选择焊机的电压、电流和氩气的流量。

(3)安装氩气表、氩气减压阀、管接头等配件时，不得粘有油脂，并应拧紧螺纹(至少5扣)。开气时，严禁身体对准氩气表和气瓶节门，应防止氩气表和气瓶节门打开伤人。

(4)水冷型焊机应保持冷却水清洁。在焊接过程中，冷却水的流量应正常，不得断水施焊。

(5)焊机的高频防护装置应良好；振荡器电源线路中的连锁开关不得分接。

(6)使用氩弧焊时，操作人员应戴防毒面罩。应根据焊接厚度确定钨极粗细，更换钨极时，必须切断电源。磨削钨极端头时，应设有通风装置，操作人员应佩戴手套和口罩，磨削下来的粉尘，应及时清除。钍、铈、钨极不得随身携带，应贮存在铅盒内。

(7)焊机附近不宜有振动。焊机上及周围不得放置易燃、易爆或导电物品。

(8)氮气瓶和氩气瓶与焊接地点应相距3 m以上，并应直立固定放置。

(9)作业后，应切断电源，关闭水源和气源。焊接人员应及时脱去工作服，清洗外露的皮肤。

三、点焊机安全操作技术

★安全检查要点★

(1)电气设备、操作机构、冷却系统、气路系统的检查。

(2)排水温度的检查。

(3)控制箱的预热时间的检查。

★安全技术要点★

(1)作业前，应清除上、下两电极的油污。

(2)作业前，应先接通控制线路的转向开关和焊接电流的开关，调整好极数，再接通水源、气源，最后接通电源。

(3)焊机通电后，应检查并确认电气设备、操作机构、冷却系统、气路系统工作正常，不得有漏电现象。

(4)作业时，气路、水冷系统应畅通。气体应保持干燥。排水温度不得超过40℃，排水量可根据水温调节。

(5)严禁在引燃电路中加大熔断器。当负载过小，引燃管内电弧不能发生时，不得闭合控制箱的引燃电路。

(6)正常工作的控制箱的预热时间不得少于5 min。当控制箱长期停用时，每月应通电加热30 min。更换闸流管前，应预热30 min。

四、二氧化碳气体保护焊机安全操作技术

★安全检查要点★

(1)焊丝的进给机构、电线的连接部分、二氧化碳气体的供应系统及

★安全检查要点★

冷却水循环系统的检查。

(2)二氧化碳气体预热器端的电压的检查。

★安全技术要点★

(1)作业前,二氧化碳气体应按规定进行预热。开气时,操作人员必须站在瓶嘴的侧面。

(2)作业前,应检查并确认焊丝的进给机构、电线的连接部分、二氧化碳气体的供应系统及冷却水循环系统符合要求,焊枪冷却水系统不得漏水。

(3)二氧化碳气瓶宜存放在阴凉处,不得靠近热源,并应放置牢靠。

(4)二氧化碳气体预热器端的电压,不得大于 36 V。

五、埋弧焊机安全操作技术

★安全检查要点★

软管式送丝机构的软管槽孔的检查。

★安全技术要点★

(1)作业前,应检查并确认各导线连接应良好;控制箱的外壳和接线板上的罩壳应完好;送丝滚轮的沟槽及齿纹应完好;滚轮、导电嘴(块)不得有过度磨损,接触应良好;减速箱润滑油应正常。

(2)软管式送丝机构的软管槽孔应保持清洁,并定期吹洗。

(3)在焊接中,应保持焊剂连续覆盖,以免焊剂中断露出电弧。

(4)在焊机工作时,手不得触及送丝机构的滚轮。

(5)作业时,应及时排走焊接中产生的有害气体,在通风不良的室内或容器内作业时,应安装通风设备。

六、对焊机安全操作技术

★安全检查要点★

(1)对焊机安装位置的检查。

(2)对焊机的压力机构的检查。

(3)冷却水温度的检查。

★安全技术要点★

(1)对焊机应安置在室内或防雨的工棚内,并应有可靠的接地或接零。当多台对焊机并列安装时,相互间距不得小于 3 m,并应分别接在不同相位的电网上,分别设置各自的断路器。

(2)焊接前,应检查并确认对焊机的压力机构应灵活,夹具应牢固,气压、液压系统不得有泄漏。

(3)焊接前,应根据所焊接钢筋的截面,调整二次电压,不得焊接超过对焊机规定直径的钢筋。

(4)断路器的接触点、电极应定期光磨,二次电路连接螺栓应定期紧固。冷却水温度不得超过 40℃;排水量应根据温度调节。

(5)焊接较长钢筋时,应设置托架。

(6)闪光区应设挡板,与焊接无关的人员不得入内。

(7)冬期施焊时,温度不应低于 8℃。作业后,应放尽机内冷却水。

七、竖向钢筋电渣压力焊机安全操作技术

★安全检查要点★

(1)施焊钢筋直径的检查。

(2)供电电压的检查。

(3)控制电路的检查。

★安全技术要点★

(1)应根据施焊钢筋直径选择具有足够输出电流的电焊机。电源电缆和控制电缆连接应正确、牢固。焊机及控制箱的外壳应接地或接零。

(2)作业前,应检查供电电压并确认正常,当一次电压降大于 8%时,不宜焊接。焊接导线长度不得大于 30 m。

(3)作业前,应检查并确认控制电路正常,定时应准确,误差不得大于 5%,机具的传动系统、夹装系统及焊钳的转动部分应灵活自如,焊剂应已干燥,所需附件应齐全。

(4)作业前,应按所焊钢筋的直径,根据参数表,标定好所需的电流和时间。

(5)起弧前,上下钢筋应对齐,钢筋端头应接触良好。对锈蚀或粘有水泥等杂物的钢筋,应在焊接前用钢丝刷清除,并保证导电良好。

(6)每个接头焊完后,应停留 5～6 min 保温,寒冷季节应适当延长保温时间。焊渣应在完全冷却后清除。

八、气焊(割)设备安全操作技术

★安全检查要点★

(1)气瓶的检查。

(2)现场使用的不同种类气瓶的检查。

★安全检查要点★

(3)氧气瓶、压力表及其焊割机具的检查。

(4)乙炔瓶与氧气瓶之间的距离、气瓶与明火之间的距离的检查。

(5)氧气瓶应与其他气瓶、油脂等易燃、易爆物品分开存放的检查。

★安全技术要点★

(1)气瓶每三年应检验一次,使用期不应超过20年。气瓶压力表应灵敏正常。

(2)操作者不得正对气瓶阀门出气口,不得用明火检验是否漏气。

(3)现场使用的不同种类气瓶应装有不同的减压器,未安装减压器的氧气瓶不得使用。

(4)氧气瓶、压力表及其焊割机具上不得沾染油脂。氧气瓶安装减压器时,应先检查阀门接头,并略开氧气瓶阀门吹除污垢,然后安装减压器。

(5)开启氧气瓶阀门时,应采用专用工具,动作应缓慢。氧气瓶中的氧气不得全部用尽,应留49 kPa以上的剩余压力。关闭氧气瓶阀门时,应先松开减压器的活门螺栓。

(6)乙炔钢瓶使用时,应设有防止回火的安全装置;同时使用两种气体作业时,不同气瓶都应安装单向阀,防止气体相互倒灌。

(7)作业时,乙炔瓶与氧气瓶之间的距离不得少于5 m,气瓶与明火之间的距离不得少于10 m。

(8)乙炔软管、氧气软管不得错装。乙炔气胶管、防止回火装置及气瓶冻结时,应用40℃以下热水加热解冻,不得用火烤。

(9)点火时,焊枪口不得对人。正在燃烧的焊枪不得放在工件或地面上。焊枪带有乙炔和氧气时,不得放在金属容器内,以防止气体逸出,发生爆燃事故。

(10)点燃焊(割)炬时,应先开乙炔阀点火,再开氧气阀调整火。关闭时,应先关闭乙炔阀,再关闭氧气阀。氢氧并用时,应先开乙炔气,再开氢气,最后开氧气,再点燃。灭火时,应先关氧气,再关氢气,最后关乙炔气。

(11)操作时,氢气瓶、乙炔瓶应直立放置,且应安放稳固。

(12)作业中,发现氧气瓶阀门失灵或损坏不能关闭时,应让瓶内的氧气自动放尽后,再进行拆卸修理。

(13)作业中,当氧气软管着火时,不得折弯软管断气,应迅速关闭氧气阀门,停止供氧。当乙炔软管着火时,应先关熄炬火,可弯折前面一段软管将火熄灭。

(14)工作完毕,应将氧气瓶、乙炔瓶气阀关好,拧上安全罩,检查操作场地,确认无着火危险,方准离开。

(15)氧气瓶应与其他气瓶、油脂等易燃、易爆物品分开存放,且不得同车运输。氧气瓶不得散装吊运。运输时,氧气瓶应装有防振圈和安全帽。

九、等离子切割机安全操作技术

★安全检查要点★

(1)小车、工件位置的检查。

(2)操作人员防护用品的检查。

(3)高频发生器的检查。

★安全技术要点★

(1)作业前,应检查并确认不得有漏电、漏气、漏水现象,接地或接零应安全可靠。应将工作台与地面绝缘,或在电气控制系统安装空载断路继电器。

(2)小车、工件位置应适当,工件应接通切割电路正极,切割工作面下应设有熔渣坑。

(3)应根据工件材质、种类和厚度选定喷嘴孔径,调整切割电源、气体流量和电极的内缩量。

(4)自动切割小车应经空车运转,并应选定合适的切割速度。

(5)操作人员应戴好防护面罩、电焊手套、帽子、滤膜防尘口罩和隔声耳罩、

(6)切割时,操作人员应站在上风处操作。可从工作台下部抽风,并宜缩小操作台上的敞开面积。

(7)切割时,当空载电压过高时,应检查电器接地或接零、割炬把手绝缘情况。

(8)高频发生器应设有屏蔽护罩,用高频引弧后,应立即切断高频电路。

(9)作业后,应切断电源,关闭气源和水源。

十、仿形切割机安全操作技术

★安全检查要点★

(1)保护接地或接零的检查。

(2)作业前氧、乙炔和加装的仿形样板配合的检查。

★安全技术要点★

(1)应按出厂使用说明书要求接通切割机的电源,并应做好保护接地或接零。

(2)作业前,应先空运转,检查并确认氧、乙炔和加装的仿形样板配合无误后,开始切割作业。

(3)作业后,应清理保养设备,整理并保管好氧气带、乙炔气带及电缆线。

第六节　运输机械施工安全

一、自卸汽车安全操作技术

★安全检查要点★

(1)自卸汽车顶升液压系统、操纵、各节液压缸表面的检查。

(2)自卸汽车配合挖掘机、装载机装料的检查。

(3)车厢举升状态下的检查。

★安全技术要点★

(1)自卸汽车应保持顶升液压系统完好,工作平稳。操纵应灵活,不得有卡阻现象。各节液压缸表面应保持清洁。

(2)非顶升作业时,应将顶升操纵杆放在空挡位置。顶升前,应拔出车厢固定锁。作业后,应及时插入车厢固定锁。固定锁应无裂纹,插入或拔出应灵活、可靠。在行驶过程中车厢挡板不得自行打开。

(3)自卸汽车配合挖掘机、装载机装料时,应符合《建筑机械使用安全技术规程》(JGJ 33—2012)的规定,就位后应拉紧手制动器。

(4)卸料时应听从现场专业人员指挥,车厢上方不得有障碍物,四周不得有人员来往,并应将车停稳。举升车厢时,应控制内燃机中速运转,当车厢升到顶点时,应降低内燃机转速,减少车厢振动。不得边卸边行驶。

(5)向坑洼地区卸料时,应和坑边保持安全距离。在斜坡上不得侧向倾卸。

(6)卸完料,车厢应及时复位,自卸汽车应在复位后行驶。

(7)自卸汽车不得装运爆破器材。

(8)车厢举升状态下,应将车厢支撑牢靠后,进入车厢下面进行检修、润滑等作业。

(9)装运混凝土或黏性物料后,应将车厢清洗干净。

(10)自卸汽车装运散料时,应有防止散落的措施。

二、平板拖车安全操作技术

★安全检查要点★

(1)拖车的制动器、制动灯、转向灯等的检查。

(2)拖挂装置、制动装置、电缆接头等的检查。

(3)跳板与地面夹角的检查。

★安全技术要点★

(1)拖车的制动器、制动灯、转向灯等应配备齐全,并应与牵引车的灯光信号同时起作用。

(2)行车前,应检查并确认拖挂装置、制动装置、电缆接头等连接良好。

(3)拖车装卸机械时，应停在平坦坚实处，拖车应制动并用三角木揳紧车胎。装车时应调整好机械在车厢上的位置，各轴负荷分配应合理。

(4)平板拖车的跳板应坚实，在装卸履带式起重机、挖掘机、压路机时，跳板与地面夹角不宜大于15°；在装卸履带式推土机、拖拉机时，跳板与地面夹角不宜大于25°。装卸时应由熟练的驾驶人员操作，并应统一指挥。上、下车动作应平稳，不得在跳板上调整方向。

(5)装运履带式起重机时，履带式起重机起重臂应拆短，起重臂向后，吊钩不得自由晃动。

(6)推土机的铲刀宽度超过平板拖车宽度时，应先拆除铲刀后再装运。

(7)机械装车后，机械的制动器应锁定，保险装置应锁牢，履带或车轮应揳紧，机械应绑扎牢固。

(8)使用随车卷扬机装卸物件时，应有专人指挥，拖车应制动锁定，并应将车轮揳紧，防止在装卸时车辆移动。

(9)拖车长期停放或重车停放时间较长时，应将平板支起，轮胎不应承压。

三、机动翻斗车安全操作技术

★安全检查要点★

(1)机动翻斗车驾驶员持证上岗的检查。

(2)锁紧装置的检查。

★安全技术要点★

(1)机动翻斗车驾驶员应经考试合格，持有机动翻斗车专用驾驶证上岗。

(2)机动翻斗车行驶前，应检查锁紧装置，并应将料斗锁牢。

(3)机动翻斗车行驶时，不得用离合器处于半结合状态来控制车速。

(4)在路面不良状况下行驶时，应低速缓行。机动翻斗车不得靠近路边或沟旁行驶，并应防侧滑。

(5)在坑沟边缘卸料时，应设置安全挡块。车辆接近坑边时，应减速行驶，不得冲撞挡块。

(6)上坡时，应提前换入低挡行驶；下坡时，不得空挡滑行；转弯时，应先减速，急转弯时，应先换入低挡。机动翻斗车不宜紧急刹车，应防止向前倾覆。

(7)机动翻斗车不得在卸料工况下行驶。

(8)内燃机运转或料斗内有载荷时，不得在车底下进行作业。

(9)多台机动翻斗车纵队行驶时，前后车之间应保持安全距离。

四、散装水泥车安全操作技术

★安全检查要点★

(1)水泥车的罐体及料管的检查。

(2)卸料阀的检查。

(3)散装水泥车进料口的检查。

★安全技术要点★

(1)在装料前应检查并清除散装水泥车的罐体及料管内积灰和结渣等杂物,管道不得有堵塞和漏气现象;阀门开闭应灵活,部件连接应牢固可靠,压力表工作应正常。

(2)在打开装料口前,应先打开排气阀,排除罐内残余气压。

(3)装料完毕,应将装料口边缘上堆积的水泥清扫干净,盖好进料口,并锁紧。

(4)散装水泥车卸料时,应装好卸料管,关闭卸料管蝶阀和卸压管球阀,并应打开二次风管,接通压缩空气。空气压缩机应在无载情况下启动。

(5)在确认卸料阀处于关闭状态后,向罐内加压,当达到卸料压力时,应先稍开二次风嘴阀后再打开卸料阀,并用二次风嘴阀调整空气与水泥比例。

(6)卸料过程中,应注意观察压力表的变化情况,当发现压力突然上升,输气软管堵塞时,应停止送气,并应放出管内有压气体,及时排除故障。

(7)卸料作业时,空气压缩机应有专人管理,其他人员不得擅自操作。在进行加压卸料时,不得增加内燃机转速。

(8)卸料结束后,应打开放气阀,放尽罐内余气,并应关闭各部阀门。

(9)雨雪天气,散装水泥车进料口应关闭严密,并不得在露天装卸作业。

五、皮带运输机安全操作技术

★安全检查要点★

(1)固定式皮带运输机安装的检查。

(2)输送带的松紧度的检查。

(3)输送带运输情况的检查。

(4)输送带两侧的检查。

★安全技术要点★

(1)固定式皮带运输机应安装在坚固的基础上,移动式皮带运输机在开动前应将轮子揳紧。

(2)皮带运输机在启动前,应调整好输送带的松紧度,带扣应牢固,各传动部件应灵活可靠,防护罩应齐全有效。电气系统应布置合理,绝缘及接零或接地应保护良好。

(3)输送带启动时,应先空载运转,在运转正常后,再均匀装料。不得先装料后启动。

(4)输送带上加料时,应对准中心,并宜降低加料高度,减少落料对输送带的冲击。

(5)作业中,应随时观察输送带运输情况,当发现带有松动、走偏或跳动现象时,应停机进行调整。

(6)作业时,人员不得从带上面跨越,或从带下面穿过。输送带打滑时,不得用手拉动。

(7)输送带输送大块物料时,输送带两侧应加装挡板或栅栏。

(8)多台皮带运输机串联作业时,应从卸料端按顺序启动;停机时,应从装料端开始按顺序停机。

(9)作业中需要停机时,应先停止装料,将带上物料卸完后,再停机。

(10)皮带运输机作业中突然停机时，应立即切断电源，清除运输带上的物料，检查并排除故障。

(11)作业完毕后，应将电源断开，锁好电源开关箱，清除输送机上的砂土，应采用防雨护罩将电动机盖好。

第七节　建筑起重机械施工安全

一、履带式起重机安全操作技术

★安全检查要点★

(1)起重机械作业场地的检查。

(2)起重机械各操纵杆的检查。

(3)仪表的检查。

(4)作业时，起重臂的最大仰角的检查。

(5)起重机械变幅的检查。

(6)起重机械起重量的检查。

(7)作业结束后，起重臂的检查。

★安全技术要点★

(1)起重机械应在平坦坚实的地面上作业、行走和停放。作业时，坡度不得大于3°，起重机械应与沟渠、基坑保持安全距离。

(2)起重机械启动前应重点检查下列项目，并应符合相应要求：

1)各安全防护装置及各指示仪表应齐全完好；

2)钢丝绳及连接部位应符合规定；

3)燃油、润滑油、液压油、冷却水等应添加充足；

4)各连接件不得松动；

5)在回转空间范围内不得有障碍物。

(3)起重机械启动前应将主离合器分离，各操纵杆放在空挡位置。应按《建筑机械使用安全技术规程》(JGJ 33—2012)的规定启动内燃机。

(4)内燃机启动后，应检查各仪表指示值，应在运转正常后接合主离合器，空载运转时，应按顺序检查各工作机构及制动器，应在确认正常后作业。

(5)作业时，起重臂的最大仰角不得超过使用说明书的规定。当无资料可查时，不得超过78°。

(6)起重机械变幅应缓慢平稳，在起重臂未停稳前不得变换挡位。

(7)起重机械工作时，在行走、起升、回转及变幅四种动作中，应只允许不超过两种动作的复合操作。当负荷超过该工况额定负荷的90%及以上时，应慢速升降重物，严禁超过两种动作的复合操作和下降起重臂。

(8)在重物起升过程中，操作人员应把脚放在制动踏板上，控制起升高度，防止吊钩冒顶。

当重物悬停空中时，即使制动踏板被固定，仍应脚踩在制动踏板上。

(9)采用双机抬吊作业时，应选用起重性能相似的起重机进行。抬吊时应统一指挥，动作应配合协调，载荷应分配合理，起吊重量不得超过两台起重机在该工况下允许起重量总和的75%，单机的起吊载荷不得超过允许载荷的80%。在吊装过程中，两台起重机的吊钩滑轮组应保持垂直状态。

(10)起重机械行走时，转弯不应过急；当转弯半径过小时，应分次转弯。

(11)起重机械不宜长距离负载行驶。起重机械负载时应缓慢行驶，起重量不得超过相应工况额定起重量的70%，起重臂应位于行驶方向正前方，载荷离地面高度不得大于500 mm，并应拴好拉绳。

(12)起重机械上、下坡道时应无载行走，上坡时应将起重臂仰角适当放小，下坡时应将起重臂仰角适当放大。下坡严禁空挡滑行。在坡道上严禁带载回转。

(13)作业结束后，起重臂应转至顺风方向，并应降至40°～60°，吊钩应提升到接近顶端的位置，关停内燃机，并应将各操纵杆放在空挡位置，各制动器应加保险固定，操作室和机棚应关门加锁。

(14)起重机械转移工地，应采用火车或平板拖车运输，所用跳板的坡度不得大于15°；起重机械装上车后，应将回转、行走、变幅等机构制动，应采用木楔楔紧履带两端，并应绑扎牢固；吊钩不得悬空摆动。

(15)起重机械自行转移时，应卸去配重，拆短起重臂，主动轮应在后面，机身、起重臂、吊钩等必须处于制动位置，并应加保险固定。

(16)起重机械通过桥梁、水坝、排水沟等构筑物时，应先查明允许载荷后再通过，必要时应采取加固措施。通过铁路、地下水管、电缆等设施时，应铺设垫板保护，机械在上面行走时不得转弯。

二、汽车、轮胎式起重机安全操作技术

★安全检查要点★

(1)起重机械工作场地的检查。

(2)起重机械各操纵杆的检查。

(3)起重作业所吊重物的重量和起升高度的检查。

(4)汽车式起重机变幅角度的检查。

(5)起吊重物额定起重量的检查。

(6)起重机械带载行走时，道路的检查。

(7)轮胎气压的检查。

★安全技术要点★

(1)起重机械工作的场地应保持平坦坚实，符合起重时的受力要求；起重机械应与沟渠、基坑保持安全距离。

(2)起重机械启动前应重点检查下列项目，并应符合相应要求：

1)各安全保护装置和指示仪表应齐全完好；

2)钢丝绳及连接部位应符合规定；

3)燃油、润滑油、液压油及冷却水应添加充足；

4)各连接件不得松动；

5)轮胎气压应符合规定；

6)起重臂应可靠搁置在支架上。

(3)起重机械启动前，应将各操纵杆放在空挡位置，手制动器应锁死，应按《建筑机械使用安全技术规程》(JGJ 33—2012)的有关规定启动内燃机。应在怠速运转 3～5 min 后进行中高速运转，并应在检查各仪表指示值，确认运转正常后接合液压泵，液压达到规定值，油温超过30℃时，方可作业。

(4)作业前，应全部伸出支腿，调整机体使回转支撑面的倾斜度在无载荷时不大于1/1 000(水准居中)。支腿的定位销必须插上。底盘为弹性悬挂的起重机，插支腿前应先收紧稳定器。

(5)作业中不得扳动支腿操纵阀。调整支腿时应在无载荷时进行，应先将起重臂转至正前方或正后方之后，再调整支腿。

(6)起重作业前，应根据所吊重物的重量和起升高度，并应按起重性能曲线，调整起重臂长度和仰角；应估计吊索长度和重物本身的高度，留出适当起吊空间。

(7)起重臂顺序伸缩时，应按使用说明书进行，在伸臂的同时应下降吊钩。当制动器发出警报时，应立即停止伸臂。

(8)汽车式起重机变幅角度不得小于各长度所规定的仰角。

(9)汽车式起重机起吊作业时，汽车驾驶室内不得有人，重物不得超越汽车驾驶室上方，且不得在车的前方起吊。

(10)起吊重物达到额定起重量的 50%及以上时，应使用低速挡。

(11)作业中发现起重机倾斜、支腿不稳等异常现象时，应在保证作业人员安全的情况下，将重物降至安全的位置。

(12)当重物在空中需停留较长时间时，应将起升卷筒制动锁住，操作人员不得离开操作室。

(13)起吊重物达到额定起重量的 90%以上时，严禁向下变幅，同时严禁进行两种及以上的操作动作。

(14)起重机械带载回转时，操作应平稳，应避免急剧回转或急停，换向应在停稳后进行。

(15)起重机械带载行走时，道路应平坦坚实，载荷应符合使用说明书的规定，重物离地面不得超过 500 mm，并应拴好拉绳，缓慢行驶。

(16)作业后，应先将超重臂全部缩回放在支架上，再收回支腿；吊钩应使用钢丝绳挂牢；车架尾部两撑杆应分别撑在尾部下方的支座内，并应采用螺母固定；阻止机身旋转的销式制动器应插入销孔，并应将取力器操纵手柄放在脱开位置，最后应锁住起重操作室门。

(17)起重机械行驶前，应检查确认各支腿收存牢固，轮胎气压应符合规定。行驶时，发动机水温应在 80℃～90℃范围内，当水温未达到 80℃时，不得高速行驶。

(18)起重机械应保持中速行驶，不得紧急制动，过铁道口或起伏路面时应减速，下坡时严禁空挡滑行，倒车时应有人监护指挥。

(19)行驶时，底盘走台上不得有人员站立或蹲坐，不得堆放物件。

三、塔式起重机安全操作技术

★安全检查要点★

(1)行走式塔式起重机的轨道基础的检查。

(2)塔式起重机的混凝土基础的检查。

(3)塔式起重机的金属结构、轨道的检查。

(4)塔式起重机各部位的栏杆、平台、扶杆、护圈等安全防护装置的检查。

(5)塔式起重机的附着装置的检查。

(6)雨天后,行走式塔式起重机的检查。

★安全技术要点★

(1)行走式塔式起重机的轨道基础应符合下列要求:

1)路基承载能力应满足塔式起重机使用说明书要求;

2)每间隔 6 m 应设轨距拉杆一个,轨距允许偏差应为公称值的 1/1 000,且不得超过±3 mm;

3)在纵横方向上,钢轨顶面的倾斜度不得大于 1/1 000;塔机安装后,轨道顶面纵、横方向上的倾斜度,对上回转塔机不应大于 3/1 000;对下回转塔机不应大于 5/1 000。在轨道全程中,轨道顶面任意两点的高差应小于 100 mm;

4)钢轨接头间隙不得大于 4 mm,与另一侧轨道接头的错开距离不得小于 1.5 m,接头处应架在轨枕上,接头两端高度差不得大于 2 mm;

5)距轨道终端 1 m 处应设置缓冲止挡器,其高度不应小于行走轮的半径。在轨道上应安装限位开关碰块,安装位置应保证塔机在与缓冲止挡器或与同一轨道上其他塔机相距大于 1 m处能完全停住,此时电缆线应有足够的富余长度;

6)鱼尾板连接螺栓应紧固,垫板应固定牢靠。

(2)塔式起重机的混凝土基础应符合使用说明书和现行行业标准《塔式起重机混凝土基础工程技术规程》(JGJ/T 187—2009)的规定。

(3)塔式起重机的基础应排水通畅,并应按专项方案与基坑保持安全距离。

(4)塔式起重机应在其基础验收合格后进行安装。

(5)塔式起重机的金属结构、轨道应有可靠的接地装置,接地电阻不得大于 4 Ω。高位塔式起重机应设置防雷装置。

(6)装拆作业前应进行检查,并应符合下列规定:

1)混凝土基础、路基和轨道铺设应符合技术要求;

2)应对所装拆塔式起重机的各机构、结构焊缝、重要部位螺栓、销轴、卷扬机构和钢丝绳、吊钩、吊具、电气设备、线路等进行检查,消除隐患;

3)应对自升塔式起重机顶升液压系统的液压缸和油管、顶升套架结构、导向轮、顶升支撑(爬爪)等进行检查,使其处于完好工况;

4)装拆人员应使用合格的工具、安全带、安全帽;

5)装拆作业中配备的起重机械等辅助机械应状况良好，技术性能应满足装拆作业的安全要求；

6)装拆现场的电源电压、运输道路、作业场地等应具备装拆作业条件；

7)安全监督岗的设置及安全技术措施的贯彻落实应符合要求。

(7)指挥人员应熟悉装拆作业方案，遵守装拆工艺和操作规程，使用明确的指挥信号。参与装拆作业的人员，应听从指挥，如发现指挥信号不清或有错误时，应停止作业。

(8)装拆人员应熟悉装拆工艺，遵守操作规程，当发现异常情况或疑难问题时，应及时向技术负责人汇报，不得自行处理。

(9)装拆顺序、技术要求、安全注意事项应按批准的专项施工方案执行。

(10)塔式起重机高强度螺栓应由专业厂家制造，并应有合格证明。高强度螺栓严禁焊接。安装高强螺栓时，应采用扭矩扳手或专用扳手，并应按装配技术要求预紧。

(11)在装拆作业过程中，当遇天气剧变、突然停电、机械故障等意外情况时，应将已装拆的部件固定牢靠，并经检查确认无隐患后停止作业。

(12)塔式起重机各部位的栏杆、平台、扶杆、护圈等安全防护装置应配置齐全。行走式塔式起重机的大车行走缓冲止挡器和限位开关碰块应安装牢固。

(13)因损坏或其他原因而不能用正常方法拆卸塔式起重机时，应按照技术部门重新批准的拆卸方案执行。

(14)塔式起重机安装过程中，应分阶段检查验收。各机构动作应正确、平稳，制动可靠，各安全装置应灵敏有效。在无载荷情况下，塔身的垂直度允许偏差应为4/1 000。

(15)塔式起重机升降作业时，应符合下列规定：

1)升降作业应有专人指挥，专人操作液压系统，专人拆装螺栓。非作业人员不得登上顶升套架的操作平台。操作室内应只准一人操作；

2)升降作业应在白天进行；

3)顶升前应预先放松电缆，电缆长度应大于顶升总高度，并应紧固好电缆。下降时应适时收紧电缆；

4)升降作业前，应对液压系统进行检查和试机，应在空载状态下将液压缸活塞杆伸缩3～4次，检查无误后，再将液压缸活塞杆通过顶升梁借助顶升套架的支撑，顶起载荷100～150 mm，停10 min，观察液压缸载荷是否有下滑现象；

5)升降作业时，应调整好顶升套架滚轮与塔身标准节的间隙，并应按规定要求使起重臂和平衡臂处于平衡状态，将回转机构制动。当回转台与塔身标准节之间的最后一处连接螺栓(销轴)拆卸困难时，应将最后一处连接螺栓(销轴)对角方向的螺栓重新插入，再采取其他方法进行拆卸。不得用旋转起重臂的方法松动螺栓(销轴)；

6)顶升撑脚(爬爪)就位后，应及时插上安全销，才能继续升降作业；

7)升降作业完毕后，应按规定扭力紧固各连接螺栓，应将液压操纵杆扳到中间位置，并应切断液压升降机构电源。

(16)塔式起重机的附着装置应符合下列规定：

1)附着建筑物的锚固点的承载能力应满足塔式起重机技术要求。附着装置的布置方式应按使用说明书的规定执行。当有变动时，应另行设计；

2)附着杆件与附着支座(锚固点)应采取销轴铰接；

3)安装附着框架和附着杆件时，应用经纬仪测量塔身垂直度，并应利用附着杆件进行调整，在最高锚固点以下垂直度允许偏差为 2/1 000；

4)安装附着框架和附着支座时，各道附着装置所在平面与水平面的夹角不得超过 10°；

5)附着框架宜设置在塔身标准节连接处，并应箍紧塔身；

6)塔身顶升到规定附着间距时，应及时增设附着装置。塔身高出附着装置的自由端高度，应符合使用说明书的规定；

7)塔式起重机作业过程中，应经常检查附着装置，发现松动或异常情况时，应立即停止作业，故障未排除，不得继续作业；

8)拆卸塔式起重机时，应随着降落塔身的进程拆卸相应的附着装置。严禁在落塔之前先拆附着装置；

9)附着装置的安装、拆卸、检查和调整应有专人负责；

10)行走式塔式起重机作固定式塔式起重机使用时，应提高轨道基础的承载能力，切断行走机构的电源，并应设置阻挡行走轮移动的支座。

(17)塔式起重机内爬升时应符合下列规定：

1)内爬升作业时，信号联络应通畅；

2)内爬升过程中，严禁进行塔式起重机的起升、回转、变幅等各项动作；

3)塔式起重机爬升到指定楼层后，应立即拔出塔身底座的支承梁或支腿，通过内爬升框架及时固定在结构上，并应顶紧导向装置或用楔块塞紧；

4)内爬升塔式起重机的塔身固定间距应符合使用说明书要求；

5)应对设置内爬升框架的建筑结构进行承载力复核，并应根据计算结果采取相应的加固措施。

(18)雨天后，对行走式塔式起重机，应检查轨距偏差、钢轨顶面的倾斜度、钢轨的平直度、轨道基础的沉降及轨道的通过性能等；对固定式塔式起重机，应检查混凝土基础不均匀沉降。

(19)根据使用说明书的要求，应定期对塔式起重机各工作机构、所有安全装置、制动器的性能及磨损情况、钢丝绳的磨损及绳端固定、液压系统、润滑系统、螺栓销轴连接处等进行检查。

(20)配电箱应设置在距塔式起重机 3 m 范围内或轨道中部，且明显可见；电箱中应设置带熔断式断路器及塔式起重机电源总开关；电缆卷筒应灵活有效，不得拖缆。

(21)塔式起重机在无线电台、电视台或其他电磁波发射天线附近施工时，与吊钩接触的作业人员，应戴绝缘手套和穿绝缘鞋，并应在吊钩上挂接临时放电装置。

(22)当同一施工地点有两台以上塔式起重机并可能互相干涉时，应制定群塔作业方案；两台塔式起重机之间的最小架设距离应保证处于低位塔式起重机的起重臂端部与另一台塔式起重机的塔身之间至少有 2 m 的距离；处于高位塔式起重机的最低位置的部件(吊钩升至最高点或平衡重的最低部位)与低位塔式起重机中处于最高位置部件之间的垂直距离不应小于 2 m。

(23)轨道式塔式起重机作业前，应检查轨道基础平直无沉陷，鱼尾板、连接螺栓及道钉不得松动，并应清除轨道上的障碍物，将夹轨器固定。

(24)塔式起重机启动应符合下列要求：

1)金属结构和工作机构的外观情况应正常；

2)安全保护装置和指示仪表应齐全完好；

3)齿轮箱、液压油箱的油位应符合规定；

4)各部位连接螺栓不得松动；

5)钢丝绳磨损应在规定范围内,滑轮穿绕应正确;

6)供电电缆不得破损。

(25)送电前,各控制器手柄应在零位。接通电源后,应检查并确认不得有漏电现象。

(26)作业前,应进行空载运转,试验各工作机构并确认运转正常,不得有噪声及异响,各机构的制动器及安全保护装置应灵敏有效,确认正常后方可作业。

(27)起吊重物时,重物和吊具的总重量不得超过塔式起重机相应幅度下规定的起重量。

(28)应根据起吊重物和现场情况,选择适当的工作速度,操纵各控制器时应从停止点(零点)开始,依次逐级增加速度,不得越挡操作。在变换运转方向时,应将控制器手柄扳到零位,待电动机停止运转后再转向另一方向,不得直接变换运转方向突然变速或制动。

(29)在提升吊钩、起重小车或行走大车运行到限位装置前,应减速缓行到停止位置,并应与限位装置保持一定距离。不得采用限位装置作为停止运行的控制开关。

(30)动臂式塔式超重机的变幅动作应单独进行;允许带载变幅的动臂式塔式起重机,当载荷达到额定起重量的90%及以上时,不得增加幅度。

(31)重物就位时,应采用慢就位工作机构。

(32)重物水平移动时,重物底部应高出障碍物0.5 m以上。

(33)回转部分不设集电器的塔式起重机,应安装回转限位器,在作业时,不得顺一个方向连续回转1.5圈。

(34)当停电或电压下降时,应立即将控制器扳到零位,并切断电源。如吊钩上挂有重物,应重复放松制动器,使重物缓慢地下降到安全位置。

(35)采用涡流制动调速系统的塔式起重机,不得长时间使用低速挡或慢就位速度作业。

(36)遇大风停止作业时,应锁紧夹轨器,将回转机构的制动器完全松开,起重臂应能随风转动。对轻型俯仰变幅塔式起重机,应将起重臂落下并与塔身结构锁紧在一起。

(37)作业中,操作人员临时离开操作室时,应切断电源。

(38)塔式起重机载人专用电梯不得超员,专用电梯断绳保护装置应灵敏有效。塔式起重机作业时,不得开动电梯。电梯停用时,应降至塔身底部位置,不得长时间悬在空中。

(39)在非工作状态时,应松开回转制动器,回转部分应能自由旋转;行走式塔式起重机应停放在轨道中间位置,小车及平衡重应置于非工作状态,吊钩组顶部宜上升到距起重臂底面2～3 m处。

(40)停机时,应将每个控制器拨回零位,依次断开各开关,关闭操作室门窗;下机后,应锁紧夹轨器,断开电源总开关,打开高空障碍灯。

(41)检修人员对高空部位的塔身、起重臂、平衡臂等检修时,应系好安全带。

(42)停用的塔式起重机的电动机、电气柜、变阻器箱及制动器等应遮盖严密。

(43)动臂式和未附着塔式起重机及附着以上塔式起重机桁架上不得悬挂标语牌。

四、桅杆式起重机安全操作技术

★安全检查要点★

(1)桅杆式起重机专项方案的检查。

★安全检查要点★

(2)桅杆式起重机的卷扬机的检查。

(3)桅杆式起重机的安装和拆卸的检查。

(4)桅杆式起重机的基础的检查。

(5)缆风绳的规格、数量及地锚的拉力、埋设深度等的检查。

★安全技术要点★

(1)桅杆式起重机应按现行国家标准《起重机设计规范》(GB/T 3811—2008)的规定进行设计,确定其使用范围及工作环境。

(2)桅杆式起重机专项方案必须按规定程序审批,并应经专家论证后实施。施工单位必须指定安全技术人员对桅杆式起重机的安装、使用和拆卸进行现场监督和监测。

(3)专项方案应包含下列主要内容:

1)工程概况、施工平面布置;

2)编制依据;

3)施工计划;

4)施工技术参数、工艺流程;

5)施工安全技术措施;

6)劳动力计划;

7)计算书及相关图纸。

(4)桅杆式起重机的卷扬机应符合《建筑机械使用安全技术规程》(JGJ 33—2012)的有关规定。

(5)桅杆式起重机的安装和拆卸应划出警戒区,清除周围的障碍物,在专人统一指挥下,应按使用说明书和装拆方案进行。

(6)桅杆式起重机的基础应符合专项方案的要求。

(7)缆风绳的规格、数量及地锚的拉力、埋设深度等应按照起重机性能经过计算确定,缆风绳与地面的夹角不得大于60°,缆绳与桅杆和地锚的连接应牢固。地锚不得使用膨胀螺栓、定滑轮。

(8)缆风绳的架设应避开架空电线。在靠近电线的附近,应设置绝缘材料搭设的护线架。

(9)桅杆式起重机安装后应进行试运转,使用前应组织验收。

(10)提升重物时,吊钩钢丝绳应垂直,操作应平稳;当重物吊起离开支承面时,应检查并确认各机构工作正常后,继续起吊。

(11)在起吊额定起重量的90%及以上重物前,应安排专人检查地锚的牢固程度。起吊时,缆风绳应受力均匀,主杆应保持直立状态。

(12)作业时,桅杆式起重机的回转钢丝绳应处于拉紧状态。回转装置应有安全制动控制器。

(13)桅杆式起重机移动时,应用满足承重要求的枕木排和滚杠垫在底座,并将起重臂收紧处于移动方向的前方。移动时,桅杆不得倾斜,缆风绳的松紧应配合一致。

(14)缆风钢丝绳安全系数不应小于3.5,起升、锚固、吊索钢丝绳安全系数不应小于8。

五、门式、桥式起重机与电动葫芦安全操作技术

★安全检查要点★

(1)起重机路基和轨道的铺设的检查。

(2)门式起重机电缆的检查。

(3)用滑线供电的起重机的检查。

(4)操作室内的检查。

★安全技术要点★

(1)起重机路基和轨道的铺设应符合使用说明书的规定,轨道接地电阻不得大于 4 Ω。

(2)门式起重机的电缆应设有电缆卷筒,配电箱应设置在轨道中部。

(3)用滑线供电的起重机应在滑线的两端标有鲜明的颜色,滑线应设置防护装置,防止人员及吊具钢丝绳与滑线意外接触。

(4)轨道应平直,鱼尾板连接螺栓不得松动,轨道和起重机运行范围内不得有障碍物。

(5)门式、桥式起重机作业前应重点检查下列项目,并应符合相应要求:

1)机械结构外观应正常,各连接件不得松动;

2)钢丝绳外表情况应良好,绳卡应牢固;

3)各安全限位装置应齐全完好。

(6)操作室内应垫木板或绝缘板,接通电源后应采用试电笔测试金属结构部分,并应确认无漏电现象;上、下操作室应使用专用扶梯。

(7)作业前,应进行空载试运转,检查并确认各机构运转正常,制动可靠,各限位开关灵敏有效。

(8)在提升大件时不得用快速,并应拴拉绳防止摆动。

(9)吊运易燃、易爆、有害等危险品时,应经安全主管部门批准,并应有相应的安全措施。

(10)吊运路线不得从人员、设备上面通过;空车行走时,吊钩应离地面 2 m 以上。

(11)吊运重物应平稳、慢速,行驶中不得突然变速或倒退。两台起重机同时作业时,应保持 5 m 以上距离。不得用一台起重机顶推另一台起重机。

(12)起重机行走时,两侧驱动轮应保持同步,发现偏移应及时停止作业,调整修理后继续使用。

(13)作业中,人员不得从一台桥式起重机跨越到另一台桥式起重机。

(14)操作人员进入桥架前应切断电源。

(15)门式、桥式起重机的主梁挠度超过规定值时,应修复后使用。

(16)作业后,门式起重机应停放在停机线上,用夹轨器锁紧;桥式起重机应将小车停放在两条轨道中间,吊钩提升到上部位置。吊钩上不得悬挂重物。

(17)作业后,应将控制器拨到零位,切断电源,应关闭并锁好操作室门窗。

(18)电动葫芦使用前应检查机械部分和电气部分,钢丝绳、链条、吊钩、限位器等应完好,电气部分应无漏电,接地装置应良好。

(19)电动葫芦应设缓冲器,轨道两端应设挡板。

(20)第一次吊重物时,应在吊离地面 100 mm 时停止上升,检查电动葫芦制动情况,确认完好后再正式作业。露天作业时,电动葫芦应设有防雨棚。

(21)电动葫芦起吊时,手不得握在绳索与物体之间,吊物上升时应防止冲顶。

(22)电动葫芦吊重物行走时,重物离地不宜超过 1.5 m 高。工作间歇不得将重物悬挂在空中。

(23)电动葫芦作业中发生异味、高温等异常情况时,应立即停机检查,排除故障后继续使用。

(24)使用悬挂电缆电气控制开关时,绝缘应良好,滑动应自如,人站立位置的后方应有 2 m的空地,并应能正确操作电钮。

(25)在起吊中,由于故障造成重物失控下滑时,应采取紧急措施,向无人处下放重物。

(26)在起吊中不得急速升降。

(27)电动葫芦在额定载荷制动时,下滑位移量不应大于 80 mm。

(28)作业完毕后,电动葫芦应停放在指定位置,吊钩升起,并切断电源,锁好开关箱。

六、卷扬机安全操作技术

★安全检查要点★

(1)卷扬机地基与基础的检查。

(2)操作人员的位置的检查。

(3)卷扬机卷筒中心线与导向滑轮的轴线的检查。

(4)钢丝绳卷绕在卷筒上安全圈数的检查。

(5)卷筒上钢丝绳的检查。

★安全技术要点★

(1)卷扬机地基与基础应平整、坚实,场地应排水畅通,地锚应设置可靠。卷扬机应搭设防护棚。

(2)操作人员的位置应在安全区域,视线应良好。

(3)卷扬机卷筒中心线与导向滑轮的轴线应垂直,且导向滑轮的轴线应在卷筒中心位置,钢丝绳的出绳偏角应符合表 2-1的规定。

表 2-1　卷扬机钢丝绳出绳偏角限值

排绳方式	槽面卷筒	光面卷筒	
		自然排绳	排绳器排绳
出绳偏角	≤4°	≤2°	≤4°

(4)作业前,应检查卷扬机与地面的固定、弹性联轴器的连接应牢固,并应检查安全装置、防护设施、电气线路、接零或接地装置、制动装置和钢丝绳等并确认全部合格后再使用。

(5)卷扬机至少应装有一个常闭式制动器。

(6)卷扬机的传动部分及外露的运动件应设防护罩。

(7)卷扬机应在司机操作方便的地方安装能迅速切断总控制电源的紧急断电开关，并不得使用倒顺开关。

(8)钢丝绳卷绕在卷筒上的安全圈数不得少于3圈。钢丝绳末端应固定可靠。不得用手拉钢丝绳的方法卷绕钢丝绳。

(9)钢丝绳不得与机架、地面摩擦，通过道路时，应设过路保护装置。

(10)建筑施工现场不得使用摩擦式卷扬机。

(11)卷筒上的钢丝绳应排列整齐，当重叠或斜绕时，应停机重新排列，不得在转动中用手拉脚踩钢丝绳。

(12)作业中，操作人员不得离开卷扬机，物件或吊笼下面不得有人员停留或通过。休息时，应将物件或吊笼降至地面。

(13)作业中如发现异响、制动失灵、制动带或轴承等温度剧烈上升等异常情况时，应立即停机检查，排除故障后再使用。

(14)作业中停电时，应将控制手柄或按钮置于零位，并应切断电源，将物件或吊笼降至地面。

(15)作业完毕，应将物件或吊笼降至地面，并应切断电源，锁好开关箱。

七、井架、龙门架物料提升机安全操作技术

★安全检查要点★

(1)进入施工现场的井架、龙门架的检查。

(2)运行中吊篮的四角与井架的检查。

(3)井架、龙门架物料提升机的检查。

(4)钢丝绳、滑轮、滑轮轴和导轨等的检查。

★安全技术要点★

(1)进入施工现场的井架、龙门架必须具有下列安全装置：

1)上料口防护棚；

2)层楼安全门、吊篮安全门、首层防护门；

3)断绳保护装置或防坠装置；

4)安全停靠装置；

5)起重量限制器；

6)上、下限位器；

7)紧急断电开关、短路保护、过电流保护、漏电保护；

8)信号装置；

9)缓冲器。

(2)卷扬机应符合《建筑机械使用安全技术规程》(JGJ 33—2012)的有关规定。

(3)基础应符合使用说明书要求。缆风绳不得使用钢筋、钢管。

(4)提升机的制动器应灵敏可靠。

(5)运行中吊篮的四角与井架不得互相擦碰，吊篮各构件连接应牢固、可靠。

(6)井架、龙门架物料提升机不得和脚手架连接。

(7)不得使用吊篮载人,吊篮下方不得有人员停留或通过。

(8)作业后,应检查钢丝绳、滑轮、滑轮轴和导轨等,发现异常磨损,应及时修理或更换。

(9)下班前,应将吊篮降到最低位置,各控制开关置于零位,切断电源,锁好开关箱。

八、施工升降机安全操作技术

★安全检查要点★

(1)施工升降机基础的检查。

(2)施工升降机导轨架的纵向中心线至建筑物外墙面的距离的检查。

(3)垂直度允许偏差的检查。

(4)导轨架自由高度、导轨架的附墙距离、导轨架的两附墙连接点间距离和最低附墙点高度的检查。

(5)施工升降机的防坠安全器的检查。

★安全技术要点★

(1)施工升降机基础应符合使用说明书要求,当使用说明书无要求时,应经专项设计计算,地基上表面平整度允许偏差为10 mm,场地应排水通畅。

(2)施工升降机导轨架的纵向中心线至建筑物外墙面的距离宜选用使用说明书中提供的较小的安装尺寸。

(3)安装导轨架时,应采用经纬仪在两个方向进行测量校准。其垂直度允许偏差应符合表2-2的规定。

表2-2 施工升降机导轨架垂直度允许偏差

架设高度 H/m	$H \leqslant 70$	$70 < H \leqslant 100$	$100 < H \leqslant 150$	$150 < H \leqslant 200$	$H > 200$
垂直度偏差/mm	$\leqslant 1/1\,000H$	$\leqslant 70$	$\leqslant 90$	$\leqslant 110$	$\leqslant 130$

(4)导轨架自由高度、导轨架的附墙距离、导轨架的两附墙连接点间距离和最低附墙点高度不得超过使用说明书的规定。

(5)施工升降机应设置专用开关箱,馈电容量应满足升降机直接启动的要求,生产厂家配置的电气箱内应装设短路、过载、错相、断相及零位保护装置。

(6)施工升降机周围应设置稳固的防护围栏。楼层平台通道应平整牢固,出入口应设防护门。全行程不得有危害安全运行的障碍物。

(7)施工升降机安装在建筑物内部井道中时,各楼层门应封闭并应有电气连锁装置。装设在阴暗处或夜班作业的施工升降机,在全行程上应有足够的照明,并应装设明亮的楼层编号标志灯。

(8)施工升降机的防坠安全器应在标定期限内使用,标定期限不应超过一年。使用中不得任意拆检调整防坠安全器。

(9)施工升降机使用前,应进行坠落试验。施工升降机在使用中每隔3个月,应进行一次额定载重量的坠落试验,试验程序应按使用说明书规定进行,吊笼坠落试验制动距离应符合现行行业标准《施工升降机齿轮锥鼓形渐进式防坠安全器》(JG 121—2000)的规定。防坠安全器试验后及正常操作中，每发生一次防坠动作，应由专业人员进行复位。

(10)作业前应重点检查下列项目，并应符合相应要求：

1)结构不得有变形，连接螺栓不得松动；

2)齿条与齿轮、导向轮与导轨应接合正常；

3)钢丝绳应固定良好，不得有异常磨损；

4)运行范围内不得有障碍；

5)安全保护装置应灵敏可靠。

(11)启动前，应检查并确认供电系统、接地装置安全有效，控制开关应在零位。电源接通后，应检查并确认电压正常。应试验并确认各限位装置、吊笼、围护门等处的电气连锁装置良好可靠，电气仪表应灵敏有效。作业前应进行试运行，测定各机构制动器的效能。

(12)施工升降机应按使用说明书要求，进行维护保养，并应定期检验制动器的可靠性，制动力矩应达到使用说明书要求。

(13)吊笼内乘人或载物时，应使载荷均匀分布，不得偏重，不得超载运行。

(14)操作人员应按指挥信号操作。作业前应鸣笛示警。在施工升降机未切断总电源开关前，操作人员不得离开操作岗位。

(15)施工升降机运行中发现有异常情况时，应立即停机并采取有效措施将吊笼就近停靠楼层，排除故障后再继续运行。在运行中发现电气失控时，应立即按下急停按钮，在未排除故障前，不得打开急停按钮。

(16)在风速达到 20 m/s 及以上大风、大雨、大雾天气以及导轨架、电缆等结冰时，施工升降机应停止运行，并将吊笼降到底层，切断电源。暴风雨等恶劣天气后，应对施工升降机各有关安全装置等进行一次检查，确认正常后运行。

(17)施工升降机运行到最上层或最下层时，不得用行程限位开关作为停止运行的控制开关。

(18)当施工升降机在运行中由于断电或其他原因而中途停止时，可进行手动下降，将电动机尾端制动电磁铁手动释放拉手缓缓向外拉出，使吊笼缓慢地向下滑行。吊笼下滑时，不得超过额定运行速度，手动下降应由专业维修人员进行操纵。

(19)当需在吊笼的外面进行检修时，另外一个吊笼应停机配合，检修时应切断电源，并应有专人监护。

(20)作业后，应将吊笼降到底层，各控制开关拨到零位，切断电源，锁好开关箱，闭锁吊笼门和围护门。

第八节　动力与电气装置机械施工安全

一、内燃机安全操作技术

★安全检查要点★

(1)启动机每次启动时间的检查。

(2)作业中内燃机水温的检查。

★安全技术要点★

(1)内燃机作业前应重点检查下列项目,并符合相应要求:

1)曲轴箱内润滑油油面应在标尺规定范围内;

2)冷却水或防冻液量应充足、清洁、无渗漏,风扇三角胶带应松紧合适;

3)燃油箱油量应充足,各油管及接头处不应有漏油现象;

4)各总成连接件应安装牢固,附件应完整。

(2)内燃机启动前,离合器应处于分离位置;有减压装置的柴油机,应先打开减压阀。

(3)不得用牵引法强制启动内燃机;当用摇柄启动汽油机时,应由下向上提动,不得向下硬压或连续摇转,启动后应迅速拿出摇把。当用手拉绳启动时,不得将绳的一端缠在手上。

(4)启动机每次启动时间应符合使用说明书的要求,当连续启动 3 次仍未能启动时,应检查原因,排除故障后再启动。

(5)启动后,应怠速运转 3～5 min,并应检查机油压力和排烟,各系统管路应无泄漏现象;应在温度和机油压力均正常后,开始作业。

(6)作业中内燃机水温不得超过 90℃,超过时,不应立即停机,应继续怠速运转降温。当冷却水沸腾需开启水箱盖时,操作人员应戴手套,面部应避开水箱盖口,并应先卸压,后拧开。不得用冷水注入水箱或泼浇内燃机体强制降温。

(7)内燃机运行中出现异响、异味、水温急剧上升及机油压力急剧下降等情况时,应立即停机检查并排除故障。

(8)停机前应卸去载荷,进行低速运转,待温度降低后再停止运转。装有涡轮增压器的内燃机,应怠速运转 5～10 min 后停机。

(9)有减压装置的内燃机,不得使用减压杆进行熄火停机。

(10)排气管向上的内燃机,停机后应在排气管口上加盖。

二、发电机安全操作技术

★安全检查要点★

(1)以内燃机为动力的发电机,其内燃机部分的操作的检查。

(2)内燃机与发电机传动部分、输出线路的导线绝缘的检查。

(3)发电机连续运行的允许电压值的检查。

(4)发电机功率因数的检查。

★安全技术要点★

(1)以内燃机为动力的发电机,其内燃机部分的操作应按《建筑机械使用安全技术规程》(JGJ 33—2012)的有关规定执行。

(2)新装、大修或停用 10 d 及以上的发电机,使用前应测量定子和励磁回路的绝缘电阻及吸收比,转子绕组的绝缘电阻不得小于 0.5 MΩ,吸收比不得小于 1.3,并应做好测量记录。

(3)作业前应检查内燃机与发电机传动部分,并应确保连接可靠,输出线路的导线绝缘应良好,各仪表应齐全、有效。

(4)启动前应将励磁变阻器的阻值放在最大位置上，应断开供电输出总开关，并应接合中性点接地开关，有离合器的发电机组应脱开离合器。内燃机启动后应空载运转，并应待运转正常后再接合发电机。

(5)启动后应检查并确认发电机无异响，滑环及整流子上电刷应接触良好，不得有跳动及产生火花现象。应在运转稳定，频率、电压达到额定值后，再向外供电。用电负荷应逐步加大，三相应保持平衡。

(6)不得对旋转着的发电机进行维修、清理。运转中的发电机不得使用帆布等物体遮盖。

(7)发电机组电源应与外电线路电源连锁，不得与外电并联运行。

(8)发电机组并联运行应满足频率、电压、相位、相序相同的条件。

(9)并联线路两组以上时，应在全部进入空载状态后逐一供电。准备并联运行的发电机应在全部已进入正常稳定运转，接到“准备并联”的信号后，调整柴油机转速，并应在同步瞬间合闸。

(10)并联运行的发电机组如因负荷下降而需停车一台时，应先将需停车的一台发电机的负荷全部转移到继续运转的发电机上，然后按单台发电机停车的方法进行停机。如需全部停机则应先将负荷逐步切断，然后停机。

(11)移动式发电机使用前应将底架停放在平稳的基础上，不得在运转时移动发电机。

(12)发电机连续运行的允许电压值不得超过额定值的±10%。正常运行的电压变动范围应在额定值的±5%以内，功率因数为额定值时，发电机额定容量应恒定不变。

(13)发电机在额定频率值运行时，发电机频率变动范围不得超过±0.5 Hz。

(14)发电机功率因数不宜超过迟相0.95。有自动励磁调节装置的，可允许短时间内在迟相0.95～1的范围内运行。

(15)发电机运行中应经常检查仪表及运转部件，发现问题应及时调整。定子、转子电流不得超过允许值。

(16)停机前应先切断各供电分路开关，然后切断发电机供电主开关，逐步减少载荷，将励磁变阻器复回到电阻最大值位置，使电压降至最低值，再切断励磁开关和中性点接地开关，最后停止内燃机运转。

(17)发电机经检修后应进行检查，转子及定子槽间不得留有工具、材料及其他杂物。

三、电动机安全操作技术

★安全检查要点★

(1)长期停用或可能受潮的电动机的检查。

(2)电动机的熔丝额定电流的检查。

(3)采用热继电器作电动机过载保护时，其容量的检查。

(4)绕线式转子电动机的集电环与电刷的接触面的检查。

(5)电动机额定电压变动范围的检查。

(6)旋转中电动机滑动轴承的允许最高温度、滚动轴承的允许最高温度的检查。

★安全技术要点★

(1)长期停用或可能受潮的电动机，使用前应测量绕组间和绕组对地的绝缘电阻，绝缘电阻值应大于0.5 MΩ，绕线转子电动机还应检查转子绕组及滑环对地绝缘电阻。

(2)电动机应装设过载和短路保护装置，并应根据设备需要装设断、错相和失压保护装置。

(3)电动机的熔丝额定电流应按下列条件选择：

1)单台电动机的熔丝额定电流为电动机额定电流的150%～250%；

2)多台电动机合用的总熔丝额定电流为其中最大一台电动机额定电流的150%～250%再加上其余电动机额定电流的总和。

(4)采用热继电器作电动机过载保护时，其容量应选择电动机额定电流的100%～125%。

(5)绕线式转子电动机的集电环与电刷的接触面不得小于满接触面的75%。电刷高度磨损超过原标准2/3时应更换。在使用过程中不应有跳动和产生火花现象，并应定期检查电刷弹簧的压力确保可靠。

(6)直流电动机的换向器表面应光洁，当有机械损伤或火花灼伤时应修整。

(7)电动机额定电压变动范围应控制在－5%～＋10%之内。

(8)电动机运行中不应异响、漏电，轴承温度应正常，电刷与滑环应接触良好。旋转中电动机滑动轴承的允许最高温度应为80℃，滚动轴承的允许最高温度应为95℃。

(9)电动机在正常运行中，不得突然进行反向运转。

(10)电动机械在工作中遇停电时，应立即切断电源，并应将启动开关置于停止位置。

(11)电动机停止运行前，应首先将载荷卸去，或将转速降到最低，然后切断电源，启动开关应置于停止位置。

四、空气压缩机安全操作技术

★安全检查要点★

(1)空气压缩机作业区的检查。

(2)贮气罐和输气管路的检查。

(3)输气胶管的检查。

(4)作业中贮气罐内压力的检查。

★安全技术要点★

(1)空气压缩机的内燃机和电动机的使用应符合《建筑机械使用安全技术规程》(JGJ 33—2012)的规定。

(2)空气压缩机作业区应保持清洁和干燥。贮气罐应放在通风良好处，距贮气罐15 m以内不得进行焊接或热加工作业。

(3)空气压缩机的进排气管较长时，应加以固定，管路不得有急弯，并应设伸缩变形装置。

(4)贮气罐和输气管路每3年应做水压试验一次，试验压力应为额定压力的150%。压力表和安全阀应每年至少校验一次。

(5)空气压缩机作业前应重点检查下列项目，并应符合相应要求：

1)内燃机燃油、润滑油应添加充足;电动机电源应正常;

2)各连接部位应紧固,各运动机构及各部阀门开闭应灵活,管路不得有漏气现象;

3)各防护装置应齐全良好,贮气罐内不得有存水;

4)电动空气压缩机的电动机及启动器外壳应接地良好,接地电阻不得大于4 Ω。

(6)空气压缩机应在无载状态下启动,启动后应低速空运转,检视各仪表指示值并应确保符合要求;空气压缩机应在运转正常后,逐步加载。

(7)输气胶管应保持畅通,不得扭曲,开启送气阀前,应将输气管道连接好,并应通知现场有关人员后再送气。在出气口前方不得有人。

(8)作业中贮气罐内压力不得超过铭牌额定压力,安全阀应灵敏有效。进气阀、排气阀、轴承及各部件不得有异响或过热现象。

(9)每工作2 h,应将液气分离器、中间冷却器、后冷却器内的油水排放一次。贮气罐内的油水每班应排放1～2次。

(10)正常运转后,应经常观察各种仪表读数,并应随时按使用说明书进行调整。

(11)发现下列情况之一时应立即停机检查,并应在找出原因并排除故障后继续作业:

1)漏水、漏气、漏电或冷却水突然中断;

2)压力表、温度表、电流表、转速表指示值超过规定;

3)排气压力突然升高,排气阀、安全阀失效;

4)机械有异响或电动机电刷发生强烈火花;

5)安全防护、压力控制装置及电气绝缘装置失效。

(12)运转中,因缺水而使气缸过热停机时,应待气缸自然降温至60℃以下时,再进行加水作业。

(13)当电动空气压缩机运转中停电时,应立即切断电源,并应在无载荷状态下重新启动。

(14)空气压缩机停机时,应先卸去载荷,再分离主离合器,最后停止内燃机或电动机的运转。

(15)空气压缩机停机后,在离岗前应关闭冷却水阀门,打开放气阀,放出各级冷却器和贮气罐内的油水和存气。

(16)在潮湿地区及隧道中施工时,对空气压缩机外露摩擦面应定期加注润滑油,对电动机和电气设备应做好防潮保护工作。

五、10 kV以下配电装置安全操作技术

★安全检查要点★

(1)高压油开关的瓷套管的检查。

(2)停用或经修理后的高压油开关在投入运行前的检查。

(3)隔离开关的检查。

(4)低压电气设备和器材的绝缘电阻的检查。

(5)电箱及配电线路的布置的检查。

★安全技术要点★

(1)施工电源及高低压配电装置应设专职值班人员负责运行与维护,高压巡视检查工作不得少于两人,每半年应进行一次停电检修和清扫。

(2)高压油开关的瓷套管应保证完好,油箱不得有渗漏,油位、油质应正常,合闸指示器位置应正确,传动机构应灵活可靠。应定期对触头的接触情况、油质、三相合闸的同步性进行检查。

(3)停用或经修理后的高压油开关,在投入运行前应全面检查,应在额定电压下做合闸、跳闸操作各三次,其动作应正确可靠。

(4)隔离开关应每季度检查一次,瓷件应无裂纹和放电现象;接线柱和螺栓不应松动;刀型开关不应变形、损伤,应接触严密。三相隔离开关各相动触头与静触头应同时接触,前后相差不得大于 3 mm,打开角不得小于 60°。

(5)避雷装置在雷雨季节之前应进行一次预防性试验,并应测量接地电阻。雷电后应检查阀型避雷器的瓷瓶、连接线和地线,应确保完好无损。

(6)低压电气设备和器材的绝缘电阻不得小于 0.5 MΩ。

(7)在易燃、易爆、有腐蚀性气体的场所应采用防爆型低压电器;在多尘和潮湿或易触及人体的场所应采用封闭型低压电器。

(8)电箱及配电线路的布置应执行现行行业标准《施工现场临时用电安全技术规范》(JGJ 46—2005)的规定。

第九节　木工机械施工安全

一、带锯机安全操作技术

★安全检查要点★

(1)锯条及锯条安装质量的检查。

(2)倒车速度的检查。

(3)送料、接料的检查。

(4)指位或带锯机的压砣(重锤)的检查。

★安全技术要点★

(1)作业前,应对锯条及锯条安装质量进行检查。锯条齿侧或锯条接头处的裂纹长度超过 10 mm、连续缺齿两个和接头超过两处的锯条不得使用。当锯条裂纹长度在 10 mm 以下时,应在裂纹终端冲一止裂孔。锯条松紧度应调整适当。带锯机启动后,应空载试运转,并应确认运转正常,无串条现象后,开始作业。

(2)作业中,操作人员应站在带锯机的两侧,跑车开动后,行程范围内的轨道周围不应站人,不应在运行中跑车。

(3)原木进锯前,应调好尺寸,进锯后不得调整。进锯速度应均匀。

(4)倒车应在木材的尾端越过锯条 500 mm 后进行,倒车速度不宜过快。

(5)平台式带锯作业时,送接料应配合一致。送料、接料时不得将手送进台面。锯短料时,应采用推棍送料。回送木料时,应离开锯条 50 mm 及以上。

(6)带锯机运转中,当木屑堵塞吸尘管口时,不得清理管口。

(7)作业中,应根据锯条的宽度与厚度及时调节挡位或增减带锯机的压砣(重锤)。当发生锯条口松或串条等现象时,不得用增加压砣(重锤)重量的办法进行调整。

二、圆盘锯安全操作技术

★安全检查要点★

(1)木工圆锯机上的旋转锯片的检查。

(2)锯片安装的检查。

(3)锯片质量的检查。

(4)被锯木料的长度的检查。

★安全技术要点★

(1)木工圆锯机上的旋转锯片必须设置防护罩。

(2)安装锯片时,锯片应与轴同心,夹持锯片的法兰盘直径应为锯片直径的 1/4。

(3)锯片不得有裂纹。锯片不得有连续两个及以上的缺齿。

(4)被锯木料的长度不应小于 500 mm。作业时,锯片应露出木料 10～20 mm。

(5)送料时,不得将木料左右晃动或抬高;遇木节时,应缓慢送料;接近端头时,应采用推棍送料。

(6)当锯线走偏时,应逐渐纠正,不得猛扳,以防止损坏锯片。

(7)作业时,操作人员应戴防护眼镜,手臂不得跨越锯片,人员不得站在锯片的旋转方向。

三、平面刨(手压刨)安全操作技术

★安全检查要点★

(1)被刨木料的厚度、长度的检查。

(2)被刨木料质量的检查。

(3)刀片、刀片螺钉的厚度和重量的检查。

(4)机械运转时的检查。

★安全技术要点★

(1)刨料时,应保持身体平稳,用双手操作。刨大料时,手应按在木料上面;刨小料时,手指不得低于料高一半。手不得在料后推料。

(2)当被刨木料的厚度小于 30 mm,或长度小于 400 mm 时,应采用压板或推棍推进。厚度小于 15 mm,或长度小于 250 mm 的木料,不得在平刨上加工。

(3)刨旧料前，应将料上的钉子、泥沙清除干净。被刨木料如有破裂或硬节等缺陷时，应处理后再施刨。遇木槎、节疤应缓慢送料。不得将手按在节疤上强行送料。

(4)刀片、刀片螺钉的厚度和重量应一致，刀架与夹板应吻合贴紧，刀片焊缝超出刀头或有裂缝的刀具不应使用。刀片紧固螺钉应嵌入刀片槽内，并离刀背不得小于 10 mm。刀片紧固力应符合使用说明书的规定。

(5)机械运转时，不得将手伸进安全挡板里侧去移动挡板或拆除安全挡板。

四、压刨床(单面和多面)安全操作技术

★安全检查要点★

(1)刨刀与刨床台面的水平间隙的检查。

(2)刨料的长度的检查。

★安全技术要点★

(1)作业时，不得一次刨削两块不同材质或规格的木料，被刨木料的厚度不得超过使用说明书的规定。

(2)操作者应站在进料的一侧。送料时应先进大头。接料人员应在被刨料离开料辊后接料。

(3)刨刀与刨床台面的水平间隙应为 10～30 mm。不得使用带开口槽的刨刀。

(4)每次进刀量宜为 2～5 mm。遇硬木或节疤，应减小进刀量，降低送料速度。

(5)刨料的长度不得小于前后压辊之间距离。厚度小于 10 mm 的薄板应垫托板作业。

(6)压刨床的逆止爪装置应灵敏有效。进料齿辊及托料光辊应调整水平，上下距离应保持一致，齿辊应低于工件表面 1～2 mm，光辊应高出台面 0.3～0.8 mm。工作台面不得歪斜和高低不平。

(7)刨削过程中，遇木料走横或卡住时，应先停机，再放低台面，取出木料，排除故障。

(8)安装刀片时，应按《建筑机械使用安全技术规程》(JGJ 33—2012)的规定执行。

五、木工车床安全操作技术

★安全检查要点★

(1)车削前，对车床各部装置及工具、卡具的检查。

(2)木料的检查。

★安全技术要点★

(1)车削前，应对车床各部装置及工具、卡具进行检查，并确认安全可靠。工件应卡紧，并应采用顶针顶紧。应进行试运转，确认正常后，方可作业。应根据工件木质的硬度，选择适当的进刀量和转速。

(2)车削过程中，不得用手摸的方法检查工件的光滑程度。当采用砂纸打磨时，应先将刀

架移开。车床转动时，不得用手来制动。

(3)方形木料应先加工成圆柱体，再上车床加工。不得切削有节疤或裂缝的木料。

六、木工铣床(裁口机)安全操作技术

★安全检查要点★

(1)作业前对铣床各部件及铣刀的检查。

(2)铣切量的检查。

★安全技术要点★

(1)作业前，应对铣床各部件及铣刀安装进行检查，铣刀不得有裂纹或缺损，防护装置及定位止动装置应齐全可靠。

(2)当木料有硬节时，应低速送料。应在木料送过铣刀口 150 mm 后，再进行接料。

(3)当木料铣切到端头时，应在已铣切的一端接料。送短料时，应用推料棍。

(4)铣切量应按使用说明书的规定执行。不得在木料中间插刀。

(5)卧式铣床的操作人员作业时，应站在刀刃侧面，不得面对刀刃。

七、开榫机安全操作技术

★安全检查要点★

(1)试运转的检查。

(2)木料的检查。

★安全技术要点★

(1)作业前，应紧固好刨刀、锯片，并试运转 3～5 min，确认正常后作业。

(2)作业时，应侧身操作，不得面对刀具。

(3)切削时，应用压料杆将木料压紧，在切削完毕前，不得松开压料杆。短料开榫时，应用垫板将木料夹牢，不得用手直接握料作业。

(4)不得上机加工有节疤的木料。

八、打眼机安全操作技术

★安全检查要点★

更换凿心时的检查。

★安全技术要点★

(1)作业前，应调整好机架和卡具，台面应平稳，钻头应垂直，凿心应在凿套中心卡牢，并应

与加工的钻孔垂直。

(2)打眼时，应使用夹料器，不得用手直接扶料。遇节疤时，应缓慢压下，不得用力过猛。

(3)作业中，当凿心卡阻或冒烟时，应立即抬起手柄。不得用手直接清理钻出的木屑。

(4)更换凿心时，应先停车，切断电源，并应在平台上垫上木板后进行。

九、锉锯机安全操作技术

★安全检查要点★

(1)砂轮的检查。

(2)锉磨锯齿速度的检查。

★安全技术要点★

(1)作业前，应检查并确认砂轮不得有裂缝和破损，并应安装牢固。

(2)启动时，应先空运转，当有剧烈振动时，应找出偏重位置，调整平衡。

(3)作业时，操作人员不得站在砂轮旋转时离心力方向一侧。

(4)当撑齿钩遇到缺齿或撑钩妨碍锯条运动时，应及时处理。

(5)锉磨锯齿的速度宜按下列规定执行：带锯应控制在 40～70 齿/min；圆锯应控制在 26～30 齿/min。

(6)锯条焊接时应接合严密，平滑均匀，厚薄一致。

十、磨光机安全操作技术

★安全检查要点★

(1)压垫、砂带的检查。

(2)工件的检查。

★安全技术要点★

(1)作业前，应对下列项目进行检查，并符合相应要求：

1)盘式磨光机防护装置应齐全有效；

2)砂轮应无裂纹破损；

3)带式磨光机砂筒上砂带的张紧度应适当；

4)各部轴承应润滑良好，紧固连接件应连接可靠。

(2)磨削小面积工件时，宜尽量在台面整个宽度内排满工件，磨削时，应渐次连续进给。

(3)带式磨光机作业时，压垫的压力应均匀。砂带纵向移动时，砂带应和工作台横向移动互相配合。

(4)盘式磨光机作业时，工件应放在向下旋转的半面进行磨光。手不得靠近磨盘。

第十节　其他中小型机械施工安全

一、咬口机安全操作技术

★安全检查要点★

工件长度、宽度的检查。

★安全技术要点★

(1)不得用手触碰转动中的辊轮,工件送到末端时,手指应离开工件。

(2)工件长度、宽度不得超过机械允许加工的范围。

(3)作业中如有异物进入辊中,应及时停车处理。

二、剪板机安全操作技术

★安全检查要点★

(1)剪切钢板的厚度的检查。

(2)切刀间隙的检查。

(3)剪板机限位装置的检查。

★安全技术要点★

(1)启动前,应检查并确认各部润滑、紧固应完好,切刀不得有缺口。

(2)剪切钢板的厚度不得超过剪板机规定的能力。切窄板材时,应在被剪板材上压一块较宽钢板,使垂直压紧装置下落时,能压牢被剪板材。

(3)应根据剪切板材厚度,调整上下切刀间隙。正常切刀间隙不得大于板材厚度的5%,斜口剪时,不得大于7%。间隙调整后,应进行手转动及空车运转试验。

(4)剪板机限位装置应齐全有效。制动装置应根据磨损情况,及时调整。

(5)多人作业时,应有专人指挥。

(6)应在上切刀停止运动后送料。送料时,应放正、放平、放稳,手指不得接近切刀和压板,并不得将手伸进垂直压紧装置的内侧。

三、折扳机安全操作技术

★安全检查要点★

(1)作业前模具的检查。

★安全检查要点★

(2)上模具的紧固件和液压或气压系统的检查。

(3)后标尺挡板的检查。

★安全技术要点★

(1)作业前,应先校对模具,按被折板厚的1.5～2倍预留间隙,并进行试折,在检查并确认机械和模具装备正常后,再调整到折板规定的间隙,开始正式作业。

(2)作业中,应经常检查上模具的紧固件和液压或气压系统,当发现有松动或泄漏等情况,应立即停机,并妥善处理后,继续作业。

(3)批量生产时,应使用后标尺挡板进行对准和调整尺寸,并应空载运转,检查并确认其摆动应灵活可靠。

四、卷板机安全操作技术

★安全检查要点★

工件圆度的检查。

★安全技术要点★

(1)作业中,操作人员应站在工件的两侧,并应防止人手和衣服被卷入轧辊内。工件上不得站人。

(2)用样板检查圆度时,应在停机后进行。滚卷工件到末端时,应留一定的余量。

(3)滚卷较厚、直径较大的筒体或材料强度较大的工件时,应少量下降动轧辊,并应经多次滚卷成型。

(4)滚卷较窄的筒体时,应放在轧辊中间滚卷。

五、坡口机安全操作技术

★安全检查要点★

刀排、刀具的检查。

★安全技术要点★

(1)刀排、刀具应稳定牢固。

(2)当工件过长时,应加装辅助托架。

(3)作业中,不得俯身近视工件。不得用手摸坡口及擦拭铁屑。

六、法兰卷圆机安全操作技术

★安全检查要点★

(1)加工型钢的检查。

(2)安全措施的检查。

★安全技术要点★

(1)加工型钢规格不应超过机具的允许范围。

(2)当轧制的法兰不能进入第二道型辊时,不得用手直接推送,应使用专用工具送入。

(3)当加工法兰直径超过 1 000 mm 时,应采取加装托架等安全措施。

(4)作业时,人员不得靠近法兰尾端。

七、套丝切管机安全操作技术

★安全检查要点★

板牙头和板牙的检查。

★安全技术要点★

(1)应按加工管径选用板牙头和板牙,板牙应按顺序放入,板牙应充分润滑。

(2)当工件伸出卡盘端面的长度较长时,后部应加装辅助托架,并调整好高度。

(3)切断作业时,不得在旋转手柄上加长力臂。切平管端时,不得进刀过快。

(4)当加工件的管径或椭圆度较大时,应两次进刀。

八、弯管机安全操作技术

★安全检查要点★

(1)弯管机作业场所的检查。

(2)导板支承机构的检查。

★安全技术要点★

(1)弯管机作业场所应设置围栏。

(2)应按加工管径选用管模,并应按顺序将管模放好。

(3)不得在管子和管模之间加油。

(4)作业时,应夹紧机件,导板支承机构应按弯管的方向及时进行换向。

九、小型台钻安全操作技术

★安全检查要点★

(1)各部螺栓的检查。

(2)行程限位、信号等安全装置的检查。

(3)润滑系统、油量的检查。

(4)电气开关、接地或接零的检查。

(5)传动及电气部分的防护装置的检查。

(6)夹具、刀具的检查。

★安全技术要点★

(1)多台钻床布置时,应保持合适安全距离。

(2)操作人员应按规定穿戴防护用品,并应扎紧袖口。不得围围巾及戴手套。

(3)启动前应检查下列各项,并应符合相应要求:

1)各部螺栓应紧固;

2)行程限位、信号等安全装置应齐全有效;

3)润滑系统应保持清洁,油量应充足;

4)电气开关、接地或接零应良好;

5)传动及电气部分的防护装置应完好牢固;

6)夹具、刀具不得有裂纹、破损。

(4)钻小件时,应用工具夹持;钻薄板时,应用虎钳夹紧,并应在工件下垫好木板。

(5)手动进钻退钻时,应逐渐增压或减压,不得用管子套在手柄上加压进钻。

(6)排屑困难时,进钻、退钻应反复交替进行。

(7)不得用手触摸旋转的刀具或将头部靠近机床旋转部分,不得在旋转着的刀具下翻转、卡压或测量工件。

十、喷浆机安全操作技术

★安全检查要点★

料斗的检查。

★安全技术要点★

(1)开机时,应先打开料桶开关,让石灰浆流入泵体内部后,再开动电动机带泵旋转。

(2)作业后,应往料斗注入清水,开泵清洗直到水清为止,再倒出泵内积水,清洗疏通喷头座及滤网,并将喷枪擦洗干净。

(3)长期存放前,应清除前、后轴承座内的灰浆积料,堵塞进浆口,从出浆口注入机油约50 mL,再堵塞出浆口,开机运转约30 s,使泵体内润滑防锈。

十一、柱塞式、隔膜式灰浆泵安全操作技术

★安全检查要点★

(1)输送管路、垂直管道的检查。

(2)球阀、安全阀的检查。

(3)被输送的灰浆的检查。

(4)泵送过程中泵送压力的检查。

★安全技术要点★

(1)输送管路应连接紧密,不得渗漏;垂直管道应固定牢固;管道上不得加压或悬挂重物。

(2)作业前应检查并确认球阀完好,泵内无干硬灰浆等物,安全阀已调整到预定的安全压力。

(3)泵送前,应先用水进行泵送试验,检查并确认各部位无渗漏。

(4)被输送的灰浆应搅拌均匀,不得混入石子或其他杂物,灰浆稠度应为 80～120 mm。

(5)泵送时,应先开机后加料,并应先用泵压送适量石灰膏润滑输送管道,然后再加入稀灰浆,最后调整到所需稠度。

(6)泵送过程中,当泵送压力超过预定的 1.5 MPa 时,应反向泵送;当反向泵送无效时,应停机卸压检查,不得强行泵送。

(7)当短时间内不需泵送时,可打开回浆阀使灰浆在泵体内循环运行。当停泵时间较长时,应每隔 3～5 min 泵送一次,泵送时间宜为 0.5 min。

(8)当因故障停机时,应先打开泄浆阀使压力下降,然后排除故障。灰浆泵压力未达到零时,不得拆卸空气室、安全阀和管道。

(9)作业后,应先采用石灰膏或浓石灰水把输送管道里的灰浆全部泵出,再用清水将泵和输送管道清洗干净。

十二、挤压式灰浆泵安全操作技术

★安全检查要点★

(1)有无渗漏的检查。

(2)泵机和管路系统的检查。

★安全技术要点★

(1)使用前,应先接好输送管道,往料斗加注清水,启动灰浆泵,当输送胶管出水时,应折起胶管,在升到额定压力时,停泵、观察各部位,不得有渗漏现象。

(2)作业前,应先用清水,再用白灰膏润滑输送管道后,再泵送灰浆。

(3)泵送过程中,当压力迅速上升,有堵管现象时,应反转泵送 2～3 转,使灰浆返回料斗,

经搅拌后再泵送，当多次正反泵仍不能畅通时，应停机检查，排除堵塞。

(4)工作间歇时，应先停止送灰，后停止送气，并应防止气嘴被灰浆堵塞。

(5)作业后，应将泵机和管路系统全部清洗干净。

十三、水磨石机安全操作技术

★安全检查要点★

(1)混凝土强度的检查。

(2)电缆线、保护接零或接地的检查。

★安全技术要点★

(1)水磨石机宜在混凝土达到设计强度70%～80%时进行磨削作业。

(2)作业前，应检查并确认各连接件紧固，磨石不得有裂纹、破损，冷却水管不得有渗漏现象。

(3)电缆线不得破损，保护接零或接地应良好。

(4)在接通电源、水源后，应先压扶把使磨盘离开地面，再启动电动机，然后应检查并确认磨盘旋转方向与箭头所示方向一致，在运转正常后，再缓慢放下磨盘，进行作业。

(5)作业中，使用的冷却水不得间断，用水量宜调至工作面不发干。

(6)作业中，当发现磨盘跳动或异响，应立即停机检修。停机时，应先提升磨盘后关机。

(7)作业后，应切断电源，清洗各部位的泥浆，并应将水磨石机放置在干燥处。

十四、混凝土切割机安全操作技术

★安全检查要点★

(1)电动机接线、接零或接地、安全防护装置、锯片的检查。

(2)锯片运转方向、升降机构的检查。

★安全技术要点★

(1)使用前，应检查并确认电动机接线正确，接零或接地应良好，安全防护装置应有效，锯片选用应符合要求，并安装正确。

(2)启动后，应先空载运转，检查并确认锯片运转方向应正确，升降机构应灵活，一切正常后，开始作业。

(3)切割厚度应符合机械出厂铭牌的规定。切割时应匀速切割。

(4)切割小块料时，应使用专用工具送料，不得直接用手推料。

(5)作业中，当发生跳动及异响时，应立即停机检查，排除故障后，继续作业。

(6)锯台上和构件锯缝中的碎屑应采用专用工具及时清除。

(7)作业后，应清洗机身，擦干锯片，排放水箱余水，并存放在干燥处。

十五、通风机安全操作技术

★安全检查要点★

(1)通风机和管道安装的检查。

(2)通风机及通风管、通风情况的检查。

(3)主机和管件的连接、风扇转动、电流过载保护装置的检查。

★安全技术要点★

(1)通风机应有防雨防潮措施。

(2)通风机和管道安装应牢固。风管接头应严密,口径不同的风管不得混合连接。风管转角处应做成大圆角。风管安装不应妨碍人员行走及车辆通行,风管出风口距工作面宜为6～10 m。爆破工作面附近的管道应采取保护措施。

(3)通风机及通风管应装有风压水柱表,并应随时检查通风情况。

(4)启动前应检查并确认主机和管件的连接应符合要求、风扇转动应平稳、电流过载保护装置应齐全有效。

(5)通风机应运行平稳,不得有异响。对无逆止装置的通风机,应在风道回风消失后进行检修。

(6)当电动机温升超过铭牌规定等异常情况时,应停机降温。

(7)不得在通风机和通风管上放置或悬挂任何物件。

十六、离心水泵安全操作技术

★安全检查要点★

(1)水泵安装的检查。

(2)电动机与水泵、联轴节的螺栓、联轴节的转动部分的检查。

(3)管路支架的检查。

(4)排气阀的检查。

★安全技术要点★

(1)水泵安装应牢固、平稳,电气设备应有防雨防潮设施。高压软管接头连接应牢固可靠,并宜平直放置。数台水泵并列安装时,每台之间应有0.8～1.0 m的距离;串联安装时,应有相同的流量。

(2)冬期运转时,应做好管路、泵房的防冻、保温工作。

(3)启动前应进行检查,并应符合下列规定:

1) 电动机与水泵的连接应同心,联轴节的螺栓应紧固,联轴节的转动部分应有防护装置;

2)管路支架应稳固。管路应密封可靠,不得有堵塞或漏水现象;

3)排气阀应畅通。

(4)启动时，应加足引水，并应将出水阀关闭；当水泵达到额定转速时，旋开真空表和压力表的阀门，在指针位置正常后，逐步打开出水阀。

(5)运转中发现下列现象之一时，应立即停机检修：

1)漏水、漏气及填料部分发热；

2)底阀滤网堵塞，运转声音异常；

3)电动机温升过高，电流突然增大；

4)机械零件松动。

(6)水泵运转时，人员不得从机上跨越。

(7)水泵停止作业时，应先关闭压力表，再关闭出水阀，然后切断电源。冬期停用时，应放净水泵和水管中积水。

十七、潜水泵安全操作技术

★安全检查要点★

(1)潜水泵使用场所的检查。

(2)保护接零和漏电保护装置的检查。

(3)水位变化的检查。

(4)潜水泵的启动电压的检查。

(5)电动机定子绕组的绝缘电阻的检查。

★安全技术要点★

(1)潜水泵应直立于水中，水深不得小于 0.5 m，不宜在含大量泥沙的水中使用。

(2)潜水泵放入水中或提出水面时，不得拉拽电缆或出水管，并应切断电源。

(3)潜水泵应装设保护接零和漏电保护装置，工作时，泵周围 30 m 以内水面，不得有人、畜进入。

(4)启动前应进行检查，并应符合下列规定：

1)水管绑扎应牢固；

2)放气、放水、注油等螺塞应旋紧；

3)叶轮和进水节不得有杂物；

4)电气绝缘应良好。

(5)接通电源后，应先试运转，检查并确认旋转方向应正确，无水运转时间不得超过使用说明书规定。

(6)应经常观察水位变化，叶轮中心至水平面距离应为 0.5～3.0 m，泵体不得陷入污泥或露出水面。电缆不得与井壁、池壁摩擦。

(7)潜水泵的启动电压应符合使用说明书的规定，电动机电流超过铭牌规定的限值时，应停机检查，并不得频繁开关机。

(8)潜水泵不用时，不得长期浸没于水中，应放置在干燥通风处。

(9)电动机定子绕组的绝缘电阻不得低于 0.5 MΩ。

十八、深井泵安全操作技术

★安全检查要点★

(1)底座基础螺栓的检查。

(2)轴向间隙、调节螺栓的保险螺母的检查。

(3)填料压盖的检查。

(4)电动机轴承的检查。

(5)电动机转子和止退机构的检查。

(6)水泵的轴承或电动机填料处磨损情况的检查。

★安全技术要点★

(1)深井泵应使用在含砂量低于0.01%的水中,泵房内设预润水箱。

(2)深井泵的叶轮在运转中,不得与壳体摩擦。

(3)深井泵在运转前,应将清水注入壳体内进行预润。

(4)深井泵启动前,应检查并确认:

1)底座基础螺栓应紧固;

2)轴向间隙应符合要求,调节螺栓的保险螺母应装好;

3)填料压盖应旋紧,并应经过润滑;

4)电动机轴承应进行润滑;

5)用手旋转电动机转子和止退机构,应灵活有效。

(5)深井泵不得在无水情况下空转。水泵的一、二级叶轮应浸入水位1 m以下。运转中应经常观察井中水位的变化情况。

(6)当水泵振动较大时,应检查水泵的轴承或电动机填料处磨损情况,并应及时更换零件。

(7)停泵时,应先关闭出水阀,再切断电源,锁好开关箱。

十九、泥浆泵安全操作技术

★安全检查要点★

(1)泥浆泵安装的检查。

(2)各部位连接的检查。

(3)电动机旋转方向的检查。

(4)离合器的检查。

(5)管路连接、底阀的检查。

(6)运转中泥浆含砂量的检查。

★安全技术要点★

(1)泥浆泵应安装在稳固的基础架或地基上,不得松动。

(2)启动前应进行检查,并应符合下列规定:

1)各部位连接应牢固;

2)电动机旋转方向应正确;

3)离合器应灵活可靠;

4)管路连接应牢固,并应密封可靠,底阀应灵活有效。

(3)启动前,吸水管、底阀及泵体内应注满引水,压力表缓冲器上端应注满油。

(4)启动时,应先将活塞往复运动两次,并不得有阻梗,然后空载启动。

(5)运转中,应经常测试泥浆含砂量。泥浆含砂量不得超过10%。

(6)有多挡速度的泥浆泵,在每班运转中,应将几挡速度分别运转,运转时间不得少于30 min。

(7)泥浆泵换挡变速应在停泵后进行。

(8)运转中,当出现异响、电机明显温升或水量、压力不正常时,应停泵检查。

(9)泥浆泵应在空载时停泵。停泵时间较长时,应全部打开放水孔,并松开缸盖,提起底阀放水杆,放尽泵体及管道中的全部泥浆。

(10)当长期停用时,应清洗各部泥沙、油垢,放尽曲轴箱内的润滑油,并应采取防锈、防腐措施。

二十、真空泵安全操作技术

★安全检查要点★

(1)电机旋转方向与罩壳上箭头指向的检查。

(2)泵机空载真空度的检查。

(3)泵组、管道及工作装置的密封情况的检查。

★安全技术要点★

(1)真空室内过滤网应完整,集水室通向真空泵的回水管上的旋塞开启应灵活,指示仪表应正常,进出水管应按出厂说明书要求连接。

(2)真空泵启动后,应检查并确认电机旋转方向与罩壳上箭头指向一致,然后应堵住进水口,检查泵机空载真空度,表值显示不应小于96 kPa。当不符合上述要求时,应检查泵组、管道及工作装置的密封情况,有损坏时,应及时修理或更换。

(3)作业时,应经常观察机组真空表,并应随时做好记录。

(4)作业后,应冲洗水箱及滤网的泥沙,并应放尽水箱内存水。

(5)冬期施工或存放不用时,应把真空泵内的冷却水放尽。

二十一、手持电动工具安全操作技术

★安全检查要点★

(1)手持电动工具的砂轮和刀具安装的检查。

★安全检查要点★

(2)在雨期施工前或电动工具受潮后绝缘电阻的检查。

(3)外壳、手柄的检查。

(4)电缆软线及插头等、保护接零、开关动作的检查。

(5)各部防护罩装置的检查。

(6)电剪最大剪切厚度的检查。

(7)使用射钉枪时的检查。

★安全技术要点★

(1)使用手持电动工具时,应穿戴劳动防护用品。施工区域光线应充足。

(2)刀具应保持锋利,并应完好无损;砂轮不得受潮、变形、破裂或接触过油、碱类,受潮的砂轮片不得自行烘干,应使用专用机具烘干。手持电动工具的砂轮和刀具的安装应稳固、配套,安装砂轮的螺母不得过紧。

(3)在一般作业场所应使用Ⅰ类电动工具;在潮湿或金属构架等导电性能良好的作业场所应使用Ⅱ类电动工具;在锅炉、金属容器、管道内等作业场所应使用Ⅲ类电动工具;Ⅱ、Ⅲ类电动工具开关箱、电源转换器应在作业场所外面;在狭窄作业场所操作时,应有专人监护。

(4)使用Ⅰ类电动工具时,应安装额定漏电动作电流不大于 15 mA、额定漏电动作时间不大于 0.1 s 的防溅型漏电保护器。

(5)在雨期施工前或电动工具受潮后,必须采用 500 V 兆欧表检测电动工具绝缘电阻,且每年不少于 2 次。绝缘电阻不应小于表 2-3 的规定。

表 2-3　绝缘电阻

测量部位	绝缘电阻/MΩ		
	Ⅰ类电动工具	Ⅱ类电动工具	Ⅲ类电动工具
带电零件与外壳之间	2	7	1

(6)非金属壳体的电动机、电器,在存放和使用时不应受压、受潮,并不得接触汽油等溶剂。

(7)手持电动工具的负荷线应采用耐气候型橡胶护套铜芯软电缆,并不得有接头,水平距离不宜大于 3 m,负荷线插头插座应具备专用的保护触头。

(8)作业前应重点检查下列项目,并应符合相应要求:

1)外壳、手柄不得裂缝、破损;

2)电缆软线及插头等应完好无损,保护接零连接应牢固可靠,开关动作应正常;

3)各部防护罩装置应齐全牢固。

(9)机具启动后,应空载运转,检查并确认机具转动应灵活无阻。

(10)作业时,加力应平稳,不得超载使用。作业中应注意声响及温升,发现异常应立即停机检查。在作业时间过长,机具温升超过 60℃时,应停机冷却。

(11)作业中,不得用手触摸刃具、模具和砂轮,发现其有磨钝、破损情况时,应立即停机修整或更换。

(12)停止作业时,应关闭电动工具,切断电源,并收好工具。

(13)使用电钻、冲击钻或电锤时,应符合下列规定:

1)机具启动后,应空载运转,应检查并确认机具联动灵活无阻;

2)钻孔时,应先将钻头抵在工作表面,然后开动,用力应适度,不得晃动;转速急剧下降时,应减小用力,防止电机过载;不得用木杠加压钻孔;

3)电钻和冲击钻或电锤实行40%断续工作制,不得长时间连续使用。

(14)使用角向磨光机时,应符合下列要求:

1)砂轮应选用增强纤维树脂型,其安全线速度不得小于80 m/s。配用的电缆与插头应具有加强绝缘性能,并不得任意更换;

2)磨削作业时,应使砂轮与工件面保持15°~30°的倾斜位置;切削作业时,砂轮不得倾斜,并不得横向摆动。

(15)使用电剪时,应符合下列规定:

1)作业前,应先根据钢板厚度调节刀头间隙量,最大剪切厚度不得大于铭牌标定值;

2)作业时,不得用力过猛,当遇阻力,轴往复次数急剧下降时,应立即减少推力;

3)使用电剪时,不得用手摸刀片和工件边缘。

(16)使用射钉枪时,应符合下列规定:

1)不得用手掌推压钉管和将枪口对准人;

2)击发时,应将射钉枪垂直压紧在工作面上。当两次扣动扳机,子弹不击发时,应保持原射击位置数秒钟后,再退出射钉弹;

3)在更换零件或断开射钉枪之前,射枪内不得装有射钉弹。

(17)使用拉铆枪时,应符合下列规定:

1)被铆接物体上的铆钉孔应与铆钉相配合,过盈量不得太大;

2)铆接时,可重复扣动扳机,直到铆钉被拉断为止,不得强行扭断或撬断;

3)作业中,当接铆头子或并帽有松动时,应立即拧紧。

(18)使用云(切)石机时,应符合下列规定:

1)作业时应防止杂物、泥尘混入电动机内,并应随时观察机壳温度,当机壳温度过高及电刷产生火花时,应立即停机检查处理;

2)切割过程中用力应均匀适当,推进刀片时不得用力过猛。当发生刀片卡死时,应立即停机,慢慢退出刀片,重新对正后再切割。

第三章　施工现场常用机械性能及常见故障

第一节　土石方机械

一、单斗挖掘装载机

1. 单斗挖掘装载机的组成和性能

(1)单斗挖掘机的总体构造组成基本相同,主要由动力装置、传动系统、工作装置等组成,如图 3-1 所示。

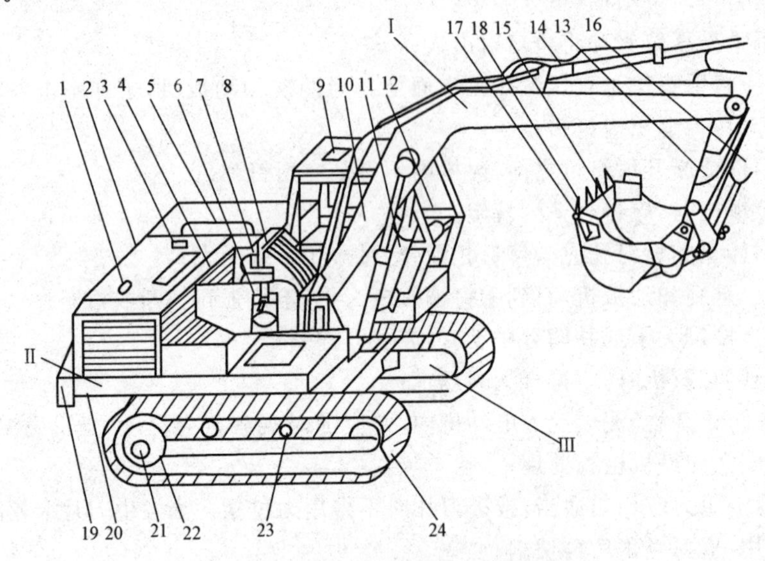

图 3-1　单斗液压挖掘机的总体构造

1—柴油机;2—机棚;3—液压泵;4—液压多路阀;5—液压油箱;6—回转减速器;7—液压电动机;8—回转接头;9—驾驶室;10、11—动臂及油缸;12—操纵台;13、14—斗杆及油缸;15、16—铲斗及油缸;17—边齿;18—斗齿;19—平衡重;20—转台;21—行走减速器与液压电动机;22—支重轮;23—托链轮;24—履带;Ⅰ—工作装置;Ⅱ—上部转台;Ⅲ—行走装置

1)动力装置。它是整机的动力源,大多采用水冷却多缸柴油机。

2)传动系统。作用是把动力传给工作装置、回转装置和行走装置,有机械传动、半液压传动与全液压传动三种形式。

3)工作装置。用来直接完成挖掘任务,包括动臂、铲斗和斗杆等,是可更换的,可以根据作业对象和施工的要求进行选用。

4)回转装置。作用是使转台以上的工作装置连同发动机、驾驶室等向左或右回转，以实现挖掘与卸料。

5)行走装置。作用是支承全机质量，并执行行驶任务。

6)操纵系统。作用是操纵工作装置、回转装置和行走装置的动作，有机械式、液压式、气压式和复合式等。

7)机棚。作用是盖住发动机、传动系统与操纵系统等，一部分作为驾驶室。

8)底座(机架)。全机的装配基础，除行走装置装在其下面外，其余组成部分都装在其上面。

(2)常用挖掘机的主要技术性能见表 3-1～表 3-3。

表 3-1　正铲挖土机的主要技术性能

项　目	单　位	型　号					
		W_1-50		W_1-100		W_1-200	
动臂倾角	°	45	60	45	60	45	60
最大挖土高度	m	6.5	7.9	8.0	9.0	9.0	10.0
最大挖土半径	m	7.8	7.2	9.8	9.0	12.5	10.8
最大卸土高度	m	4.5	5.6	5.6	6.8	6.0	7.0
最大卸土高度时卸土半径	m	6.5	5.4	8.0	7.0	10.2	8.5
最大卸土半径	m	7.1	6.5	8.7	8.0	10.0	9.6
最大卸土半径时卸土高度	m	2.7	3.0	3.3	3.7	3.75	4.7
停机面处最大挖土半径	m	4.7	4.35	6.4	5.7	7.4	6.25
停机面处最小挖土半径	m	2.5	2.8	3.3	3.6		

注：W_1-50 型斗容量为 0.5 m^3；W_1-100 型斗容量为 2.0 m^3；W_1-200 型斗容量为 2.0 m^3。

表 3-2　单斗液压反铲挖掘机的主要技术性能

项　目	单　位	型　号			
		WY40	WY60	WY100	WY160
铲斗容量	m^3	0.4	0.5	1～2.2	2.6
动臂长度	m			5.3	
斗柄长度	m			2	2
停机面上最大挖掘半径	m	6.9	8.2	8.7	9.8
最大挖掘深度时挖掘半径	m	3.0	4.7	4.0	4.5
最大挖掘深度	m	4.0	5.3	5.7	6.1
停机面上最小挖掘半径	m		3.2		3.3
最大挖掘半径	m	7.18	8.63	9.0	10.6
最大挖掘半径时挖掘高度	m	2.97	2.3	2.8	2
最大卸载高度时卸载半径	m	5.27	5.1	5.7	5.4
最大卸载高度	m	3.8	4.48	5.4	5.83

续表

项 目	单 位	型 号			
		WY40	WY60	WY100	WY160
最大挖掘高度时挖掘半径	m	6.37	7.35	6.7	7.8
最大挖掘高度	m	5.1	6.0	7.6	8.1

表 3-3　抓铲挖掘机的主要技术性能

项 目	型 号							
	W-501				W-1001			
抓斗容量/m^3	0.5				2.0			
伸臂长度/m	10				13		16	
回转半径/m	4.0	6.0	8.0	9.0	12.5	4.5	14.5	5.0
最大卸载高度/m	7.6	7.5	5.8	4.6	2.6	10.8	4.8	13.2
抓斗开度/m					2.4			
对地面的压力/MPa	0.062				0.093			
质量/t	20.5				42.2			

2. 单斗挖掘机的保养与维护

挖掘机的技术保养以 WY100 型液压挖掘机为例，技术保养内容如下。

(1)每班或累计工作 10 h 以后的保养维护技术。

1)柴油机的保养与维护参见柴油机说明书的规定。

2)检查液压油箱油面(新机器在 300 h 工作期间每班检查并清洗过滤器)。

3)工作装置的各加油点进行加油。

4)对回转齿圈齿面加油。

5)检查并清理空气过滤器。

6)检查各部分零件的连接，并及时紧固(新车在 60 h 内，对回转液压电动机、回转支承、行走液压电动机、行走减速液压电动机、液压泵驱动装置、履带板等处的螺栓应检查并紧固一次)。

7)进行清洗工作，特别是底盘部分的积土及电气部分。

8)检查油门控制器及连杆操纵系统的灵活性，及时对关节处加油并进行调整。

(2)每周或累计工作 100 h 以后的保养维护技术。

1)按柴油机说明书规定检查柴油机。

2)对回转支承及液压泵驱动部分的十字联轴器进行加油。

3)检查蓄电池，并进行保养。

4)检查管路系统的密封性及紧固情况。

5)检查液压泵吸油管路的密封性。

6)检查电气系统并进行清洗保养工作。

7)检查行走减速器的油面。

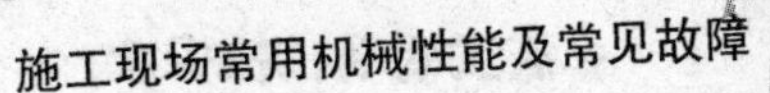

8)检查液压油箱(对新车 100 h 内清洗油箱,并更换液压油及纸质滤芯)。

9)检查并调整履带张紧度。

(3)每季或累计工作 500 h 的保养维护技术。

1)按柴油机说明书规定,进行维护保养。

2)检查并紧固液压泵的进油阀及出油阀(用专用工具)(新车应在 100 h 工作后检查并紧固一次)。

3)清洗柴油箱及管路。

4)新车进行第一次更换行走减速器内机油(以后每半年或 1 000 h 换一次)。

5)更换油底壳机油(在热车停车时立即放出)及喷油泵与调速器内润滑油(新车应在 60～100 h 内进行一次)。

6)新车对行车及回转补油阀进行紧固 1 次,清洗液压油冷却器。

WY100 型液压挖掘机的润滑周期及润滑剂型号见表 3-4。

表 3-4　WY100 型液压挖掘机润滑周期及润滑剂型号

润滑部位		润滑剂型号	润滑周期 (工作时间)/h	备　注
动力装置	油底壳	夏季:柴油机油 T14 号 冬季:柴油机油 T8 或 T11 号	新车:60 正常:300～500	
	喷油泵及调速器		500	
操纵系统	手柄轴套	ZG－2	20	
液压系统	工作油箱	低凝液压油(－35℃)	1 000	
		46 号稠化或德国 DIN 51524(Ⅱ) 液压油		
传动系统	十字联轴器	夏季:ZG－2	50	
		冬季:ZG－1		
	液压泵轴		50	
	回转滚盘滚道		50	
	多路回路接头		50	
	齿圈	ZG－8	50	
作业装置	各连接点	ZG－2	20	
底盘	走行减速箱	HJ－40	1 000	或换季节 换油
	张紧装置液压缸	ZG－2	调整履带时	
	张紧装置导轨面	ZG－2	50	
	上下支承轮	ZG－2	2 000	

3. 单斗挖掘机的常见故障及排除方法

单斗挖掘机油压系统工作中常见故障及排除方法见表 3-5～表 3-13。

表 3-5　油泵不出油

原　因	排除方法
系统中进入空气	各部连接处如有松动加以紧固；管路中的密封垫和油管如有损坏破裂，进行更换修复
轴承磨损严重	换新轴承
油液过黏	换规定的油料

表 3-6　油压不能增加到正常工作压力

原　因	排除方法
皮碗老化不封油或活塞卡死在过压阀打开的位置	换洗更换
过滤器太脏	清洗或更换
过压阀与阀座不密合	修磨或更换
油质不良	换油
油箱中的油位低	加油

表 3-7　蓄压器到操纵台的油路中油压迅速降低并恢复缓慢

原　因	排除方法
过滤器太脏	清洗或更换
管路损坏或渗油	紧固、焊修或更换

表 3-8　工作缸漏油

原　因	皮碗磨损，封油不良
排除方法	换新皮碗

表 3-9　旋转接头处漏油

原　因	密封圈磨损
排除方法	拧紧螺母，若仍漏油，可加密封圈或加 1 mm 厚垫圈

表 3-10　油管接头处漏油

原　因	螺母松动，喇叭头裂缝
排除方法	拧紧螺母，若仍漏油，则须修理或更换喇叭头部分

表 3-11　踏板制动器油缸活塞行程太小

原　因	刹车油少，有空气进入缸内
排除方法	添加刹车油，拧松缸体上的排气塞，踩几次踏板，将缸中空气挤出

表 3-12　操纵阀工作不平稳

原　因	排除方法
导杆或阀杆移动不灵活	清洗或用 TON 版研剂轻研几下,阀杆与阀体最大配合间隙为 0.015 mm
弹簧或其他零件损坏	换新零件,装配前用汽油洗涤并加润滑

表 3-13　操纵阀打开后,阀杆被卡住

原　因	阀杆与阀体间有污物进入
排除方法	可来往扳动手柄,必要时更换该操纵阀
注意事项	此故障可能引起事故。因手柄已扳到断开位置而被操纵机构仍未脱开。如提升动臂,动臂就可能被翻到挖掘机身后去。倘若遇此情况,应立即分离主离合器,切断动力,并使用制动器

二、推土机

1. 推土机的组成和性能

(1)推土机主要由发动机、底盘、液压系统、电气系统、工作装置和辅助设备等组成,如图 3-2所示。

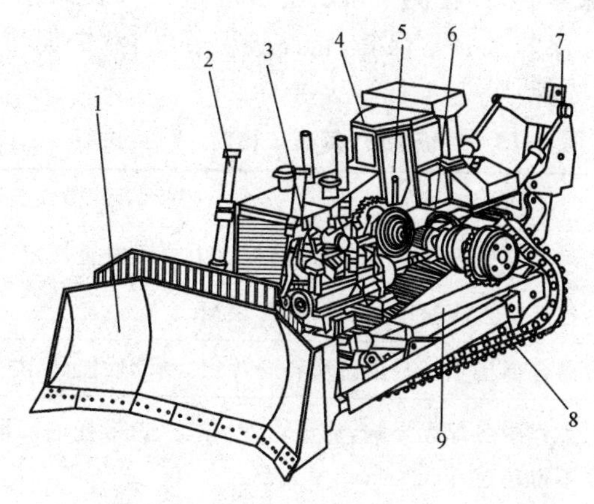

图 3-2　推土机

1—铲刀;2—液压系统;3—发动机;4—驾驶室;5—操纵机构;
6—传动系统;7—松土器;8—行走装置;9—机架

(2)推土机的主要技术性能有发动机额定功率、机重、最大牵引力和铲刀的宽度及高度等,其中功率是最主要的技术性能。常用推土机的主要技术性能见表 3-14。

表 3-14　常用推土机的主要技术性能

技术性能	型　号				
	T3-100	T-120	上海-120A	T-180	T-220
铲刀(宽×高)/mm	3 030×1 100	3 760×1 100	3 760×1 000	4 200×990	3 725×1 315
最大提升高度/mm	900	1 000	1 000	1 260	1 210

续表

技术性能		型号				
		T3-100	T-120	上海-120A	T-180	T-220
最大切土深度/mm		180	300	330	530	540
移动速度/(km/h)	前进	2.36～10.13	2.27～10.44	2.23～10.22	2.43～10.12	2.5～9.9
	后退	2.79～7.63	2.73～8.99	2.68～8.82	3.16～9.78	3.0～9.4
额定牵引力/kN		90	120	130	188	240
发动机额定功率/hp		100	135	120	180	220
对地面压力/MPa		0.065	0.059	0.064		0.091
外形尺寸	长/m	5.0	6.596	5.366	7.176	6.79
	宽/m	3.03	3.76	3.76	4.2	3.725
	高/m	2.992	2.875	3.01	3.091	3.575
总质量/t		13.43	14.7	16.2		27.89

2. 推土机的保养与维护

推土机一般实行四级保养制，因检测手段的进步和重视低级保养，目前较多的是实行三级保养制，主要是加强一、二级保养和日常保养，将高级保养结合"定期检查、按需修理"进行。各级保养项目及要求(发动机除外)见表3-15～表3-18。

表3-15　每班保养(每班工作前、中、后进行)

项　目	内　容
检查操纵机构、主离合器	离合器操纵杆拉力正常，踏板自由行程符合规定，离合器接合时无异响
检查各部螺栓情况	各部螺栓应紧固、无松动、无缺损
检查转向离合器情况	离合器操纵杆自由行程符合规定，制动性能好，并能平稳急转弯
检查行走机构情况	工作中各部无异响，支重轮、引导轮、轮带托的润滑油不足时添加；各轴承温度不得超过65℃
检查动力绞盘工作状况	各转动部件工作应正常，不得有过热现象
检查各管路接头	液压输油管路各接头处紧固良好、无渗漏现象；各胶管不得破损
清洁工作	工作后清除铲刀、绞盘、液压装置的油污和机体上的灰尘和油污
润滑工作	按润滑规定加注润滑油

表3-16　一级保养(每隔50～70 h进行)

项　目	内　容
进行每班保养的全部项目	见表3-15
检查变速器	变速器、最终传动齿轮箱的油箱油应充足，油封不得有漏油现象
检查液压油箱	油量不足时应加至规定油面，各胶管不得破损或裂纹

续表

项　目	内　容
检查动力绞盘	润滑油必须充足，各密封处不得漏油
检查履带松紧度	履带正常下挠度应符合规定，否则应进行调整；各履带销轴及锁销均应完好
检查各部滑轮	清除表面油污，滑轮边缘不得破损，各轴承润滑良好，转动灵活
检查钢丝绳	如钢丝绳在捻距内断裂、断股或磨损超过规定，应更换

表 3-17　二级保养(每隔 300～500 h 进行)

项　目	内　容
进行一级保养的全部项目	见表 3-16
检查转向离合器	校验转向离合器的工作效能，必要时进行调整
检查操纵机构接头	各连接处均应完好，操纵杆最前限位位置到开始移动助力器活塞的自由行程应符合规定
检查制动器踏板	制动踏板的自由行程应符合标准
检查动力绞盘、离合器和制动器	清除各部油污，紧固连接螺栓；离合器和制动器均应灵敏有效，温度不得超过55℃
检查液压油泵和分配阀	工作应正常，各密封处不得有渗漏现象，各管路接头处紧固良好
检查刀片或松土器齿的磨损情况	必要时修焊刃口、刃角或更换新件
检查各机件完好情况	机件不得有扭曲，焊缝不得有裂纹；否则应修复或焊补，必要时更换新件
检查各铰接处	各部销轴、衬套、开口销及垫片等均需完好，如有磨坏缺损，应修复或更换
清洗各铰接点	清洗各铰接点的污垢，并加注润滑油

表 3-18　三级保养(每隔 1 200～1 500 h 进行)

项　目	内　容
进行二级保养的全部项目	见表 3-17
拆检主离合器	检查前、后分离轴承
	检查压脚与弹簧
	检查压板，清洗并更换老化、开裂、露出铆钉头的摩擦片
	检查帆布连接块及销子
	检查花键轴和花键套的技术状况
拆检变速器及最终传动齿轮箱	检查调整各齿轮副的啮合情况
	检查各轴承的磨损情况，调整间隙
拆检变速器及最终传动齿轮	检查变速器锁定装置的技术状况
	检查最终传动齿轮箱内各零件、齿轮及轴承，并更换已损零件
拆检其他传动装置	传动齿轮副、卷筒轴、离合器螺母、各轴承等均须完好
	检查各滑轮和壳体，更换卷筒润滑油
	检查锥形鼓，清洗、校正或更换摩擦片

续表

项目		内容
检查调整转向离合器		调整制动器间隙，紧固各接盘，并检查离合器片及制动带的情况
拆检行走机构	检查轨链板、销轴、引导轮、支重轮及托带轮的磨损情况	修复或更换已损零件
	检查各轴、轴承、油封、轴套	修复或更换已损零件
	检查机架及横向板簧	不得有损伤或裂纹，否则应修复或更换
	检查轨链的调整螺栓、中心螺栓	不得有损伤、锈蚀、扭曲等，否则应修复或更换
	检查引导轮、拐轴及大衬套	磨损过大时，应修复或更换
检查调整动力绞盘		检查齿轮、轴承、油封等情况，更换齿轮油
检查双臂的变形和焊缝		校正变形及焊补焊缝
拆检液压传动装置		检查油泵、操纵阀、油缸、活塞的磨损情况，必要时更换；顶杆不得有弯曲；清洗贮油箱及滤网；检查油泵传动箱情况，必要时换件

3. 推土机的常见故障及排除方法

推土机的常见故障及排除方法见表 3-19～表 3-23。

表 3-19　推土板、松土器升不起或上升力弱

原因	排除方法
溢流阀压力调节不符合要求	调整压力到要求值
油缸内泄	检查或更换组件
换向阀卡紧或内泄	检查或更换阀组件
油面过低，进油滤油器堵塞	加足油，清洗滤油器
供油泵有问题	检查或更换泵

表 3-20　推土机自由下落量大

原因	排除方法
油缸内泄	检查或更换组件
控制阀内泄	检查或更换组件

表 3-21　操作杆沉重

原因	排除方法
操作杆机构有问题	检查或更换不合格零件
控制阀阀芯卡紧（制造、安装和污物问题）	检查或更换不合格零件；清洗阀件；检查液压油清洁度

表 3-22　液力变矩器无力、动力换挡失灵、油温过高

原　因	排除方法
液力油不足	检查变矩器油质量(是否误用液压传动用油)、用量
调压不当	检查变矩器调压阀及调定压力值
背压不足	检查变矩器背压阀及调定压力值
快回阀、减压阀、动力变速器、换向阀出现卡死、内泄漏	检查阀卡死原因并做相应排除
油污严重	过滤或更换液力油
油温升高过大	检查冷却器是否有问题,检查液力油质量

表 3-23　转向不灵活

原　因	排除方法
转向器有问题	检查转向器并做相应排除
转向阀阀芯卡死或内泄过大	检查转向阀阀件并做相应排除
转向器和离合器内弹簧失灵	检查转向器、离合器内弹簧并做相应排除
油液污染严重	检查油液质量并做相应排除

三、自行式铲运机

1. 自行式铲运机的组成和性能

(1)自行式铲运机主要由发动机、单轴牵引车、前轮、转向支架、转向液压缸、辕架、提升油缸、斗门、斗门油缸、铲斗、后轮、尾架、卸土板和卸土油缸等组成,如图 3-3 所示。

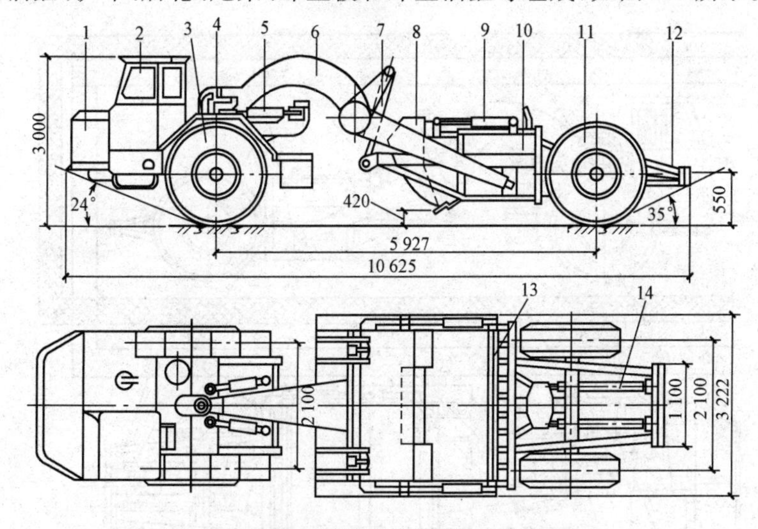

图 3-3　自行式铲运机(CL7 型)(单位:mm)

1—发动机;2—单轴牵引车;3—前轮;4—转向支架;5—转向液压缸;6—辕架;7—提升油缸;8—斗门;9—斗门油缸;10—铲斗;11—后轮;12—尾架;13—卸土板;14—卸土油缸

(2)自行式铲运机的技术性能见表 3-24。

表 3-24　自行式铲运机的技术性能

项　目		C3～6	C4～7	CL7
铲斗	几何容量/m^3	6	7	7
	堆尖容量/m^3	8	9	9
	铲刀宽度/mm	2 600	2 700	2 700
	切土深度/mm	300	300	300
	铺土厚度/mm	380	400	
	铲土角度/(°)	30		
最小转弯半径/m			6.7	
操纵形式		液压及钢绳	液压及钢绳	液压
功率/hp		120	160	180
卸土方式		强制式	强制式	
外形尺寸	长/m	10.39	9.7	9.8
	宽/m	3.07	3.1	3.2
	高/m	3.06	2.8	2.98
质量/t		14	14	15

2. 自行式铲运机的保养与维护

CL7 型铲运机的润滑部位与周期见图 3-4 和表 3-25。

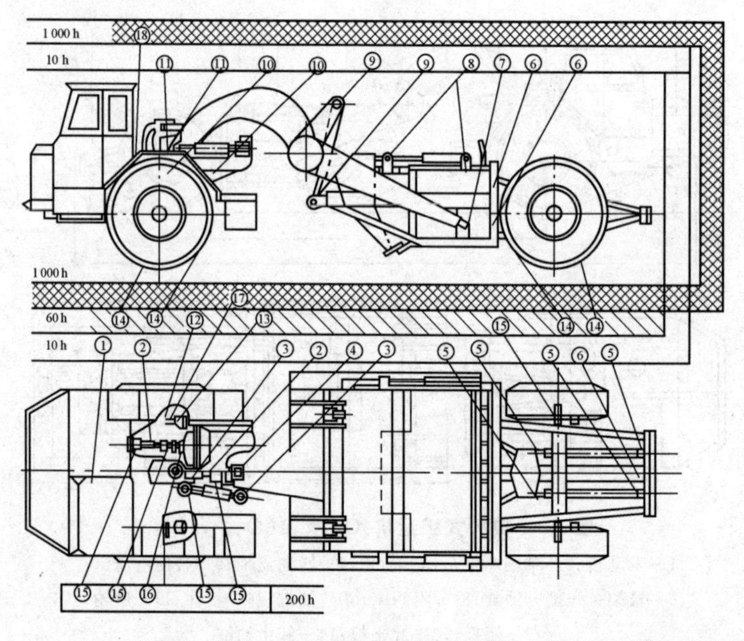

图 3-4　CL7 型铲运机的润滑部位与周期

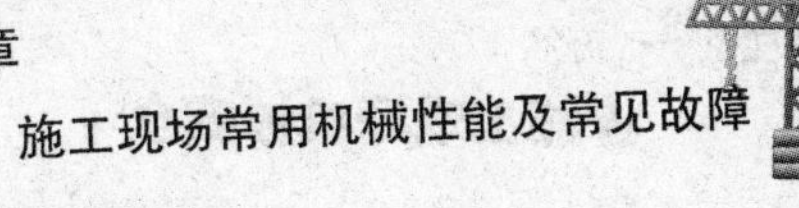
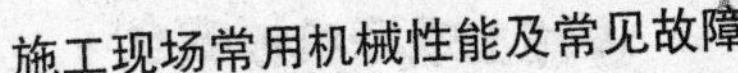

表 3-25　CL7 型铲运机的润滑部位与周期

润滑点序号	润滑部位	滑润剂型号	润滑周期(工作时间)/h
1	换挡架底部轴承	ZG—3	10
2	传动轴伸缩叉	ZG—3	10
3	转向液压缸圆柱销	ZG—3	10
4	换向机构曲柄	ZG—3	10
5	卸土液压缸圆柱销	ZG—3	10
6	滚轮	ZG—3	10
7	辕架球铰	ZG—3	10
8	斗门液压缸圆柱销	ZG—3	10
9	提斗液压缸圆柱销	ZG—3	10
10	中央枢架水平轴	ZG—3	10
11	中央枢架上下立轴	ZG—3	10
12	凸轮轴支架	ZG—3	60
13	气室前端	ZG—3	60
14	制动器柱销及凸轮轴	ZG—3	60
15	十字头滚针	HJ—30	20
16	变矩器前壳体轴承	ZG—3	20
17	调整臂蜗轮蜗杆	ZG—3	1 000
18	操纵阀手柄座	ZG—3	1 000

3. 自行式铲运机的常见故障及排除方法

自行式铲运机的常见故障及排除方法见表 3-26～表 3-33。

表 3-26　变矩器出口压力低

原　因	排除方法
油位低	加注到标准油位
漏油	检查、排除
油底壳滤网堵塞	更换过滤器或清洗滤网
液压泵有缺陷	检查、修理或更换
主调压阀有毛病	检查、修理或更换
变矩输入安全阀过早开启	检查、修理或更换
润滑油阀过早开放	检查、修理或更换

表 3-27　油温高且温升快

原　因	排除方法
油位低	加注到标准油位
油位高	放出到标准油位

续表

原　因	排除方法
冷却器堵塞或不清洁	清洗
一个或两个导轮致高速时不开放、不旋转	重装变矩器
高挡低速行驶	变到较低挡
铲运机制动器不放松	调整制动器

表 3-28　油液出现气泡

原　因	排除方法
离合器打滑	清洗、修理或更换零件
变速操纵杆挡位与变速杆不对位	重新调整换挡操纵杆系

表 3-29　各挡位主油压低

原　因	排除方法
油位低	检查并加到标准油位
润滑油系统漏油	检查、排除
主调压阀失灵	检查、调整、修理
液压泵磨损	检查、修理
液压泵漏气	检查、修理
离合器活塞油腔进油管不通或过滤网堵塞	清洗滤网，检查、排除

表 3-30　一个挡无动力传递

原　因	排除方法
离合器压力只在一个挡	检查密封环是否损坏、纸垫是否错位
离合器打滑	检查、调整、修理
油位低	加注到标准油位

表 3-31　斗体升降缓慢或失灵

原　因	排除方法
液压泵吸不上油	检查液压泵和进油道
操纵阀失灵	检查操纵阀和操纵杆
液压缸动作失灵	检查管路和液压缸油压有否内漏

表 3-32　铲斗降不下来

原　因	排除方法
液压缸堵塞，活塞杆卡住	检查、修理或更换
斗体铰接处卡住	修理变形处

表 3-33　斗门、卸土板不能正常动作

原　因	排除方法
液压系统压力不够	检查、调整或更换
零件变形	校正变形件

四、拖式铲运机

1. 拖式铲运机的组成和性能

(1)拖式铲运机主要由拖把、前轮、油管、辕架、工作油缸、斗门、铲斗、机架、后轮和拖拉机等组成，如图 3-5 所示。

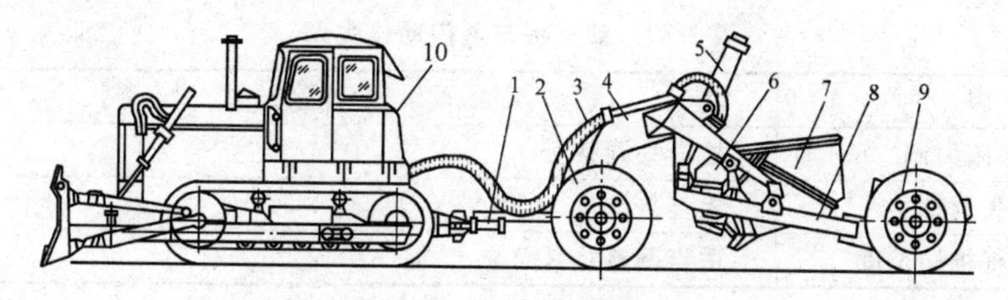

图 3-5　拖式铲运机(CTY2.5 型)

1—拖把；2—前轮；3—油管；4—辕架；5—工作油缸；6—斗门；7—铲斗；8—机架；9—后轮；10—拖拉机

(2)拖式铲运机的技术性能见表 3-34。

表 3-34　拖式铲运机的技术性能

项　目		C6～2.5	C5～6	C3～6
铲斗	几何容量/m^3	2.5	6	6～8
	堆尖容量/m^3	2.75	8	
	铲刀宽度/mm	1 900	2 600	2 600
	切土深度/mm	150	300	300
	铺土厚度/mm	230	380	
	铲土角度/(°)	35～68	30	30
最小转弯半径/m		2.7	3.75	
操纵形式		液压	钢绳	
功率/hp		60	100	
卸土方式		自由	强制式	
外形尺寸	长/m	5.6	8.77	8.77
	宽/m	2.44	3.12	3.12
	高/m	2.4	2.54	2.54
质量/t		2.0	7.3	7.3

2. 拖式液压铲运机的常见故障及排除方法

拖式液压铲运机常见故障及排除方法见表 3-35～表 3-39。

表 3-35 斗门打不开或抬不到相应高度

原因	排除方法
管路漏油	焊修漏缝或更换
斗门网丝绳松紧度不适	调整网丝绳长度
斗门钢丝松紧度不适	调整钢丝绳长度

表 3-36 铲斗下插或抬起力不足,达不到最大深度要求

原因	排除方法
提斗两液压缸有漏损	更换密封件
提斗液压缸有漏损	检查管路并修理,检查密封件并更换

表 3-37 卸土板与斗门动作失调

原因	排除方法
单向顺序阀失调	检查并调整
转阀失调	检查并调整
检查联动拉杆机构长度	适当调整并紧固

表 3-38 动作时出现冲击声,有金属摩擦噪声

原因	排除方法
拖把牵引销轴螺母间隙过大	调整间隙到适度
球铰链间隙变大	调整间隙到适度
其他铰链和配合处间隙过大	调整间隙到适度
相应润滑部位缺油	按时加足润滑油脂

表 3-39 轮胎压力不足

原因	排除方法
气门嘴漏气	更换气门嘴
内胎慢性漏气	修补内胎或更换

五、振动压路机

1. 振动压路机的组成和性能

(1)振动压路机外形如图 3-6 和图 3-7 所示。

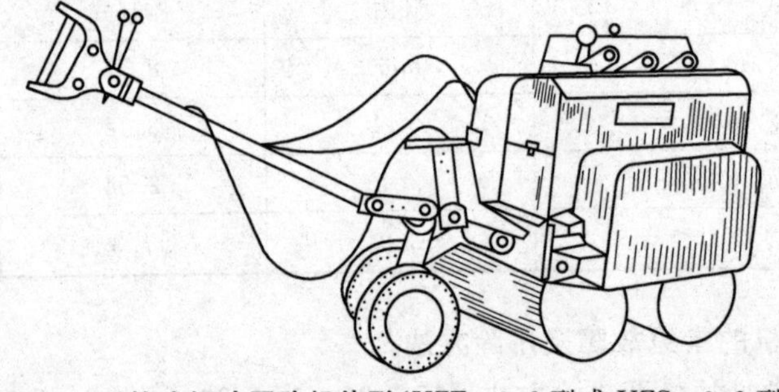

图 3-6 手扶式振动压路机外形(YZF—0.6 型或 YZS—0.6 型)

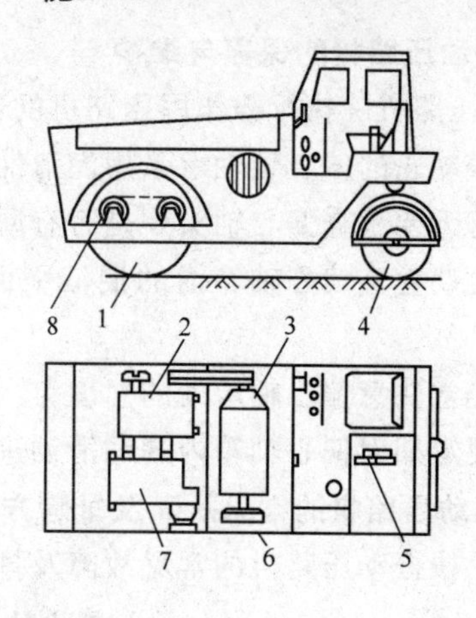

图 3-7　YZ4.5 型振动压路机外形和构造

1—振动轮(驱动轮);2—分动箱;3—柴油箱;
4—转向轮;5—操纵机构;6—机架;7—变速箱;8—减振环

(2)常用振动压路机的主要技术性能见表 3-40。

表 3-40　常用振动压路机的主要技术性能

项　目		型　号				
		YZS0.5B 手扶式	YZ2	YZJ7	YZ10P	YZJ14 拖式
质量/t		0.75	2.0	6.53	10.8	13.0
振动轮直径/mm		405	750	1 220	1 524	1 800
振动轮宽度/mm		600	895	680	2 100	2 000
振动频率/Hz		48	50	30	28/32	30
激振力/kN		12	19	19	197/137	290
单位线压力/(N/cm)	静线压力	62.5	134		257	650
	动线压力	100	212		938/625	1 450
	总线压力	162.5	346		1 195/909	2 100
行走速度/(km/h)		2.5	2.43～5.77	9.7	4.4～22.6	
牵引功率/kW		3.7	13.2	50	73.5	73.5
转速/(r/min)		2 200	2 000	2 200	1 500/2 150	1 500
最小转弯半径/m		2.3	5.0	5.13	5.2	
爬坡能力/(%)		40	20		30	
外形尺寸	长/mm	2 400	2 635	4 750	5 370	5 535
	宽/mm	790	1 063	1 850	2 356	2 490
	高/mm	1 060	1 630	2 290	2 410	1 975

2. 振动压路机的保养与维护

振动压路机除执行静作用压路机的保养与维护要求外，还需注意下列几点：

(1)振动轮的偏心轴轴承采用润滑油润滑，驱动轴承采用润滑脂润滑。

(2)每天要检查偏心轴头处是否有漏油现象。

(3)定期检查偏心轴箱内的油液平面，不足时应添加。每两个月对左右驱动轴承加注润滑脂。

(4)经常注意偏心轴承处的温度。

(5)要定期对偏心轴箱内的润滑油进行清洗及更换。

3. 振动压路机的常见故障及排除方法

(1)手扶振动压路机的常见故障及排除方法见表 3-41～表 3-45。

表 3-41　无振动或激振动不足

原　因	排除方法
传动带打滑	张紧或更换传动带
振动离合器摩擦片磨损打滑	调整离合器摩擦片间隙或更换摩擦片
操作手柄动作不准确可靠	拧紧或增补固定螺栓

表 3-42　行走换向变速不灵

原　因	排除方法
离合器摩擦片磨损打滑	调整离合器摩擦片间隙或更换摩擦片
操作手柄动作不准确可靠	拧紧或增补固定螺栓

表 3-43　下降不灵活

原　因	排除方法
泵内液压油过多，超过注油口位置	放掉多余的液压油
零件配合较紧	调整

表 3-44　压路机后轮升不到位

原　因	泵内液压油不足
排除方法	按规定加足液压油

表 3-45　上升缓慢，或泵不起来，或泵起后有缓慢下落现象

原　因	排除方法
卸载阀因阀座内有污物，使其开闭不严	可用榔头轻敲几下卸载阀调节螺钉，敲击时应垫上垫板，以免调节螺钉变形损坏
单向阀因阀座内有污物，失去密封性，导致一泵即起，一松即落，并且操作手柄同时弹起	拧下油口堵塞，取出弹簧，用铜或铝棒垫在铜球上，轻轻敲击阀座

续表

原　因	排除方法
单向阀关闭不严、失灵；操作手柄不能随意停留，自行下落	可用铜榔头在泵油缸底座下表面敲几下，若仍不能排除故障则应拆下泵油缸，拧下油口堵塞，取出弹簧，用铜或铝棒垫在铜球上，轻轻敲击阀座
活塞杆与工作油缸盖之间密封不严	更换工作油缸盖用密封件
卸载阀未顶起压路机后轮即开启	顺时针方向旋转卸载阀调节螺钉，直到后轮顶起为止，并用锁紧螺母将调节螺钉锁紧
空气因卸载阀上的密封圈损坏，被吸入液压系统	更换O型密封圈，并排除泵内空气
空气通过过滤网处的油口堵塞被吸入液压系统	拧紧油口堵塞
空气因泵活塞用密封圈磨损失效，被吸入液压气流，此时在泵活塞周围可以观察到少量渗油	更换泵活塞用密封圈
在运输和维护过程中，空气可能从储油桶进入泵油缸	除去泵内空气

(2)自行式振动压路机的常见故障及排除方法见表3-46～表3-64。

表3-46　离合器打滑

原　因	排除方法
离合器压板与离合器摩擦片以及离合器摩擦片之间接触不均匀，或间隙太大	拆卸调整，或在分动器内把调整螺母旋转，使间隙达到合适
离合器摩擦片过度磨损	更换新摩擦片
离合器压板与离合器摩擦片以及离合器摩擦片之间有污物	拆卸并清洗离合器压板及摩擦片，更换新油
离合器操纵机构的拉杆长短不合适	调整拉杆长度

表3-47　离合器脱不开

原　因	排除方法
离合器盘形弹簧太弱	更换新盘形弹簧
离合器摩擦片烧坏	拆卸更换新摩擦片
离合器压板与离合器摩擦片间隙太小	将调整螺母旋转，间隙调到合适

表3-48　离合器推不上

原　因	排除方法
离合器压板与离合器摩擦片间隙过小	调整螺母退回
离合器操纵机构的拉杆长短不合适	调整拉杆长度

表3-49　分动器内发出不正常的噪声

原　因	排除方法
轴承磨损过大发生松动	更换轴承
齿轮过度磨损	更换齿轮
箱内用油不对	更换合适的油

表 3-50 分动器过度发热

原 因	排除方法
离合器摩擦片间隙太小	调整调节螺母,使间隙调大
离合器摩擦片歪斜	拆卸离合器,校平摩擦片
离合器摩擦片压不住,打滑	调整摩擦片间隙
箱内用油不对	更换合适的油

表 3-51 变速机构跳挡

原 因	排除方法
变速杆定位装置的弹簧太弱	调整或更换定位弹簧
齿轮齿部磨损过大	更换齿轮

表 3-52 变速器不能啮合

原 因	排除方法
齿轮磨损过大	更换齿轮
变速叉磨损过大	修补或更换变速叉

表 3-53 变速操纵手柄位置不对

原 因	排除方法
变速操纵机构的拉杆长短不适	调整拉杆长短
长变速杆的销孔位不对,或销钉退出	重装销钉或重钻销孔或将销钉打紧旋牢

表 3-54 变速器发出不正常噪声

原 因	排除方法
轴承磨损过大,发生松动	更换轴承
齿轮过度磨损	更换齿轮
花键轴过度磨损	修补或更换新花键轴
齿轮油过少或过稀	加注齿轮油到规定平面或更换合适黏度的齿轮油

表 3-55 终传动有较大的响声

原 因	排除方法
链条没张紧	调节张紧轮
链条和齿轮缺油	重新加足润滑油

表 3-56 振动轮中的振动箱发热

原 因	排除方法
振动箱中加油量不足或过多	重新调整振动箱中油量
偏心振动轴轴承进入污物	清洗振动箱污物

表 3-57　振动轮行走中有冲击

原　因	排除方法
两边大铜套磨损过大	更换铜套
减振环龟裂	更换减振环

表 3-58　刹车机构失灵或发热

原　因	排除方法
刹车带与刹鼓之间的间隙过大或过小	调节螺母使间隙合适
刹车带磨损	更换刹车带
刹车带磨损面有油污	清除油污
钢丝绳过长	调整钢丝绳长度

表 3-59　刮泥板不能清除轮面的附着物

原　因	排除方法
压紧刮泥板的弹簧松弛	调整弹簧
刮泥板与轮面的间隙过大	调整刮泥板与轮面的间隙

表 3-60　液压泵不出油或出油量不足,压力表油压过低

原　因	排除方法
储油箱内油液不足	补充油液
滤油器上污物太多,甚至已堵塞	将滤网取出用煤油清洗
天气冷油质变厚	更换合适油液
安全阀弹簧松动	适当调整
管道接头不密封或管道堵塞	检查修理
油压表损坏	更换新油压表
液压泵传动带打滑	调整传动带紧度
齿轮液压泵内零件损坏	拆卸检修齿轮液压泵

表 3-61　液压系统发热或漏油

原　因	排除方法
储油箱内油液不足	补充油液
压力表油压过大	调整安全阀压力
油管内有污物,流通不顺	清洗油管
油液过薄或过厚	更换合适的油
管接头松动	重新旋紧接头

表 3-62　转向轮转向和起振离合器操纵迟缓无力

原　因	排除方法
液压泵油量不足	调整液压泵传动带，检查管道是否漏损
控制阀内部漏损过大	更换控制阀柱塞，使配合间隙保持在 0.01～0.02 mm
工作液压缸磨损过大	更换皮碗或活塞
油压不足	调整安全阀弹簧
油封盖过紧	将油封盖松开
活塞杆生锈	磨光活塞杆并涂上润滑油

表 3-63　行走速度慢

原　因	排除方法
发动机到分动器的三角带太松	调节张紧轮使三角带张紧
三条三角带长度相差太大或已失效	重新更换三角带
柴油机的油门操纵机构松脱	调整油门操纵机构

表 3-64　振动频率上不去

原　因	排除方法
张紧弹簧太弱	重新更换张紧弹簧
柴油机的油门操纵机构松脱	调整油门操纵机构
发动机到分动器的三角带太松	调节张紧轮使三角带张紧

六、静作用压路机

1. 静作用压路机的组成和性能

(1)静作用压路机的组成。

1)光轮压路机。其构造组成如图 3-8 所示，其工作装置由几个用钢板卷成或用铸钢铸成的圆柱形中空(内部可装压重材料)的滚轮组成。

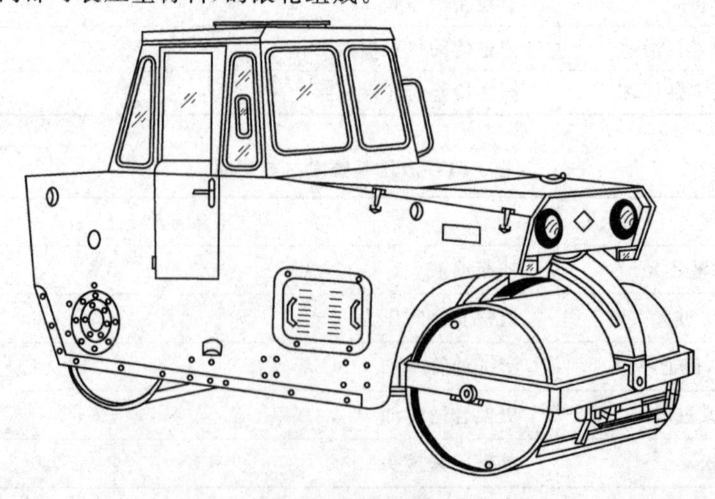

图 3-8　光轮压路机

2)轮胎压路机。其构造组成如图 3-9 所示,轮胎式压路机的轮胎前后错开排列,一般前轮为转向轮,后轮为驱动轮,前、后轮胎的轨迹有重叠部分,使之不致漏压。

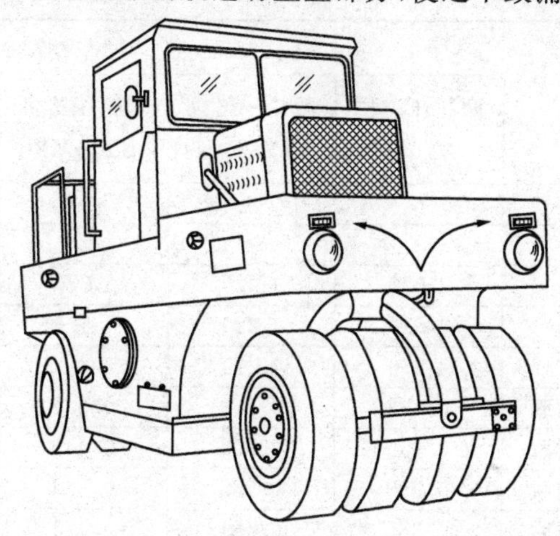

图 3-9　轮胎压路机

3)羊足碾。拖式单滚羊足碾构造组成如图 3-10 所示。各种羊足的外形如图 3-11 所示,羊足的尺寸和形状对土的压实质量和压实效果有直接影响,羊足的高度和碾轮的直径之比应控制在 1∶8～1∶5。为使羊足经久耐用,在羊足的尖端部位常堆焊一层耐磨锰钢。

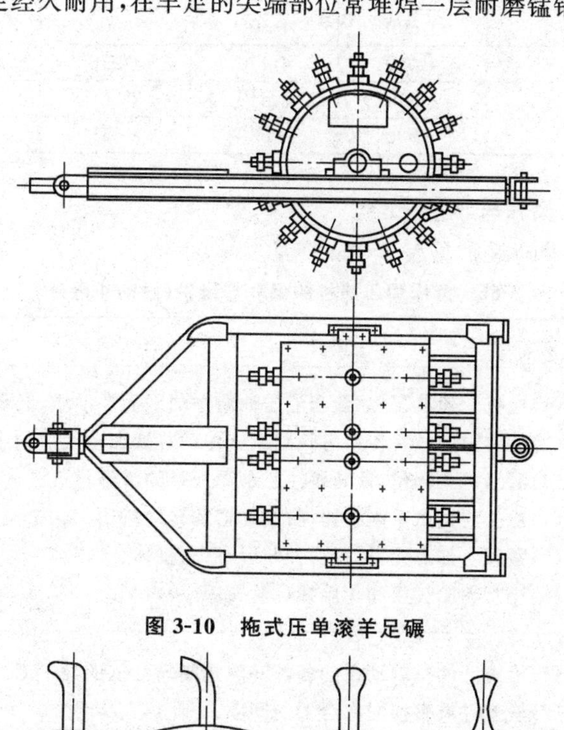

图 3-10　拖式压单滚羊足碾

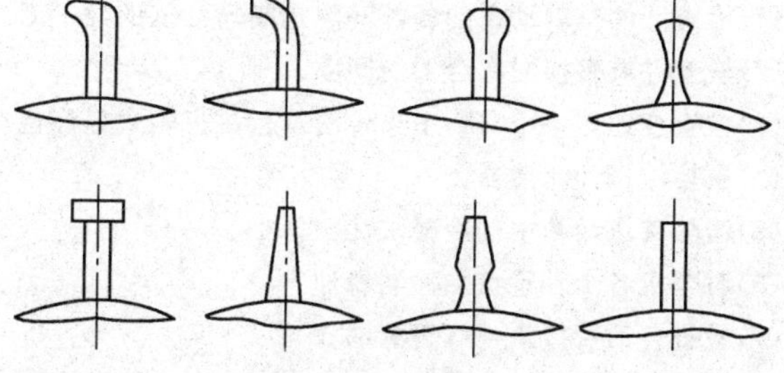

图 3-11　各种羊足的外形

(2)常用静作用压路机的主要技术性能见表 3-65。

表 3-65　常用静作用压路机的主要技术性能

项　目			型　号				
			两轮压路机 2Y6/8	两轮压路机 2Y8/10	三轮压路机 3Y10/12	三轮压路机 3Y12/15	三轮压路机 3Y15/18
质量/t	不加载		6	8	10	12	15
	加载后		8	10	12	15	18
压轮直径/mm	前轮		1 020	1 020	1 020	1 120	1 170
	后轮		1 320	1 320	1 500	1 750	1 800
压轮宽度/mm			1 270	1 270	530×2	530×2	530×2
单位压力/(kN/cm)	前轮	不加载	0.192	0.259	0.332	0.346	0.402
		加载后	0.259	0.393	0.445	0.470	0.481
	后轮	不加载	0.290	0.385	0.632	0.801	0.503
		加载后	0.385	0.481	0.724	0.930	2.150
行走速度/(km/h)			2～4	2～4	2.6～5.4	2.2～7.5	2.3～7.7
最小转弯半径/m			6.2～6.5	6.2～6.5	7.3	7.5	7.5
爬坡能力/(%)			14	14	20	20	20
牵引功率/kW			29.4	29.4	29.4	58.9	73.5
转速/(r/min)			1 500	1 500	1 500	1 500	1 500
外形尺寸	长/mm		4 440	4 440	4 920	5 275	5 300
	宽/mm		1 610	1 610	2 260	2 260	2 260
	高/mm		2 620	2 620	2 115	2 115	2 140

2. 静作用压路机的保养与维护

静作用压路机的保养与维护见表 3-66。

表 3-66　静作用压路机的保养与维护(发动机除外)

项　目	内　容
每日(运转 8～10 h)保养与维护项目	(1)检查变速器、分动器和液压油箱中油平面及油质,必要时添加。 (2)必要时向最终传动齿轮副或链传动装置加注润滑油或润滑脂。 (3)清洁各个部位,尤其要注意刮泥板处的清洁。 (4)检查与调试手制动器、脚制动器和转向机构。 (5)紧固各部螺栓,检视防护装置,清洁机体。 (6)注意轮胎气压和轮胎螺母的紧固
每月(运转 200 h)保养与维护项目	(1)检查并调整制动系的各部间隙及制动油缸的油平面。 (2)检查并调整换向离合器的间隙。 (3)检查变速器、分动器,中央传动及行星齿轮式最终传动中的油平面。 (4)更换液压油滤清器。 (5)清除液压油箱中的冷凝水。 (6)对全机各个轴承点加注润滑油。 (7)检查各油管接头处有否漏油。 (8)注意轮胎气压和轮胎螺母的紧固

3. 静作用压路机的常见故障及排除方法

静作用压路机的常见故障及排除方法见表 3-67～表 3-72。

表 3-67 离合器滑动(主离合器和换向离合器)

原　因	排除方法
离合器面片间有污垢和油污	拆卸并清洗离合器片表面污垢和油污
离合器面片未全面接合	拆卸调整
离合器摩擦片磨损	检修或更换新摩擦片
离合器压板弹簧太弱	调整或更换弹簧
离合器拉杆自由行程太小	调整

表 3-68 离合器抖动

原　因	排除方法
离合器面片未全面接合	拆卸调整
离合器弹簧松紧或长短不一	调整或更换弹簧
分离轴转动不灵	清洗后注足油膏

表 3-69 万向节发生声响

原　因	排除方法
滚针过度磨损	更换滚针
传动轴弯曲	校正或更换传动轴
润滑油缺少	加注润滑油

表 3-70 侧传动有大的冲击或传动不灵

原　因	排除方法
齿轮牙齿损坏	更换齿轮
轮齿间夹有泥沙等污垢	清除泥沙等污垢

表 3-71 制动器失灵

原　因	排除方法
制动带与制动鼓之间的间隙过大	调整间隙保持在 1～2.5 mm
制动带摩擦片磨损	更换新摩擦片
制动杆自由行程过大	调整拉杆使制动杆的自由行程缩小

表 3-72 照明灯不亮或很暗

原　因	排除方法
灯泡烧坏	更换灯泡
导线损坏	修理导线
发电机转速不够	调整传动带

七、平地机

1. 平地机的组成和性能

(1)自行式平地机主要由发动机、机架、动力传动系统、行走装置、工作装置以及操纵控制系统等组成。图 3-12 所示为 PY180 型平地机外形及主要构造组成。

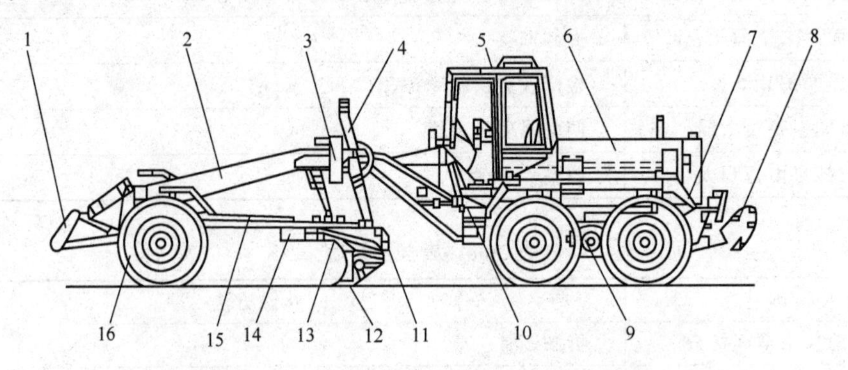

图 3-12　PY180 型平地机外形及主要构造组成

1—前推土板；2—前机架；3—摆架；4—刮刀升降油缸；5—驾驶室；6—发动机罩；7—后机架；8—后松土器；9—后桥；10—铰接转向油缸；11—松土耙；12—刮刀；13—铲土角变换油缸；14—转向齿圈；15—牵引架；16—转向轮

(2)平地机的主要技术性能有发动机的额定功率、刮刀的宽度和高度、提升高度和切土深度、最大牵引力、前轮的摆动、转向和倾斜角、最小转弯半径以及整机质量等。常见几种平地机的主要技术性能见表 3-73。

表 3-73　常见几种平地机的主要技术性能

项　目		型　号		
		PY180	PY160B	PY160A
外形尺寸	长/mm	10 280	8 146	8 146
	宽/mm	3 965	2 575	2 575
	高/mm	3 305	3 340	3 258
总质量(带耙子)/kg		15 400	14 200	14 700
发动机	型号	6110Z－2J	6135K－10	6135K－10
	功率/kW	132	118	118
	转速/(r/min)	2 600	2 000	2 000
铲刀	铲刀尺寸(长×高)/mm	3 965×610	3 660×610	3 705×555
	最大提升高度/mm	480	550	540
	最大切土深度/mm	500	490	500
	侧伸距离/mm	左 1 270 右 2 250		1 245(牵引架居中)
	铲土角	36°～60°	40°	30°～65°
	水平回转角	360°	360°	360°
	倾斜角	90°	90°	90°

续表

项目		型号		
		PY180	PY160B	PY160A
工作装置操纵方式		液压式	液压式	液压式
耙子	松土宽度/mm	1 100	1 145	1 240
	松土深度/mm	150	185	180
	提升高度/mm			380
	齿数/个	6	6	5
液压系统	齿轮液压泵型号		CBGF1032	CBF－E32
	额定压力/MPa	18.0	15.69	16.0
	系统工作压力/kPa			12 500
最小转弯半径/mm		7 800	8 200	7 800
爬坡能力		20°	20°	20°
传动系统	传动系统形式	液力机械	液力机械	液力机械
	液力变矩器变矩系数			≥2.8
行驶速度	Ⅰ挡(后退)/(km/h)		4.4	4.4
	Ⅱ挡(后退)/(km/h)		15.1	15.1
	Ⅰ挡(前进)/(km/h)	0～4.8	4.3	4.3
	Ⅱ挡(前进)/(km/h)	0～10.1	7.1	7.1
	Ⅲ挡(前进)/(km/h)	0～10.2	10.2	10.2
	Ⅳ挡(前进)/(km/h)	0～18.6	14.8	14.8
	Ⅴ挡(前进)/(km/h)	0～20.0	24.3	24.3
	Ⅵ挡(前进)/(km/h)	0～39.4	35.1	35.1
车轮及轮距	车轮形式	3×2×3	3×2×3	3×2×3
	轮胎总数	6	6	6
	轮向轮数	6	6	6
	轮胎规格	17.5～25	14.00～24	14.00～24
	前轮倾斜角	±17°	±18°	左右各18°
	前轮充气压力/kPa			260
	后轮充气压力/kPa		254.8	260
	轮距/mm	2 150	2 200	2 200
	轴距(前后桥)/mm	6 216	6 000	6 000
	轴距(中后桥)/mm	1 542	1 520	1 468～1 572
	驱动轮数	4	4	4
最小离地间隙/mm		630	380	380

注：PY180 的倒退挡与前进挡相同；PY180 的作业挡为Ⅰ、Ⅱ、Ⅴ挡，行驶挡为Ⅲ、Ⅳ、Ⅵ挡。

2. 平地机的保养与维护

平地机一般实行四级保养制——每班保养、一级保养、二级保养和三级保养，各级保养项目及要求（发动机除外）如下：

(1)每班保养。

1)检查各部有无异常现象。各部应无漏油、漏气、漏水、异响、异味和温度过高现象。

2)检查各部连接固定情况。特别是轮辋、传动轴、前桥枢轴、转向节等处的连接固定情况，紧固松动的螺母、螺钉、螺栓、锁销等。

3)检查轮胎状况。轮胎应三花着地，胎面、胎体无破裂、扎钉现象。

4)检查工作装置的工作情况。工作装置的升降、回转、侧移应灵敏、平稳，无阻滞或摆动；耙齿、铲刀、回转圈、牵引架、各液压缸、推杆、摇臂的连接轴销、球销应转动灵活，不得松旷或卡滞。

5)检查变矩器的工作情况。变矩器出口压力应保持在 0.28 MPa，变矩器闭锁操纵压力应保持在 2.5～2.7 MPa，锁紧离合器应工作良好。

6)检查离合器和变速器的工作情况。离合器接合时应无打滑，分离时无拖滞；变速器各挡位变换灵活、准确，制动闸应保证离合器分离后 3 s 内中间轴停转。

7)检查转向系的工作情况。转向操纵（前、后轮）应灵敏、准确、无阻滞、不抖动；熄火滑行或拖动时能实现转向；转向液压缸、梯形拉杆、斜拉杆各连接轴销、球销及转向主销不得松旷或卡滞。

8)检查制动系的工作情况。制动气压应保持 0.5～0.6 MPa，制动应灵敏，不跑偏，手制动器应工作可靠。

9)检查照明、信号装置工作情况。照明灯、信号灯、仪表灯、喇叭等应接线牢固，工作良好。

10)按润滑图表规定加注润滑油脂。

11)擦拭机械、清理工具。作业（行驶）结束后，放净贮气筒内的余气和油水分离器的积污；清除各部泥土、油污；清点、整理工具、附件。

(2)一级保养（每工作 100 h 进行）。

1)完成每班保养。

2)检查加注润滑油和制动油。变速器、后桥、平衡箱、涡轮箱（B 型）、变矩器油箱、液压油箱、制动油箱的油液数量不足时，按规定加注齿轮油、液压油和制动油。

3)清洗油水分离器。用清洗液洗净内腔和滤芯，出气阀积污或锈蚀应清洗研磨。

4)检查调整车轮制动器间隙。制动器处于松放状态时，蹄片与制动鼓之间应有适当的间隙，且两个蹄片的间隙应均匀。需调整时，顺时针转动齿轮轴，使两侧制动蹄片外张顶住制动鼓，调整器处于中间位置，拧紧螺栓，再逆时针转动齿轮轴 3/4～1 圈。

5)测量轮胎气压。轮胎标准气压 0.26 MPa。

(3)二级保养（每工作 400 h 进行）。

1)完成一级保养。

2)排放润滑油、液压油沉淀物。平地机停驶 6 h 后，放出变速器、后桥箱、平衡箱和液压油箱内的沉淀物。变速器、后桥箱、平衡箱按规定加注齿轮油；液压油箱按规定加注液压油。

3)清洗液压油滤油器。分解变矩器液压系统和工作转向液压系统两个滤油器，用清洗液清洗滤网、滤芯，清除磁铁上的铁屑，晾干或用压缩空气吹干后装复。

4)检查调整手制动器间隙和操纵杆行程。手制动器处于松放状态时，蹄片与制动鼓之间应保持 0.2～0.3 mm 的间隙；操纵杆行程应保证操纵杆处于齿板全长 2/3 位置时，手制动器能充分制动。

5)检查调整离合器分离轴承与分离盘的间隙。离合器处于接合状态时，分离轴承与分离盘之间应有 0.25±0.2 mm 的间隙，并保持圆周各点间隙一致。

6)检查调整传动链条张紧度。平衡箱传动链条张紧度以松边自由下垂 7～20 mm 为正常，张紧度不当应进行调整。

7)检查压力调节器工作性能和油水分离器安全阀开启压力。压力调节器控制的气压值为 0.5～0.6 MPa，油水分离器安全阀开启压力为 0.9 MPa。

8)检查调整系统压力。变矩器进口压力为 0.4～0.6 MPa；出口压力为 0.28 MPa；闭锁操纵压力为 2.5～2.7 MPa；转向操纵压力为 8.2 MPa。

(4)三级保养(每工作 1 200 h 进行)。

1)完成二级保养。

2)过滤齿轮油。趁热放出变速器、后桥箱、平衡箱、回转蜗轮箱内的齿轮油，用清洗液清洗各齿轮箱，按规定加注过滤沉淀后的齿轮油。

3)过滤液压油。趁热放净变矩器和工作、转向液压系统内的液压油，清洗液压油箱、粗滤油器、加油滤网、通气帽，更换细滤器滤芯，晾干后按规定加注过滤沉淀后的液压油；加油时，应注满全系统并排除系统内的空气。

4)更换制动油。趁热放净制动系统内的制动油，清洗后按规定加注制动油并排除油路中的空气。

5)清洗轮毂轴承，调整轴承紧度。用清洗液清洗前轮轴承，清除旧润滑脂加注新润滑脂。轮毂轴承间隙以车轮顶离地面用手转动无偏摆和阻滞，停止时略有反转为正常。需调整时，拧紧调整螺栓后，再退回 1/8 圈。

6)检查调整前束值。前束值为 2～5 mm，不当时应通过改变横拉杆的长度进行调整。

7)进行轮胎换位。按照"前后、左右"互换的原则进行轮胎换位，以保证各轮胎磨损一致。

8)检查调整回转圈间隙。回转圈的平面间隙为 1～3 mm，侧向间隙为 2.5～3 mm。

9)检查调整球节间隙。各摇臂球节上、下盖与球头之间应有 0.25 mm 的间隙。

10)检查调整后桥托架与导板的配合间隙。后桥托架与导板之间应均匀地保持 1～2.5 mm的间隙。

11)检查调整平衡箱轴向移动量。平衡箱在后桥壳体轴套上的轴向移动量为 0.2～0.4 mm。

12)拆检制动总泵及车轮制动器、手制动器。分解清洗各零件，更换橡胶密封件；摩擦片磨至铆钉接近外露应换铆新片；回位弹簧失效应更换。

13)整机修整。补换缺损的螺母、螺钉、螺栓、轴销、锁销、卡箍等；刀片磨损严重可调角调面使用，耙齿磨损可调整长度；纵梁、横梁、牵引架、各操纵轴、摇臂等有裂损应焊修。

平地机的润滑部位与周期，以 PY160A 型平地机为例，如图 3-13 和表 3-74 所示。

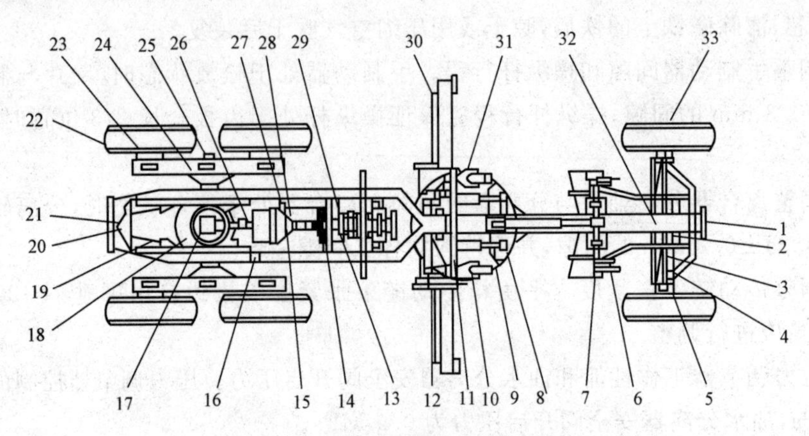

图 3-13　PY160A 型平地机润滑部位

1、2、3、……、33—润滑部位图上编号

表 3-74　PY160A 型平地机润滑部位与周期表

周期/h	编号	润滑部位	点数	方法	润滑剂
8	1	前桥枢轴	2	油枪注入	2 号或 3 号钙基润滑脂
	5	转向节支承轴、主销	8		
	15	离合器轴承	2		
	27	离合器分离轴	2		
50	2	前轮倾斜液压缸销轴、拉杆	4		
	3	轴向横拉杆	2		
	4	转向液压缸球铰	4		
	6	耙齿收放机构	6		
	7	耙齿液压缸销轴	2		
	14	离合器传动轴	3		
	18	后桥托架	4		
	19	后桥转向液压缸铰链	4		
	24	后桥铜套	2		
	25	平衡箱半轴轴承	2		
	26	后桥传动轴	3		
	18	离合器变速器间传动轴	3		
	32	牵引架与车架连接球铰	2		
100	16	制动油箱	1	检查、添加	201 合成制动液
	31	铲刀回转涡轮箱	1		夏季:18 号双曲线齿轮油 冬季:18 号合成双曲线齿轮油
	17	后桥主减速器	1		
	22	平衡箱	2		
	29	变速器	1		20 号汽轮机油
	20	变矩器油箱	1		
	21	液压油箱	1		夏季:N46 机械油 冬季:N32 机械油

续表

周期/h	编号	润滑部位	点数	方法	润滑剂
400	30	铲刀引出液压缸球铰及铰叉	4	油枪注入	2号或3号钙基润滑脂
	33	前轮轮毂轴承	2		
	11	铲刀升降液压缸摆轨	3		
1 200	16	制动液箱	1	过滤沉淀，必要时更换	201合成制动液
	31	铲刀回转涡轮箱	1		夏季：18号双曲线齿轮油 冬季：18号合成双曲线齿轮油
	17	后桥主减速器	1		
	22	平衡箱	2		
	29	变速器	1		
	20	变矩器油箱	1		20号汽轮机油
	21	液压油箱	1		夏季：N46机械油 冬季：N32机械油
	33	前轮轮毂轴承	2		2号或3号钙基润滑脂
	23	后轮轮毂轴承	4		

3. 平地机的常见故障及排除方法

平地机的常见故障原因及排除方法，以PY160B型平地机为例，见表3-75～表3-90。

表3-75　发动机启动困难

原　因	排除方法
燃油系统中有空气	放气，紧固油管接头
燃油管或燃油滤清器堵塞	清洗
蓄电池电量不足	充电
电气系统接头松脱	修复线路

表3-76　发动机机油压力失常

原　因	排除方法
机油数量不足	加油
机油泵磨损或损坏	修理或更换新件
机油滤清器堵塞	清洗

表3-77　发动机冷却水温过高

原　因	排除方法
冷却水不足	加水
水泵或冷却水路发生故障	检修

表3-78　变矩器出口压力低

原　因	排除方法
油位过低	加油
出口压力阀在打开位置卡住	修理，清洗
泵及补偿系统漏油或堵塞	修理，清洗

表 3-79　变矩器操纵压力过低

原　因	排除方法
油位过低	加油
操纵压力阀在打开位置卡住	修理,清洗
泵及补偿系统漏油或堵塞	修理,清洗

表 3-80　停车、行进中换挡困难

原　因	排除方法
变速箱小制动器间隙太小,制动太死	调整小制动器间隙
小制动器间隙太大,制动不灵	调整小制动器间隙

表 3-81　制动无力或失灵

原　因	排除方法
刹车油不足	加油并排除漏油故障
刹车油中混入空气	从主缸和分泵放气嘴排气
油路堵塞	清洗疏通油路
制动蹄间隙太大	调整
制动蹄表面油污	清除油污

表 3-82　制动器不能松开

原　因	排除方法
油路堵塞,回油困难	清洗油路
制动蹄间隙太小	调整间隙

表 3-83　手制动器失灵

原　因	排除方法
制动蹄表面油污	清除油污
手制动自由行程太大	调整行程

表 3-84　液压系统流量太小或压力失常

原　因	排除方法
液压泵磨损或损坏	修理或更换
过滤器堵塞	清洗
油位过低	加油
流量阀等调整不对	按要求进行调整
油路堵塞	清洗油路

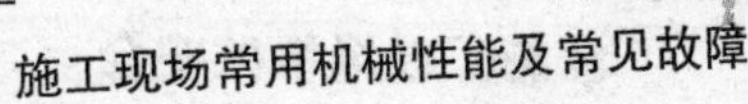

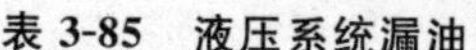

表 3-85　液压系统漏油

原　因	排除方法
接头松脱	拧紧接头
密封环损坏	更换

表 3-86　铲刀回转不灵

原　因	排除方法
转阀位置不对或管路接错	检修
回转液压缸密封圈损坏	更换

表 3-87　方向盘操纵不灵

原　因	排除方法
液压系统压力过低,流量小	调整
流量控制阀在回油位置卡住使压力及流量降低	清洗,检修流量控制阀

表 3-88　前轮在行驶时产生不正常的噪声

原　因	排除方法
轴承调整不当、磨损或损坏	调整轴承,修理或更换
主销及轴套间的间隙太大	若磨损过多则更换

表 3-89　前轮在行驶时摆动

原　因	排除方法
轴承调整不当、磨损或损坏	调整、修理或更换
前轴的倾斜主销和转向主轴与销套间隙太大	如磨损过度应更换
转向横拉杆间隙太大	调整、修理或更换
轮辋变形或安装不当	更换

表 3-90　作业时铲刀上下振动

原　因	排除方法
铲刀升降拉杆球节间隙太大	减少调整垫片
环轮与牵引架的球节间隙太大	调整水平间隙
液压缸连接支承架的销子间隙太大	更换或修理销子
铲刀移动液压缸与导架的连接销间隙太大	更换销子
铲刀支承杆与导架间的间隙太大	调整,更换,不要在铲刀支架上涂润滑脂
升降液压缸叉节轴套磨损	更换

八、轮胎式装载机

1. 轮胎式装载机的组成和性能

(1)轮胎式装载机由工作装置、行走装置、发动机、传动系统、转向制动系统、液压系统、操作系统和辅助系统组成,如图 3-14 所示。履带式装载机是以专用底盘或工业拖拉机为基础车,装上工作装置并配装适当的操纵系统而构成的,其构造组成如图 3-15 所示。

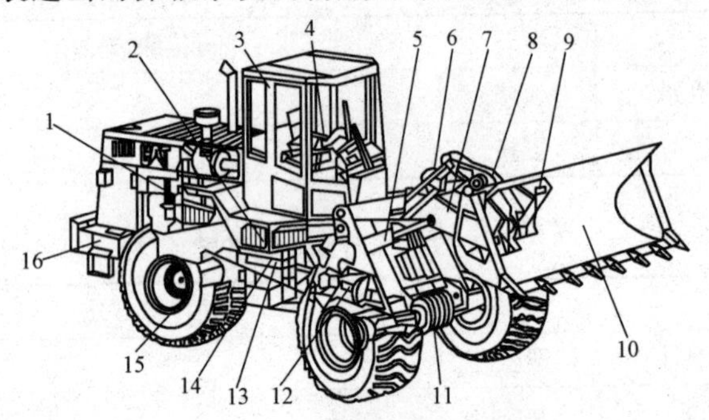

图 3-14　轮胎式装载机构造组成

1—发动机;2—变矩器;3—驾驶室;4—操纵系统;5—动臂油缸;
6—转斗油缸;7—动臂;8—摇臂;9—连杆;10—铲斗;11—前驱动桥;
12—传动轴;13—转向油缸;14—变速箱;15—后驱动桥;16—车架

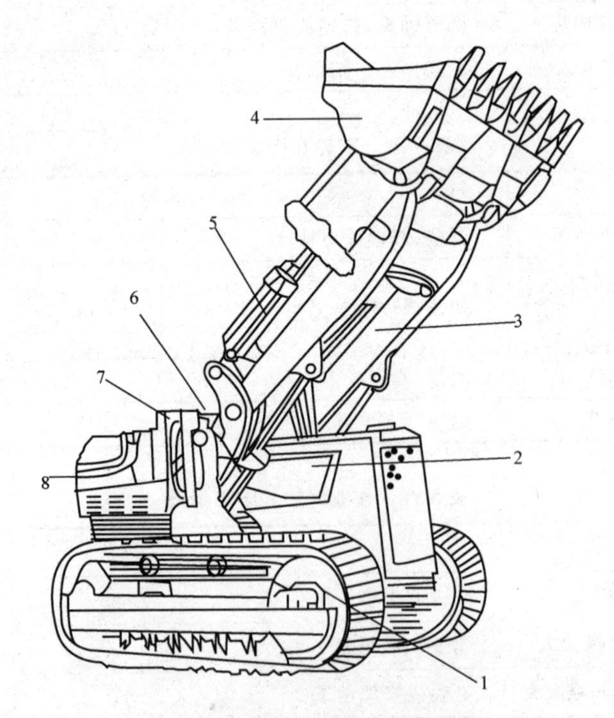

图 3-15　履带式装载机构造组成

1—行走机构;2—发动机;3—动臂;4—铲斗;
5—转斗油缸;6—动臂油缸;7—驾驶室;8—燃油箱

(2)常用轮胎式装载机的技术性能见表 3-91。

表 3-91　常用轮胎式装载机的技术性能

项　目		型号						
		WZ_2A	ZL10	ZL20	ZL30	ZL40	ZL0813	ZL08A
铲斗容量/m^3		0.7	0.5	2.0	2.5	2.0	0.4	0.4
装载质量/t		2.5	2.0	2.0	3.0	4.0	0.8	0.8
卸料高度/m		2.25	2.25	2.6	2.7	2.8	2.0	2.0
发动机功率/hp		40.4	40.4	59.5	73.5	99.2	17.6	24
行走速度/(km/h)		18.5	10～28	0～30	0～32	0～35	22.9	22.9
最大牵引力/kN		—	32	64	74	105	—	14.7
爬坡能力/(°)		18	30	30	25	28～30	30	24
回转半径/m		4.9	4.48	5.03	5.5	5.9	4.8	4.8
离地间隙/m		—	0.29	0.39	0.40	0.45	0.25	0.20
外形尺寸	长/m	7.88	4.4	5.7	6.0	6.4	4.3	4.3
	宽/m	2.0	2.8	2.2	2.4	2.5	2.6	2.6
	高/m	3.23	2.7	2.5	2.8	3.2	2.4	2.4
总质量/t		6.4	4.5	7.6	9.2	12.5	—	2.65

注：1. WZ_2A 型带反铲，铲斗容量 0.2 m^3，最大挖掘深度 4.0 m，挖掘半径 5.25 m，卸料高度 2.99 m。
　　2. 转向方式均为铰接液压缸。

2. 轮胎式装载机的保养与维护

轮胎式装载机的保养与维护见表 3-92。

表 3-92　轮胎式装载机的保养与维护

项　目	内　容
工作装置	(1)工作装置各活动部位的销子，均进行了密封防尘，以延长销轴和轴套的使用寿命，故各销轴工作中每隔 50 h 应加一次润滑油，以保证其正常工作。 (2)整机工作 2 000 h 后，应检查各销轴与轴套之间的间隙，如超过规定间隙则应更换销轴或轴套。 (3)定期检查工作装置各零部件焊缝，如有裂纹和弯曲变形情况，应及时修理
液压系统	(1)装载机在使用 1 200 h 后，必须更换液压油。 (2)液压元件拆装时必须保证作业场所清洁，以防灰尘、污垢、杂物落入元件中。 (3)液压元件拆装时不得严重敲打、撞击，以免损坏零件。 (4)维修后重新装配的液压元件，对原有的橡胶油封、形密封圈必须检查，如有变形、老化、划伤等影响密封性能的，必须更换。原有的密封垫片也应全部更换
转向离合器和制动器	(1)定期检查转向离合器摩擦片，检查是否有打滑现象，必要时应进行清洗。 1)放净旧油，加注煤油。 2)冲洗转向离合器室内壁上的油泥，此时转向离合器不应分离，装载机前后行驶 5～10 min。 3)冲洗主、从动片，此时应彻底分离转向离合器，装载机用 I 挡空转 5～10 min。 (2)定期检查和调整制动器，保证制动带与转向离合器外鼓间的间隙在正确的范围内

3. 轮胎式装载机的常见故障及排除方法

轮胎式装载机的常见故障及排除方法见表 3-93～表 3-98。

表 3-93　主离合器打滑、接合不上

原　因	排除方法
摩擦片磨损	调整或更换摩擦片
调整环松动	重新调整后固定
调整环调整过量,摩擦片间隙过小	回松调整环
操纵杆调整不当,助力阀不能与活塞联动	调整操纵杆系,检查助力阀

表 3-94　机械突然熄火,主离合器分离不开

原　因	助力阀失灵后,人力分离时,助力阀背部形成真空
排除方法	操纵手把,往复运动滑阀;逐渐消除真空,即可分离

表 3-95　变速器变速不灵

原　因	排除方法
结合轮与结合套齿轮倒角损坏	更换损坏的结合轮、结合套
联锁轴位置不对	调整联锁轴位置
拨叉滑杆弯曲变形或铜套脱落	修复或更换铜套并将端面铆死
操纵机构各零件位置不对	重新装配
操纵部分固定螺栓松动	检查拧紧

表 3-96　制动器制动不灵,打滑

原　因	排除方法
调整不良,间隙过大	调整
制动带磨损严重,甚至已露出铆钉头	更换制动带

表 3-97　履带脱落

原　因	排除方法
履带张紧力不足	调整张紧力
支重轮、托链轮、引导轮的凸缘磨损	修理更换
链轮、支重轮、引导轮中心没有对准	调整对准中心
引导轮叉头滑铁槽断裂	焊复或更换新件

表 3-98　履带不能张紧

原　因	排除方法
油嘴单向阀或放油塞漏油	修复或更换
密封环磨损或损坏	更换新件

续表

原　因	排除方法
紧固螺栓松动,相对运动件卡死	拧紧螺栓,消除被卡现象
活塞衬套磨损	更换

九、蛙式夯实机

1. 蛙式夯实机的组成

蛙式夯实机由偏心块、夯头架、传动装置、电动机等组成,其构造如图 3-16 所示。

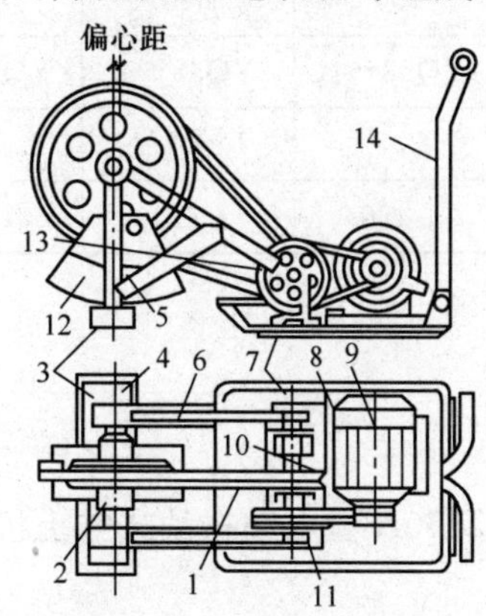

图 3-16　蛙式夯实机构造

1、11—三角带;2—心轴;3—夯头;4—轴承;5、6—夯头架;7—座;
8—拖盘;9—电动机;10—传动轴;12—偏心块;13—排架;14—扶手

2. 蛙式夯实机的性能

常用蛙式夯实机的主要技术性能见表 3-99。

表 3-99　常用蛙式夯实机的主要技术性能

项　目		型　号				
		HW20	HW20A	HW25	HW60	HW70
整机质量/kg		125	130	151	280	110
夯头总质量/kg					124.5	
偏心块质量/kg				23±0.005	38	
夯板尺寸	长/mm	500	500	500	750	500
	宽/mm	90	80	110	120	80
夯击次数/(次/min)		140～150	140～142	145～156	140～150	140～145
跳起高度/mm		145	100～170		200～260	150
前进速度/(m/min)		8～10			8～13	
最小转弯半径/mm					800	

续表

项目		型号				
		HW20	HW20A	HW25	HW60	HW70
冲击能/(kg·m)		20		20～25	62	68
生产率/(m³/台班)		100		100～120	200	50
外形尺寸	长/mm	1 006	1 000	1 560	1 283.1	1 121
	宽/mm	500	500	520	650	650
	高/mm	900	850	900	748	850
电动机	型号	YQ22－4	YQ32－4	YQ2－224	YQ42－4	YQ32－4
	功率/kW	2.5	1或2.1	2.5～2.2	2.8	1
	转数/(r/min)	1 420	1 421	1 420	1 430	1 420

十、振动冲击夯

1. 振动冲击夯的组成和性能

(1)振动冲击夯的组成,以HZ380A型电动振动式夯土机为例,该机由电动机、传动胶带、夯板等组成,如图3-17所示。

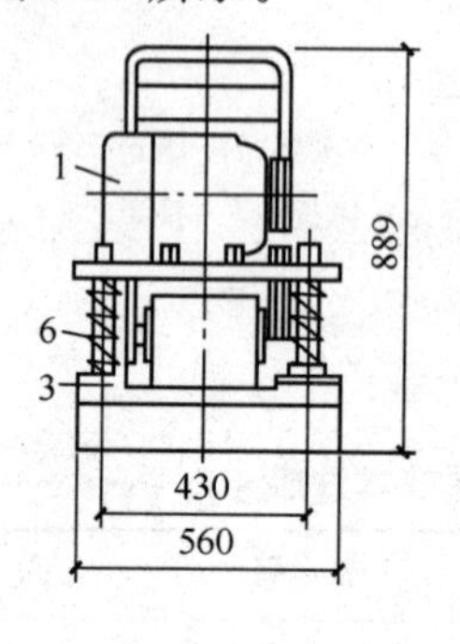

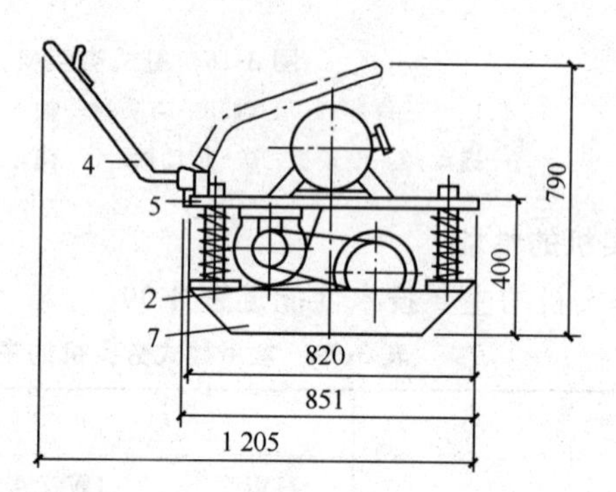

图3-17　HZ380A型电动振动式夯土机的组成(单位:mm)

1—电动机;2—传动胶带;3—振动体;4—手把;5—支撑板;6—弹簧;7—夯板

(2)振动式夯土机的主要技术技能见表3-100。

表3-100　振动式夯土机的主要技术技能

项目	型号
	HZ380A型
整机质量/kg	380
夯板面积/m²	0.28
振动频率/(次/min)	1 100～1 200
前行速度/(m/min)	10～16
振动影响深度/mm	300

续表

项　目		型　号
		HZ380A 型
振动后土壤密实度		0.85～0.9
压实效果		相当于十几吨静作用压路机
生产率/(m^2/min)		3.36
配套电动机	型号	YQ232－2
	功率/kW	4
	转速/(r/min)	2 870

2. 振动冲击夯的常见故障及排除方法

振动冲击夯常见故障及排除方法见表 3-101～表 3-103。

表 3-101　振动冲击夯不能启动

原　因	排除方法
汽化器供油过多或过少	调整供油油针至适当位置;若燃油进缸过多,拨动操纵手柄,机器缓慢抬起,使进气阀上下振动,让过多燃油从排气孔排出
汽化器不供油	清洗油箱,排除油管内的空气或通汽化器针阀供油孔
磁电机不供电	(1)清除触点上的油污。 (2)触点间隙不当,应调整为 0.35～0.4 mm。 (3)触点磨损过度应更换。 (4)电容器绝缘不良应更换。 (5)高压线接触不良要接紧
火花塞不跳火或火花很弱	(1)火花塞漏电应修理或更换。 (2)火花塞间隙不当,应调整为 2～2.5 mm。 (3)火花塞端部有污物应清除干净

表 3-102　夯机不能连续工作

原　因	排除方法
燃料不合规定,燃烧不良	(1)燃料必须按规定配合,若机油过少会发生活塞卡死。 (2)燃油变质应更换
活塞上下不灵	(1)活塞内排气阀片与阀门上有积炭或油污,密封性差,应清洗。 (2)密封圈或夯座磨损过大漏气,应更换。 (3)活塞下阀门端面损伤漏气,应更换
磁电机不供电	检修磁电机
火花塞不跳火	检修或更换

表 3-103　夯机跳起高度低

原　因	排除方法
汽化器供油不足,机器无力	检修或更换
活塞阀门封闭不严,上下不灵活	清洗阀门和阀片,若磨损过大应更换
活塞环弹力降低发生漏气,力量不足	更换
支承拉杆螺母松动,使气缸漏气	按规定拧紧

第二节　桩工机械

一、振动桩锤

1. 振动桩锤的组成和性能

(1)振动桩锤主要由原动机(电动机、液压马达)、振动器、夹桩器和吸振器组成,图 3-18 所示为国产 DZ-60 型振动桩锤。

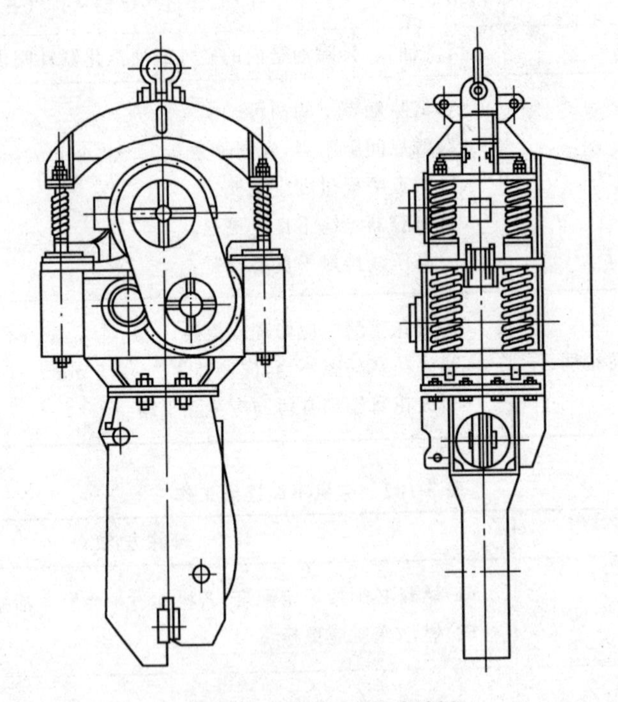

图 3-18　DZ-60 型振动桩锤

(2)常用振动桩锤的主要技术性能见表 3-104。

表 3-104　常用振动桩锤的主要技术性能

性能指标	产品型号						
	DZ22	DZ90	DZJ60	DZJ90	DZJ240	VM2－4000E	VM2－1000E
电动机功率/kW	22	90	60	90	240	60	394

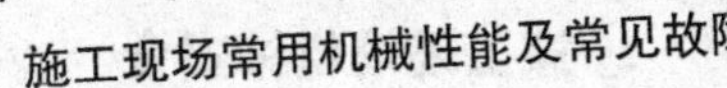

续表

性能指标	产品型号						
	DZ22	DZ90	DZJ60	DZJ90	DZJ240	VM2－4000E	VM2－1000E
静偏心力矩/(N·m)	13.2	120	0～353	0～403	0～3 528	300、360	600、800、1 000
激振力/kN	100	350	0～477	0～546	0～1 822	335、402	669、894、1 119
振动频率/Hz	14	8.5	0～7.8	0～6.6	0～12.2	7.8、9.4	8、10.6、13.3
空载振幅/mm	6.8	22					
允许拔桩力/kN	80	240	215	254	686	250	500

2. 振动桩锤的保养与维护

(1)工作时,应经常检查轴承的温升,若轴承温度过高,则应停机休息一段时间进行检查。

(2)工作时,应注意检查电动机的温升,一般情况下,一次振动时间不应超过 5 min。过长时间的振动或发生桩土共振,电动机电流会急剧上升,电动机温度也会上升,若破坏了绝缘则会烧坏电动机。

(3)注意液压缸是否漏油,若漏油严重可能会使夹持器与桩分离。

(4)经常检查液压泵站的油面。若工作时,液压系统发生了噪声,则可能有吸空现象,应及时加液压油。

(5)注意检查液压泵的工作压力,若压力过低,夹持器钳口会有相对滑动,此时振动下沉的效果会受到影响。

(6)若振动桩锤用作拔桩,应经常注意检查钢丝绳与吊具的可靠性,同时也应经常检查减振弹簧是否变形或断裂。

(7)应经常检查齿轮箱中的润滑油面,注意经常补充齿轮油。每 300 h 更换一次齿轮油。更换齿轮油前应清洗齿轮箱,注意冬季与夏季用油的规格。冬季用 90 号齿轮油,夏季用 140 号齿轮油。

(8)检查液压油管是否有磨损,接头是否松动、漏油。液压油管与电缆在沉、拔桩过程中,经常可能被拉脱甚至扯断,应密切注意电缆与液压油管的安全性。

二、柴油打桩锤

1. 柴油打桩锤的组成

(1)导杆式柴油打桩锤由活塞、缸锤、导杆、顶部横梁、起落架和燃油系统等组成,如图 3-19 所示。

(2)筒式柴油打桩锤由锤体、燃油供应系统、润滑系统、冷却系统和起落架等组成,如图 3-20所示。

2. 柴油打桩锤的性能

常用导杆式和筒式柴油打桩锤的主要技术性能见表 3-105 和表 3-106。

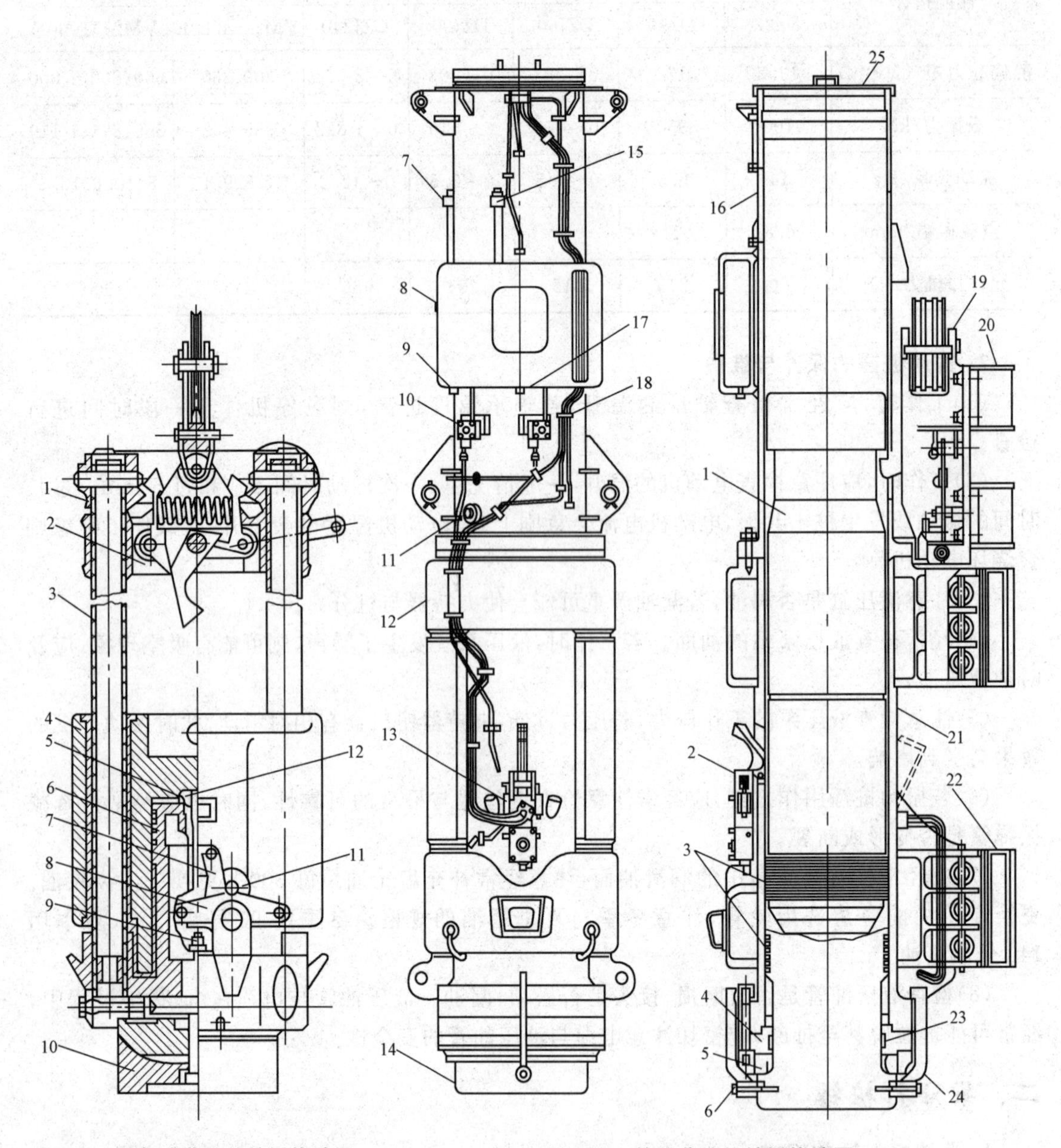

图 3-19　导杆式柴油打桩锤构造图

1—顶横梁；2—起落架；3—导杆；
4—缸锤；5—喷油嘴；6—活塞；
7—曲臂；8—油门调整杆；9—液压泵；
10—桩帽；11—撞击销；12—燃烧室

图 3-20　筒式柴油打桩锤构造图

1—上活塞；2—燃油泵；3—活塞环；4—外端环；5—橡胶环；
6—橡胶环导向；7—燃油进口；8—燃油箱；9—燃油排放旋塞；
10—燃油阀；11—上活塞保险螺栓；12—冷却水箱；13—润滑油泵；
14—下活塞；15—燃油进口；16—上气缸；17—润滑油排放塞；
18—润滑油阀；19—起落架；20—导向卡；21—下气缸；
22—下气缸导向卡爪；23—铜套；24—下活塞保险卡；25—顶盖

表 3-105　常用导杆式柴油打桩锤的主要技术性能

技术性能		型号					
		DD2	DD4	DD6	DD12	DD18	DD25
桩最大长度/m		5	6	8	10	12	16
桩最大直径/mm		200	250	300	350	400	450
锤击部分质量/kg		220	400	600	1 200	1 800	2 500
锤击部分跳高/mm		1 300	1 500	1 800	2 100	2 100	2 100
气缸孔径/mm		120	200	200	250	290	370
最大锤击能量/kJ		3	6	11	25	29.6	41.2
压缩比		1∶18	1∶18	1∶15	1∶15	1∶15	1∶18
卷扬机能力/kN		5	5	15	20	30	30
桩锤外形尺寸	长/mm	460	560	750	750	850	970
	宽/mm	460	600	680	750	800	960
	高/mm	2 080	2 400	3 300	4 700	4 740	4 920
桩锤质量/kg		460	720	1 250	2 160	3 100	4 200

表 3-106　常用筒式柴油打桩锤的主要技术性能

型号	技术性能							
	冲击部分质量/kg	冲击部分行程/mm	最大打击能量/(kN·m)	打击次数/(次/mm)	最大爆发力/kN	冷却方式	外形尺寸(长×宽×高)/mm	总质量/kg
D12	1 200	2 500	30	40～60	500	风冷	693×528×3 830	2 400
D13	1 300	2 500	33	40～60	500	风冷	693×528×3 830	2 500
D15	1 500	2 500	37.5	40～60	500	风冷	693×528×3 830	2 700
D18	1 800	2 500	45	40～60	600	风冷	790×578×3 950	4 200
D22	2 200	2 500	55	40～60	600	风冷	790×578×3 950	4 710
D25	2 500	2 500	64.5	40～60	1 080	水冷	897×825×4 870	6 490
D32	3 200	2 500	80	39～52	1 080	水冷	897×825×4 870	6 490
D35	3 500	2 500	87.5	39～52	1 500	水冷	926×800×5 100	8 800
D40	4 000	2 500	100	39～52	1 900	水冷	1 023×940×4 900	9 300
D45	4 500	2 500	112.5	37～53	1 910	水冷	1 023×940×4 900	9 590
D46	4 600	3 100	153.4	36～45	2 140	风冷	1 023×940×4 900	8 925
D50	5 000	2 500	125	37～53	2 140	水冷	1 023×940×4 900	10 500
D60	6 000	3 000	180	35～50	2 800	水冷	1 023×940×4 900	12 270
D72	7 200	3 000	216	35～50	2 800	水冷	1 023×940×4 900	16 756
D80	8 000	3 000	272	36～45	2 800	水冷	1 110×890×7 200	17 120
D100	10 000	3 000	340	36～45	2 800	水冷	1 110×890×7 358	20 570

三、静力压桩机

1. 静力压桩机的组成和性能

(1)静力压桩机主要由长船行走机构、短船行走及回转机构、支腿平台机构、夹持机构、配重铁、操作室、导向压桩架、液压总装室、液压系统和电气系统等组成,如图3-21所示。

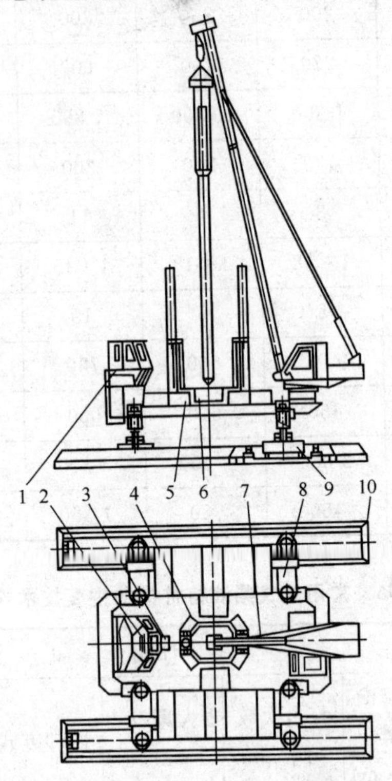

图 3-21　静力压桩机构造图

1—操纵室;2—电气操纵室;3—液压系统;4—导向架;
5—配重铁;6—夹持机构;7—辅桩工作机;8—支腿平台;
9—短船行走及回转机构;10—长船行走机构

(2)常用 YZY 系列静力压桩机主要技术性能见表 3-107。

表 3-107　常用 YZY 系列静力压桩机主要技术性能

技术参数		型号			
		YZY200	YZY280	YZY400	YZY500
最大压入力/kN		2 000	2 800	4 000	5 000
单桩承载能力(参考值)/kN		1 300～1 500	1 800～2 100	2 600～3 000	3 200～3 700
边桩距离/m		3.9	3.5	3.5	4.5
接地压力/kN	长船	0.08	0.094	0.097	0.09
	短船	0.09	0.12	0.125	0.137
压桩桩段截面尺寸(长×宽)/m	最小	0.35×0.35	0.35×0.35	0.35×0.35	0.4×0.4
	最大	0.5×0.5	0.5×0.5	0.5×0.5	0.55×0.55

续表

技术参数		型号			
		YZY200	YZY280	YZY400	YZY500
行走速度(长船)/(m/s)	伸程	0.09	0.088	0.069	0.083
压桩速度/(m/s)	慢(2缸)	0.033	0.038	0.025	0.023
	快(4缸)			0.079	0.07
一次最大转角/rad		0.46	0.45	0.4	0.21
液压系统额定工作压力/MPa		20	26.5	24.3	22
配电功率/kW		96	112	112	132
工作吊机	起重力矩/(kN·m)	460	460	480	720
	用桩长度/m	13	13	13	13
整机质量	自质量/t	80	90	130	150
	配质量/t	130	210	290	350
拖运尺寸	宽/m	3.38	3.38	3.39	3.39
	高/m	4.2	4.3	4.4	4.4

2. 静力压桩机的常见故障及排除方法

静力压桩机常见故障及排除方法见表3-108～表3-110。

表3-108 油路漏油

原　因	排除方法
管接头松动	重新拧紧或更换
密封件损坏	更换漏油处密封件
溢流阀卸载压力不稳定	修理或更换

表3-109 液压系统噪声太大

原　因	排除方法
油内混入空气	检查并排出空气
油管或其他元件松动	重新紧固或装橡胶垫
溢流卸载压力不稳定	修理或更换

表3-110 液压缸活塞动作缓慢

原　因	排除方法
油压太低	提高溢流阀卸载压力
液压缸内吸入空气	检查油箱油位，不足时添加；检查吸油管，消除漏气
滤油器或吸油管堵塞	拆下清洗，疏通
液压泵或操纵阀内泄漏	检修或更换

四、螺旋钻孔机

1. 螺旋钻孔机的组成

(1)长螺旋钻孔机如图3-22所示。长螺旋钻孔机由电动机、减速器、钻杆和钻头等组成，整套钻孔机通过滑车组悬挂在桩架上，钻孔机的升架、就位由桩架控制。

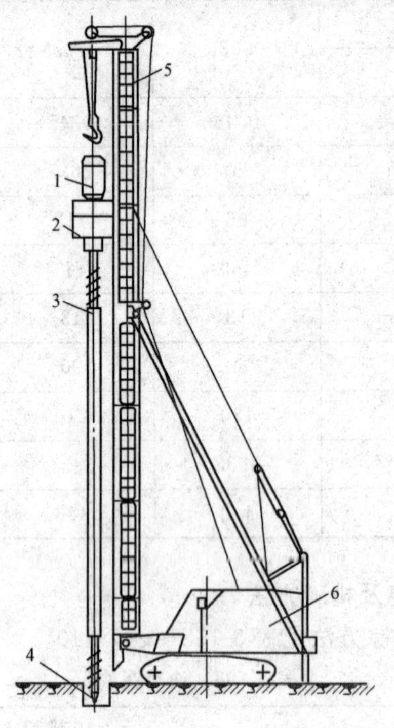

图3-22　履带式长螺旋钻孔机

1—电动机；2—减速器；3—钻杆；4—钻头；5—钻架；6—履带式起重机底盘

(2)短螺旋钻孔机如图3-23所示。短螺旋钻孔机的切土原理与长螺旋钻孔机相同，但排土方法不一样。

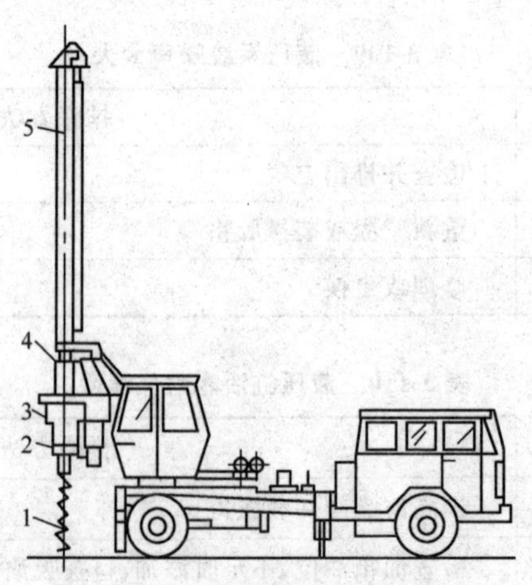

图3-23　短螺旋钻孔机

1—螺旋叶片；2—液压马达；3—变速器；4—加压液压缸；5—钻杆护套

2. 螺旋钻孔机的性能

常用螺旋钻孔机主要技术性能见表3-111。

表3-111　常用螺旋钻孔机主要技术性能

项　目		型　号					
		LZ型长螺旋钻孔机	KL600型螺旋钻孔机	BZ1型短螺旋钻孔机	ZKL400(ZKL600)型钻孔机	BQZ型步履式钻孔机	DZ型步履式钻孔机
钻孔最大直径/mm		300、600	400、500	300～800	400(600)	400	1 000～1 500
钻孔最大深度/m		15	15、15	8、11、8	12～16	8	30
钻杆长度/m			18.3、18.3		22	9	
钻头转速/(r/min)		63～116	50	45	80	85	38.5
钻进速度/(m/min)		1.0		3.1		1	0.2
电动机功率/kW		40	50、55	40	30～55	22	22
外形尺寸	长/m					8	6
	宽/m					4	4.1
	高/m					12.5	16

五、转盘钻孔机

1. 转盘钻孔机的组成

转盘钻孔机由提引器、龙门架、工作平台、转盘、操纵室、泵组、底盘等主要部件组成，如图3-24所示。

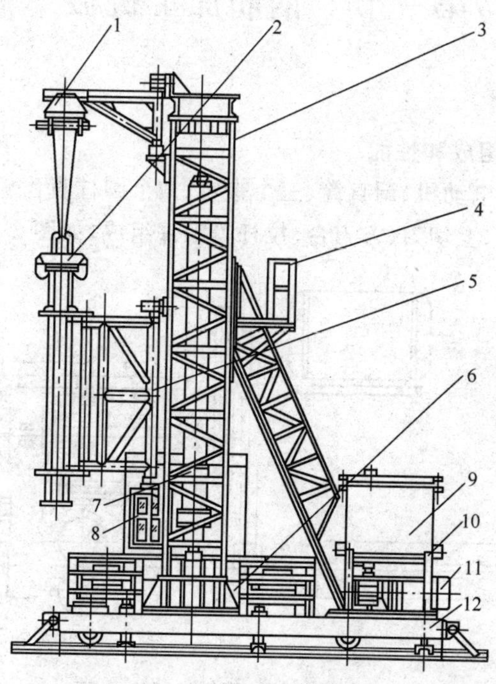

图3-24　转盘钻孔机

1—小卷扬机；2—提引器；3—龙门架；4—工作平台；5—机械手；
6—转盘；7—水龙头；8—操纵室；9—油箱；10—冷却器；11—泵组；12—底盘

2. 转盘钻孔机的性能

常用转盘钻孔机的主要技术性能见表3-112。

表3-112 常用转盘钻孔机的主要技术性能

型 号	钻孔直径/mm	钻孔深度/m	转盘扭矩/(kN·m)	转盘转速/(r/min)	水龙头提升能力/kN	钻杆内径/mm	转盘电动机功率/kW	卷扬机牵引力/kN	钻机质量/t
ZKP1000	1 000	40	10.4	16～114	60	69	22	20	5.5
ZKP1500	1 500	60	12	9～51	150	120	15/24	30	15
ZKP2000	2 000	60	28	5～34	200	195	20/30	30	26
ZKP3000	3 000	80	80	6～35	600	241	75	75	62
JZ1200	1 200	50	10.5	26～196	60	94	30	20	7
JZ1500	1 500	60	14	20～147	60	127	30	20	8.1
KP2000	2 000	100	43.8	10～63			22		11
KP3500	3 500	130	210	0～24	1 200	275	30×4	75	47
QJ250－1	2 500	100	117.6	7.8～26			95	54	13
GPS15	1 500	50	17.65	13～42		150	30	30	8
GPS20	2 000	80	30	8～56			37	30	10

第三节 钢筋加工机械

一、钢筋调直切断机

1. 钢筋调直切断机的组成和性能

(1)钢筋调直切断机由电动机、调直筒、三个带轮、六个圆柱直齿轮、两个圆锥齿轮、上下压辊、框架、双滑块机构、锤头、上切刀、方刀台、拉杆等零件组成，如图3-25所示。

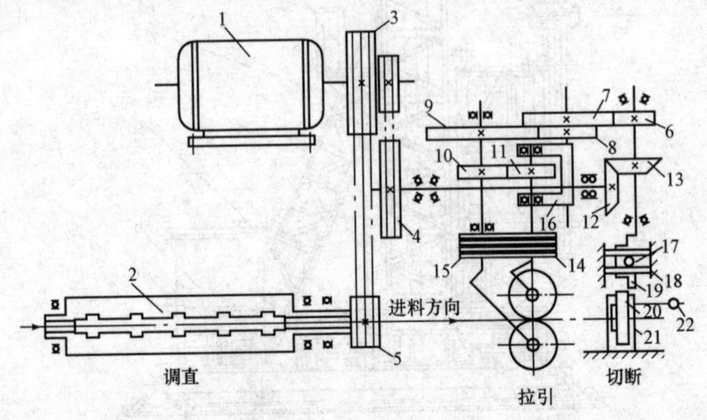

图3-25 钢筋调直切断机

1—电动机；2—调直筒；3、4、5—V带轮；6～11—齿轮；12、13—锥齿轮；14、15—上、下压辊；16—框架；17、18—双滑轮机构；19—锤头；20—上切刀；21—方刀台；22—拉杆

(2)常用钢筋调直切断机的主要技术性能见表3-113。

表3-113　常用钢筋调直切断机的主要技术性能

性能指标	型号					
	GT1.6/4	GT3/8	GT6/12	GT5/7	GT4/8	GT6/15
钢筋公称直径/m	1.6～4	3～8	6～12	5～7	4～8	6～14
钢筋抗拉强度/MPa	650	650	650	1 500	800	800
切断长度/mm	300～8 000	300～8 000	300～8 000	300～8 000	300～6 500	300～8 000
切断长度误差/mm	1	1	1	1	1	1.5
牵引速度/(m/min)	20～30	40	30～50	30～50	40	20～30
调直筒转速/(r/min)	2 800	2 800	1 900	1 900	2 900	1 450

2. 钢筋调直切断机的保养与维护

钢筋调直切断机属于电动简易机械，一般执行二级维护制，即每班维护和定期维护。定期维护间隔期一般为工作600 h，也可在工程竣工或冬休时进行，其润滑部位及周期见表3-114。

表3-114　钢筋调直切断机润滑部位及周期

<table>
<tr><th>润滑点名称</th><th>润滑点数</th><th>润滑剂</th><th>润滑周期/h</th></tr>
<tr><td>齿轮箱传动轴及曳引轮轮轴支点的滚动轴承</td><td>6</td><td rowspan="5">钙基脂ZG－1(冬)、ZG－2(夏)</td><td>480</td></tr>
<tr><td>调直筒滚动轴承</td><td>2</td><td>8</td></tr>
<tr><td>放盘架顶端支座</td><td>1</td><td>100</td></tr>
<tr><td>传动轴齿轮滑套及离合器</td><td>1</td><td rowspan="2">4</td></tr>
<tr><td>剪切齿轮轴及衬套</td><td>3</td></tr>
<tr><td>上曳引轮滑块与齿轮箱相配的滑道</td><td>2</td><td>润滑油HQ－6或HQ－15</td><td rowspan="4">8</td></tr>
<tr><td>齿轮箱传动齿轮的齿面</td><td>7</td><td>石墨脂ZG－S</td></tr>
<tr><td>拨叉轴轴承</td><td>2</td><td rowspan="6">机械油HJ－20(冬)、HJ－30(夏)</td></tr>
<tr><td>压紧曳引轮螺杆</td><td>1</td></tr>
<tr><td>离合器凸轮拨叉滑块</td><td>3</td><td>4</td></tr>
<tr><td>杠杆和承受架上各铰键处</td><td>全部</td><td rowspan="2">8</td></tr>
<tr><td>放盘架旋转主轴</td><td>1</td></tr>
</table>

3. 钢筋调直切断机的常见故障及排除方法

钢筋调直切断机在使用过程中若出现故障，一般由专业人员进行检修处理。钢筋调直切断机一般的常见故障及排除方法见表3-115～表3-117。

表 3-115 方刀台被顶出导轨

原 因	排除方法
牵引力过大	减小压辊压力
料在料槽中运动阻力过大	调整支承柱旋入量，调整偏移量，提高调直质量，加大拉杆弹簧预压外力

表 3-116 出现连切

原 因	排除方法
拉杆弹簧预紧力小	加大拉杆弹簧预紧力
压辊压力过大	减小压辊压力
料槽阻力大	调整支承柱旋入量，调整偏移量，提高调直质量，加大拉杆弹簧预压外力

表 3-117 钢筋表面拉伤

原 因	排除方法
压辊压力过大	减小压辊压力
调直块偏移量过大	减小调直块偏移量
调直块损坏	更换调直块

二、钢筋切断机

1. 钢筋切断机的组成和性能

(1)钢筋切断机的组成。

1)机械传动式钢筋切断机。机械传动式钢筋切断机有开式和封闭式等形式，如图 3-26 和图 3-27 所示；主要由电动机、传动系统、减速机构、曲柄连杆机构、机体及切断刀等组成。

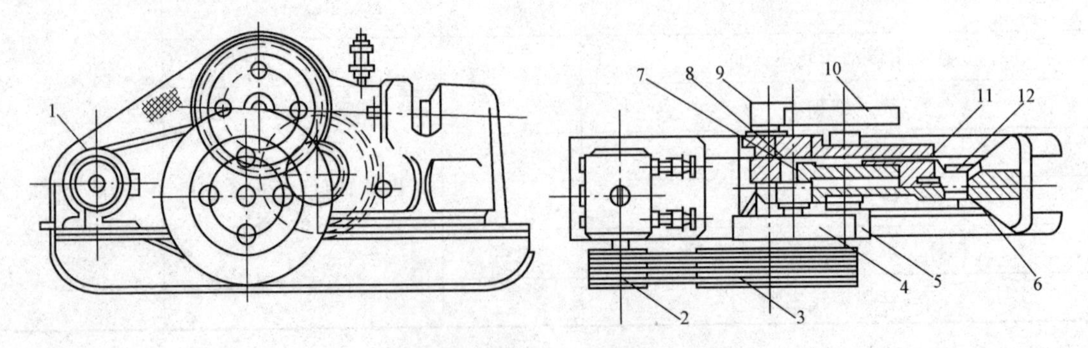

图 3-26 开式钢筋切断机

1—电动机；2、3—V 带轮；4、5、9、10—减速齿轮；6—固定片；7—连杆；8—偏心轴；11—滑块；12—活动刀片

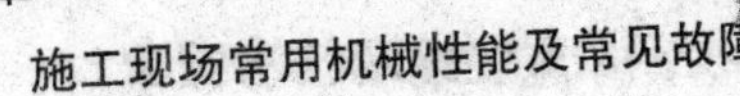

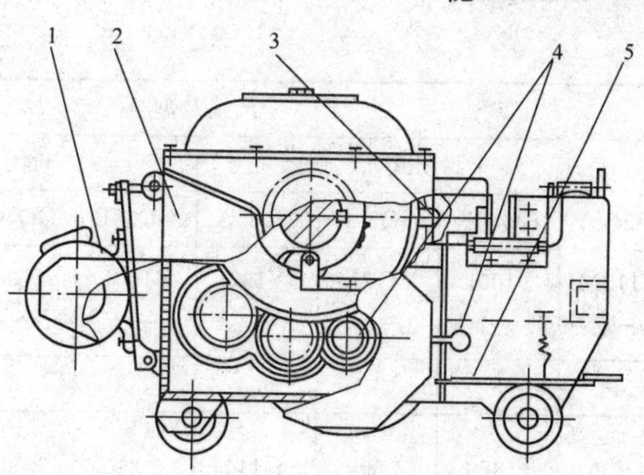

图 3-27　封闭式钢筋切断机

1—电动机；2—机体；3—剪切机构；4—变速机构；5—操纵机构

2)液压式钢筋切断机。液压式钢筋切断机主要由电动机、液压传动系统、操纵装置、切断刀机架等组成，如图 3-28 所示。

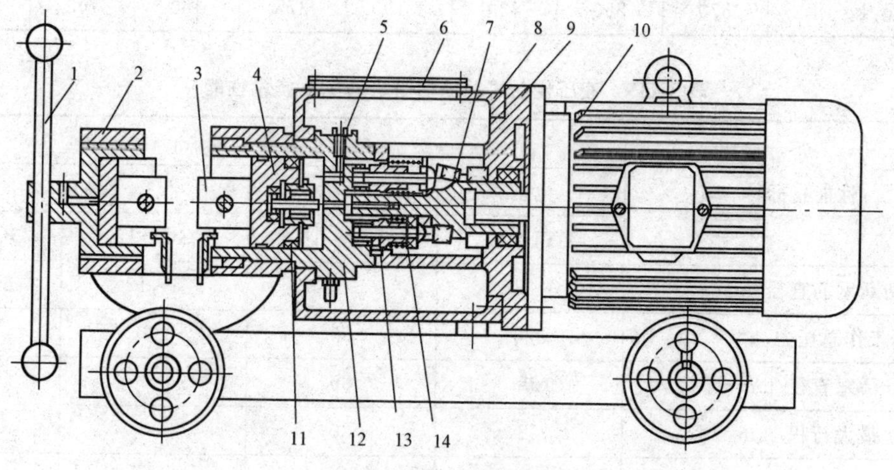

图 3-28　液压式钢筋切断机

1—手柄；2—支座；3—主刀片；4—活塞；5—放油阀；6—观察玻璃；7—偏心轴；8—油箱；9—连接架；10—电动机；11—皮碗；12—油缸体；13—油泵缸；14—柱塞

(2)常用钢筋切断机的主要技术性能见表 3-118、表 3-119。

表 3-118　机械传动式钢筋切断机的主要技术性能

性能指标	形式及型号							
	半封闭式				封闭式			开式
	GQ40A	GQ40F	GQ50B	GQ65A	GQ35B	GQ40D	GQ50A	GQL40
切断盘圆钢筋直径/mm	6～40	6～40	6～50	6～65	6～35	6～40	6～50	6～40
切断螺纹钢直径/mm	6～32	6～28	6～40	6～50	6～35	6～30	6～36	6～30
动力往复次数/(次/min)	28	31	29	29	29	37	40	38
开口距/mm		35～42	44～54	52～68	34	34	40	

续表

性能指标		形式及型号							
		半封闭式				封闭式			开式
		GQ40A	GQ40F	GQ50B	GQ65A	GQ35B	GQ40D	GQ50A	GQL40
电动机	型号	Y112M—4	Y100L—2	Y112M—2	Y132—4	Y100L—4	Y100L—2	Y100L—2	Y100L—4
	功率/kW	4	3	4	5.5	2.2	3	4	3
	转速/(r/min)	1 430	2 870	2 890	1 440	2 840	2 880	2 890	1 420
外形尺寸	长/mm	1 525	1 080	1 240	1 500	980	1 200	1 270	690
	宽/mm	615	433	550	654	395	420	590	575
	高/mm	810	795	1 160	864	645	570	580	984
质量/kg		670	560	820	1 100	375	460	705	600

表 3-119 液压传动式钢筋切断机的主要技术性能

性能指标		形式及型号			
		电动	手动	手持电动	
		DYJ—32	SYJ—16	GQ—12	GQ—20
切断钢筋直径/mm		8～32	16	6～12	6～20
工作总压力/kN		320	80	100	150
活塞直径/mm		95	36		
最大行程/mm		28	30		
液压泵柱塞直径/mm		12	8		
单位工作压力/kN		45.5	79	34	34
液压泵输油率/(L/min)		4.5			
压杆长度/mm			438		
压杆作用力/N			220		
贮油量/kg			35		
电动机	型号	Y 型		单相串激	单相串激
	功率/kW	3		0.567	0.750
	转速/(r/min)	1 440			
外形尺寸	长/mm	889	680	367	420
	宽/mm	396		110	218
	高/mm	398		185	130
质量/kg		145	6.5	7.5	14

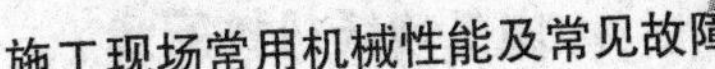

2. 钢筋切断机的保养与维护

(1)作业完毕后,应清除刀具及刀具下边的杂物,清洁机体,检查各部螺栓的紧固度及V带的松紧度;调整固定与活动刀片间隙,更换磨钝的刀片。

(2)每隔400～500 h进行定期保养,检查齿轮、轴承和偏心体磨损程度,调整各部间隙。

(3)按规定部位和周期进行润滑。偏心轴和齿轮轴滑动轴承、电动机轴承、连杆盖及刀具用钙基润滑脂润滑,冬季用ZG—2号润滑脂,夏季用ZG—4号润滑脂,机体刀座用HG—11号气缸机油润滑,齿轮用ZG—S石墨脂润滑。

3. 钢筋切断机的常见故障及排除方法

钢筋切断机的常见故障及排除方法见表3-120～表3-124。

表3-120 剪切不顺利

原　因	排除方法
刀片安装不牢固,刀口损伤	紧固刀片或修磨刀口
刀片侧间隙过大	调整间隙

表3-121 切刀或衬刀打坏

原　因	排除方法
一次切断钢筋太多	减少钢筋数量
刀片松动	调整垫铁,拧紧刀片螺栓
刀片质量不好	更换刀片

表3-122 切细钢筋时切口不直

原　因	排除方法
刀片过钝	更换或修磨
上下刀片间隙过大	调整上下刀片间隙

表3-123 连杆发出撞击声

原　因	排除方法
铜瓦磨损,间隙过大	研磨或更换轴瓦
连接螺栓松动	紧固螺栓

表3-124 齿轮传动有噪声

原　因	排除方法
齿轮损伤	修复齿轮
齿轮啮合部位不清洁	清洁齿轮,重新加油

三、钢筋弯曲机

1. 钢筋弯曲机的组成和性能

(1)钢筋弯曲机主要由机架、电动机、滚轴、转轴、调节手轮、紧固手柄、夹持器、工作台、控制配电箱等组成，如图 3-29 所示。

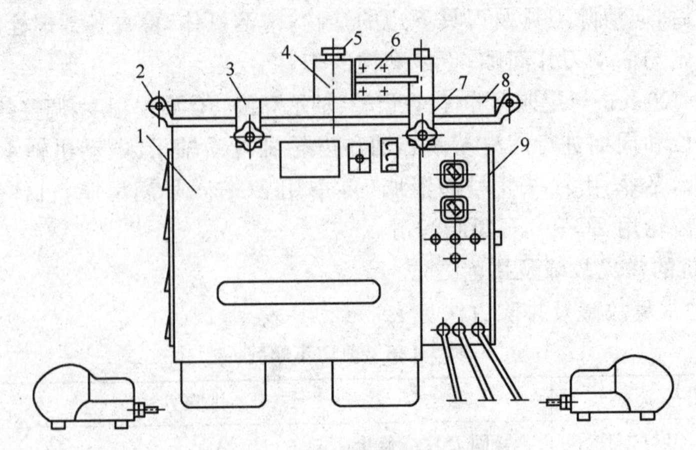

图 3-29 钢筋弯曲机

1—机架；2—滚轴；3、7—调节手轮；4—转轴；
5—紧固手柄；6—夹持器；8—工作台；9—控制配电箱

(2)常用钢筋弯曲机的主要技术性能见表 3-125。

表 3-125 常用钢筋弯曲机的主要技术性能

性能指标		型号		
		GW32	GW40A	GW50A
弯曲钢筋直径/mm		6～32	6～40	6～50
工作盘直径/mm		360	360	360
工作盘转速/(r/min)		10/20	3.7/14	6
电动机	型号	YEJ100L－4	Y100L$_2$－4	Y112M－4
	功率/kW	2.2	3	4
	转速/(r/min)	1 420	1 430	1 440
外形尺寸	长/mm	875	774	1 075
	宽/mm	615	898	930
	高/mm	945	728	890
整机质量/kg		340	442	740

2. 钢筋弯曲机的保养与维护

(1)按规定部位和周期进行减速器的润滑，夏季用 HL-30 号齿轮油，冬季用 HE-20 号齿轮油。传动轴轴承、立轴上部轴承及滚轴轴承冬季用 ZG-1 号润滑脂润滑，夏季用 ZG-2 号润滑脂润滑。

(2)连续使用三个月后，减速器内的润滑油应及时更换。

(3)长期停用时，应在工作表面涂装防锈油脂，并存放在室内干燥通风处。

3. 钢筋弯曲机的常见故障及排除方法

钢筋弯曲机的常见故障及排除方法见表 3-126～表 3-129。

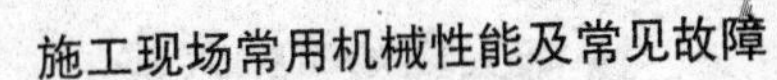

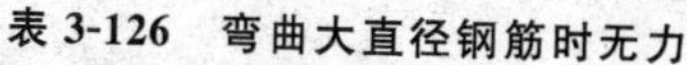

表 3-126　弯曲大直径钢筋时无力

原　因	传动带松弛
排除方法	调整传动带的紧度

表 3-127　弯曲多根钢筋时，最上面的钢筋在机器开动后跳出

原　因	没有把住钢筋
排除方法	将钢筋用力把住并保持一致

表 3-128　立轴上部与轴套配合处发热

原　因	排除方法
润滑油路不畅，有杂物阻塞	清除杂物
轴套磨损	更换轴套

表 3-129　传动齿轮噪声大

原　因	排除方法
齿轮磨损	更换磨损齿轮
弯曲的直径大，转速太快	按规定调整转速

四、钢筋冷拉机

1. 钢筋冷拉机的组成

(1)卷扬机式钢筋冷拉机。卷扬机式钢筋冷拉机主要由卷扬机、定滑轮组、地锚、导向滑轮、夹具、测力装置等组成，如图 3-30 所示。

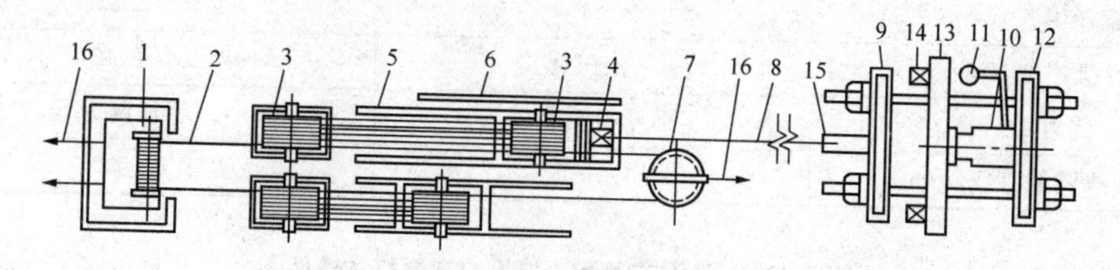

图 3-30　卷扬机式钢筋冷拉机

1—卷扬机；2—钢丝绳；3—滑轮组；4—夹具；5—轨道；6—标尺；7—导向滑轮；8—钢筋；9—活动前横梁；10—千斤顶；11—油压表；12—活动后横梁；13—固定横梁；14—台座；15—夹具；16—地锚

(2)液压式钢筋冷拉机。液压式钢筋冷拉机主要由泵阀控制器、液压冷拉机、夹具、翻料架等组成，如图 3-31 所示。液压式冷拉机的构造与预应力钢筋张拉用的液压拉伸机相同，只是活塞行程比拉伸机大，一般大于 600 mm。

(3)阻力轮式钢筋冷拉机。阻力轮式钢筋冷拉机其构造如图 3-32 所示，主要由支承架、阻力轮、电动机、变速器、绞轮等组成。

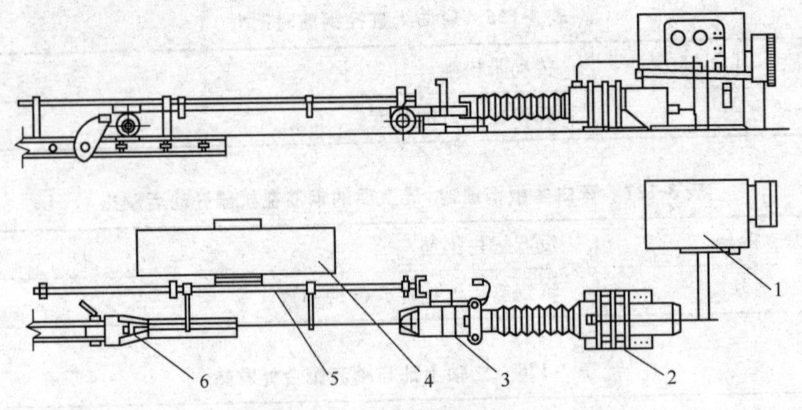

图 3-31 液压式钢筋冷拉机

1—泵阀控制器；2—液压冷拉机；3—前端夹具；4—袋料小车；5—翻料架；6—后端夹具

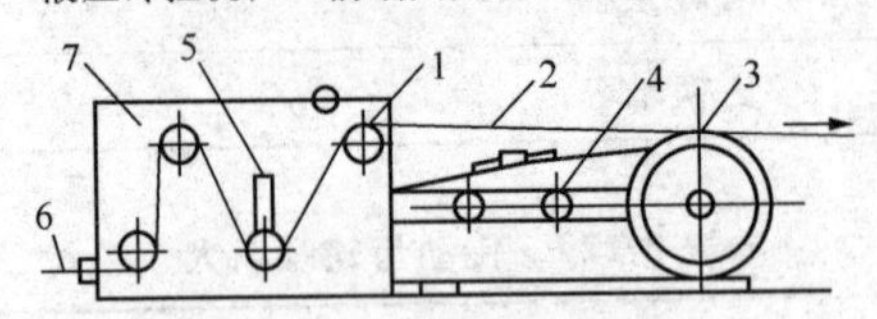

图 3-32 阻力轮式钢筋冷拉机

1—阻力轮；2—钢筋；3—绞轮；4—变速器；

5—调节器；6—钢筋；7—支承架

2. 钢筋冷拉机的性能

常用钢筋冷拉机的主要技术性能见表 3-130 和表 3-131。

表 3-130 卷扬机式钢筋冷拉机的主要技术性能

性能指标	粗钢筋冷拉	细钢筋冷拉
卷扬机型号规格	JM5(5 t 慢速)	JM3(3 t 慢速)
滑轮直径及门数	计算确定	计算确定
钢丝绳直径/mm	24	15.5
卷扬机速度/(m/min)	小于 10	小于 10
测力器形式	千斤顶测力器	千斤顶测力器
冷拉钢筋直径/mm	12～36	6～12

表 3-131 液压式钢筋冷拉机的主要技术性能

性能指标	指标值
冷拉钢筋直径/mm	12～18
冷拉钢筋长度/mm	9 000
最大拉力/kN	320
液压缸直径/mm	220
液压缸行程/mm	600
液压缸截面面积/cm^2	380
冷拉速度/(m/s)	0.04～0.05
回程速度/(m/s)	0.06

续表

性能指标			指标值
工作压力/MPa			32
台班产量/(根/台班)			700～720
油箱容量/L			400
总质量/kg			1 250
技术性能	高压油泵	型号	ZBD40
		压力/MPa	210
		流量/(mL/min)	40
		电动机型号	Y 型 6 级
		电动机功率/kW	7.5
		电动机转速/(r/min)	960
	低压油泵	型号	GB－B50
		压力/MPa	2.5
		流量/(L/min)	50
		电动机型号	Y 型 4 级
		电动机功率/kW	2.2
		电动机转速/(r/min)	1 430

五、钢筋冷拔机

1. 钢筋冷拔机的组成和性能

(1)钢筋冷拔机的组成。

1)卧式钢筋冷拔机。卧式钢筋冷拔机构分为单卷筒和双卷筒两种。双卷筒卧式钢筋冷拔机由电动机、变速器、卷筒、拔丝模盒等组成,如图 3-33 所示。

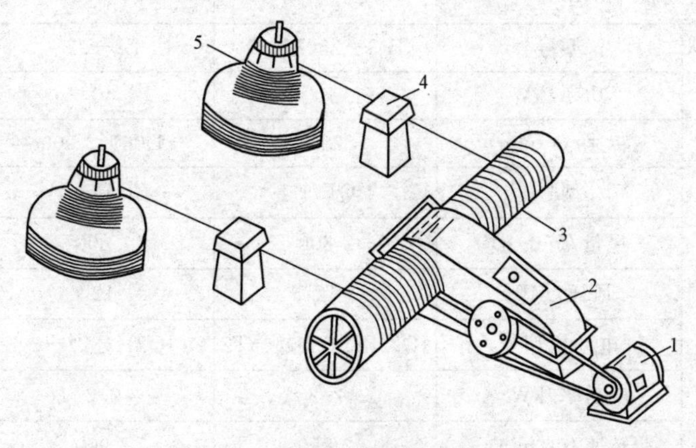

图 3-33　双卷筒卧式钢筋冷拔机

1—电动机;2—变速器;3—卷筒;4—拔丝模盒;5—承料架

2)立式钢筋冷拔机。立式钢筋冷拔机构造组成如图 3-34 所示；它是由电动机通过变速器使卷筒旋转，从而完成冷拔工序。

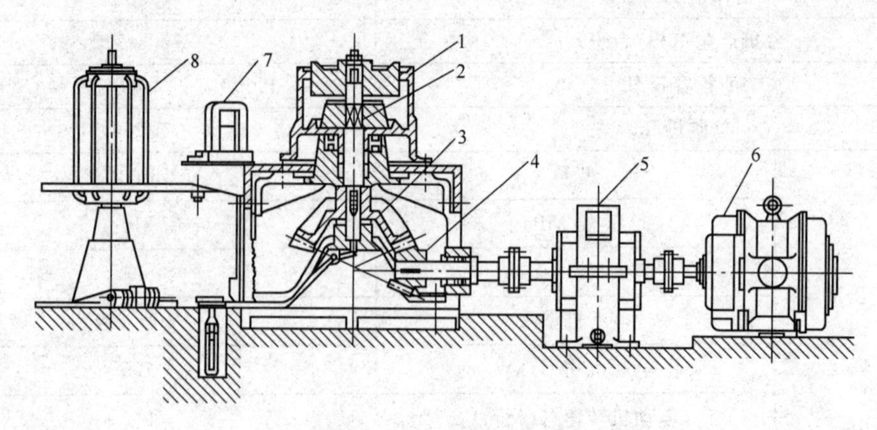

图 3-34　立式钢筋冷拔机

1—卷筒；2—立轴；3、4—锥形齿轮；5—变速器；6—电动机；7—拔丝模架；8—承料架

(2)常用钢筋冷拔机的主要技术性能见表 3-132。

表 3-132　常用钢筋冷拔机的主要技术性能

性能指标		型号		
		1/750 型	4/650 型	4/550 型
卷筒个数及直径/(个/mm)		1/750	4/650	4/550
进料钢材直径/mm		9	7.1	6.5
成品钢丝直径/mm		4	3～5	3
钢材抗拉强度/MPa		1 300	1 450	1 100
成品卷筒的转速/(r/min)		30	40～80	60～120
成品卷筒的线速度/(m/min)		75	80～160	104～207
卷筒电动机	型号	JR3－250M－8	Z2－92	ZJTT－W81－A/6
	功率/kW	40	40	40
	转速/(r/min)	750	1 000、2 000	440～1 320
通风机	型号	CQ13－J	CQ13－J	CQ11－J
	风量/(m^3/h)	2 800	2 800	1 500
	风压/MPa	12	12	12
	电动机型号	JQ2－22－2D2－T2	JQ2H－22－2	JQ2H－12－2
	功率/kW	2.2	2.2	1.1
	转速/(r/min)	2 880	2 900	2 900
冷却水总耗量/(m^3/h)		2	4.5	3

续表

性能指标		型号		
		1/750 型	4/650 型	4/550 型
润滑油泵	型号		2CY－7.5/25－1	2CY－7.5/25－1
	流量/(m^3/h)		7.5	7.5
	电动机型号		JQ2－31－4	JQ3－132S
	功率/kW		2.2	7.5
	转速/(r/min)		1 430	1 500
外形尺寸	长/mm	9 550	15 440	14 490
	宽/mm	3 000	4 150	3 290
	高/mm	3 700	3 700	3 700
质量/kg		6 030	20 125	12 085

2. 钢筋冷拔机的保养与维护

(1)应按润滑周期的规定注油,传动箱体内要保持一定的油位。

(2)齿轮副式蜗轮及滚动轴承处采用油泵喷射润滑。润滑油冬季用 HJ-20 号,夏季用 HJ-30号。

(3)润滑油由齿轮泵输出,通过单向阀分为两路:一路经安全阀和油箱通连,另一路经滤油器向外输出至各润滑点。

(4)冷拔机的卷筒,由于局部受力集中磨损较快,应定期检查,发现磨损严重时,可用锰钢焊条补牢,然后用砂轮打光;或在磨损处加工出一条环形槽,镶上球墨铸铁制成的新衬套。

第四节　混凝土机械

一、混凝土搅拌机

1. 混凝土搅拌机的组成和性能

(1)混凝土搅拌机单机主要由以下构造(或机构)组成:

1)搅拌机构是混凝土搅拌机的主要工作机构,由搅拌筒、搅拌轴、搅拌叶片和搅拌铲(刮铲)等组成。

2)传动装置是向搅拌机各工作机构传递力和速度的系统,分为由带条、摩擦轮、齿轮、链轮及轴等传动元件组成的机械传动系统和由液压元件组成的液压传动系统两大类。

3)上料机构是向搅拌筒内装入混凝土物料的设施,有卷扬提升式料斗、固定式料斗和翻转式料斗三种形式。

4)配水系统的作用是按照混凝土的配合比要求定量供给搅拌用水。搅拌机配水系统的形式主要有水泵—配水箱系统、水泵—水表系统和水泵—时间继电器系统三种。

5)卸料机构是将搅拌好的匀质熟料混凝土从搅拌筒中卸出的装置,有溜槽式、螺旋叶片式和倾翻式三种形式。

(2)各类混凝土搅拌机的主要技术性能见表3-133～表3-136。

表3-133 锥形反转出料搅拌机的主要技术性能

性能参数	型号					
	JZ150	JZ200	JZ250	JZ350	JZ500	JZ750
出料容量/m³	150	200	250	350	500	750
进料容量/L	240	320	400	560	800	1 200
搅拌额定功率/kW	3	4	4	5.5	10	15
工作循环次数不少于/(次/h)	30	30	30	30	30	30
骨料最大粒径/mm	60	60	60	60	60	80

表3-134 锥形倾翻出料搅拌机的主要技术性能

性能参数	型号									
	JF50	JF100	JF150	JF250	JF350	JF500	JF750	JF1000	JF1500	JF3000
出料容量/m³	50	100	150	250	350	500	750	1 000	1 500	3 000
进料容量/L	80	160	240	400	560	800	1 200	1 600	2 400	4 800
搅拌额定功率/kW	1.5	2.2	4	4	5.5	7.5	11	15	20	40
工作循环次数/(次/h)	30	30	30	30	30	30	30	25	25	20
骨料最大粒径/mm	40	60	60	60	80	80	120	120	150	250

表3-135 立轴涡桨式和行星式搅拌机的主要技术性能

性能参数	型号									
	JW50 JX50	JW100 JX100	JW150 JX150	JW200 JX200	JW250 JX250	JW350 JX350	JW500 JX500	JW750 JX750	JW1000 JX1000	JW1500 JX1500
出料容量/m³	50	100	150	200	250	350	500	750	1 000	1 500
进料容量/L	80	160	240	320	400	560	800	1 200	1 600	2 400
搅拌额定功率/kW	4	7.5	10	13	15	17	30	40	55	80
工作循环次数/(次/h)	50	50	50	50	50	50	50	45	45	45
骨料最大粒径/mm	40	40	40	40	40	40	60	60	60	80

表3-136 单卧轴、双卧轴搅拌机的主要技术性能

性能参数	型号										
	JD50	JD100	JD150	JD200	JD250	JD350 JS350	JD500 JS500	JD750 JS750	JD1000 JS1000	JD1500 JS150	JD3000 JS3000
出料容量/m³	50	100	150	200	250	350	500	750	1 000	1 500	3 000
进料容量/L	80	160	240	320	400	560	800	1 200	1 600	2 400	4 800
搅拌额定功率/kW	2.2	4	5.5	7.5	10	15	17	22	33	44	95

续表

性能参数	型号										
	JD50	JD100	JD150	JD200	JD250	JD350 JS350	JD500 JS500	JD750 JS750	JD1000 JS1000	JD1500 JS150	JD3000 JS3000
工作循环次数/(次/h)	50	50	50	50	50	50	50	45	45	45	40
骨料最大料径/mm	40	40	40	40	40	40	60	60	60	80	120

2. 混凝土搅拌机的保养与维护

混凝土搅拌机的保养与维护见表 3-137。

表 3-137 混凝土搅拌机的保养与维护

项 目	内 容
日常保养	(1)每次作业后,清洗搅拌筒内外积灰。搅拌筒内拌合料不接触部分,清洗完毕后涂上一层机油,便于下次清洗。 (2)移动式搅拌机的轮胎气压应保持在规定值。轮胎螺栓应旋紧。 (3)料斗钢丝绳如有松散现象,应排列整齐并收紧钢丝绳。 (4)用气压装置的搅拌机,作业后应将贮气筒及分路盒内积水放出。 (5)按润滑部位及周期表进行润滑作业
定期保养(周期 500 h)	(1)调整三角带松紧度,检查并紧固钢板卡子、螺栓。 (2)料斗提升钢丝绳磨损超过规定时,应予更换;如尚能使用,应进行除尘润滑。 (3)内燃搅拌机的内燃机部分应按内燃机保养有关规定执行;电动搅拌机应清除电器的积尘,并进行必要的调整。JZ350 型搅拌机润滑部位及周期见表 3-138,其他机型可参考执行

表 3-138 JZ350 型搅拌机润滑部位及周期

润滑部位名称	润滑点数	润滑剂种类	润滑周期/h	润滑方法
传动减速器	1	A—LAN68	600	换油
上料斗减速器	1	A—LAN68	600	换油
托轮轴承座	4	钙基润滑脂	500	油杯加注
上料斗滑轮	3	钙基润滑脂	50	油枪加注
上料斗滚轮	4	钙基润滑脂	50	油枪加注
钢丝绳	2	钙基润滑脂	500	涂抹
支腿丝杠	4	润滑油	500	涂抹
轮胎轴承	2	钙基润滑脂	每次大修	更换
全部铰接点及滑动面		润滑油	每个工作班	涂抹
全部电动机轴承		钙基润滑脂	1 000	换油

3. 混凝土搅拌机的常见故障及排除方法

(1)自落式搅拌机的常见故障及排除方法见表 3-139～表 3-148。

表 3-139　推压上料手柄后料斗不起升或起升困难

原　因	排除方法
离合器制动带接合不良	调整松紧撑触头螺栓，使制动带抱紧。消除制动带翘曲，使接合面不少于 70%
制动带磨损	更换制动带
制动带上有油污	清洗油污并擦干
上料手柄与水平杆的连接螺栓松动或拨叉紧固螺栓松动	重新紧固
制动带脱落或松紧撑变形	检修离合器
拨叉滑头脱落或磨坏	补焊或换新滑头

表 3-140　拉动下降手柄时料斗不落

原　因	排除方法
离合器外制动带太紧	调整制动带的间隙
料斗起升太高，超过 180°，重心靠向内侧	调整振动装置的触头螺栓的高度，使其提早松开离合器
下降手柄不起作用	紧固手柄螺栓
钢丝绳卷筒轴发生干磨	清洗并加油
钢丝绳变形重叠而夹住	整理或更换钢丝绳

表 3-141　减速器有异响

原　因	排除方法
齿轮损坏	更换齿轮
齿轮啮合不正常	调整齿轮轴线，侧隙不大于 1.8 mm
缺少润滑油	添加足量润滑油
齿轮键松旷	更换齿轮键

表 3-142　搅拌筒运转不稳或振动

原　因	排除方法
托轮串位或不正	检修、调整托轮位置
大齿圈和小齿轮啮合不良	调整啮合情况

表 3-143　轴承过热

原　因	排除方法
轴承磨损发生松旷	圆锥滚柱轴承可在内套外侧加垫，滚珠轴承则应更换

续表

原　因	排除方法
轴承内套与轴发生滑动或外套与轴承座孔发生滑动	内套与轴松动，在轴颈处堆焊再加工，外套与轴承座松动，在座孔处堆焊再加工
轴承内污脏	清洗轴承，更换润滑脂

表 3-144　振动装置不起作用

原　因	排除方法
振动辊轮磨损过大，辊轮轴承磨损严重	补焊辊轮或更换新辊轮，更换新轴承
搅拌筒上的三角楔铁磨平	补焊楔铁
振动触头太低	调高触头并紧固

表 3-145　量水器不上水

原　因	排除方法
水泵密封填料气	施紧压盖螺母，压紧石棉填料
水泵不上水	加满引水排除腔中空气，必要时检修叶轮
水泵转速太低	调紧三角胶带
三通阀水孔堵塞	检修三通阀

表 3-146　量水器下水缓慢或根本不下水

原　因	排除方法
空气阀被锈蚀或卡住，或被污物堵住	检修空气阀
量水器内有污物，堵塞套管和吸水管间的水路	消除堵塞的污物
三通阀水孔堵塞	检修三通阀

表 3-147　量水器供水不准

原　因	排除方法
指针松动、活动套管下降	将指针固定
外杠杆和轴滑动使套管不连动	紧固连接螺栓
活动套管歪斜、卡住或锈住	检修量水器，使外杠杆和套管能连动

表 3-148　三通阀、水泵轴漏水

原　因	排除方法
皮碗或橡胶垫圈磨损	更换皮碗或垫圈
密封填料没起作用	压紧或更换填料

(2)强制式搅拌机的常见故障及排除方法见表3-149～表3-153。

表3-149　搅拌时有碰撞声

原　因	拌铲或刮板松脱或翘曲致使搅拌筒碰撞
排除方法	紧固拌铲或刮板的连接螺栓，检修调整拌铲、刮板之间的间隙

表3-150　拌铲转动不灵，运转有异常声

原　因	排除方法
搅拌装置缓冲弹簧失效	更换弹簧
拌合料中有大颗粒物料卡住拌铲	消除卡塞的物料
加料过多，动力超载	按规定进料容量投料

表3-151　运转中卸料门漏浆

原　因	排除方法
卸料门封闭不严	调整卸料底板下方的螺栓，使卸料门封闭严密
卸料门周围残存的黏结物过厚	消除残存的黏结物

表3-152　上料斗运行不平稳

原　因	上料轨道翘曲不平，料斗滚轮接触不良
排除方法	检查并调整两条轨道，使轨道平直，轨面平行

表3-153　上料斗上行时越过上止点而拉坏牵引机构

原　因	排除方法
自动限位装置失灵	检修或更换限位装置
自动限位挡板变形而不起作用	调整限位挡板

二、混凝土搅拌运输车

1. 混凝土搅拌运输车的组成和性能

(1)混凝土搅拌输送车主要由总体结构、搅拌筒、装料与卸料机构、气压供水系统等部分组成。

(2)常用混凝土搅拌输送车的主要技术性能见表3-154。

表3-154　常用混凝土搅拌输送车的主要技术性能

型　号	SDX5265GJBJC6	JGX5270GJB	JCD6	JCD7
拌筒几何容量/L	12 660	9 500	9 050	11 800
最大搅动容量/L	6 000	6 090	6 090	7 000
最大搅拌容量/L	4 500		5 000	
拌筒倾卸角/(°)	13	16	16	15

续表

型　号		SDX5265GJBJC6	JGX5270GJB	JCD6	JCD7
拌筒转速 /(r/min)	装料	0～16	0～16	1～8	6～10
	搅拌			8～12	1～3
	搅动			1～4	
	卸料				8～14
供水系统	供水方式	水泵式	压力水箱式	压力水箱式	气送或电泵送
	水箱容量/L	250	250	250	800
搅拌驱动方式		液压驱动	液压驱动	F4L912 柴油机驱动	液压驱动 前端取力
底盘型号		尼桑 NISSNA CWA45HWL	T815P 13208	T815P 13208	FV413
底盘发动机功率/kW		250			
外形尺寸 /mm	长	7 550	8 570	8 570	8 220
	宽	2 495	2 500	2 500	2 500
	高	3 695	3 630	3 630	3 650
质量/kg	空车	12 300	11 655	12 775	
	重车	26 000	26 544	27 640	

2. 混凝土搅拌运输车的保养与维护

混凝土搅拌运输车的保养与维护见表 3-155。

表 3-155　混凝土搅拌运输车的保养与维护

项　目	内　容
检查	(1)搅拌车发动前,必须进行全面检查,确保各部件正常,连接牢固,操作灵活。 (2)对销、点、支承轴润滑部位应按周期进行润滑,并保持加油处清洁。对液压泵、电动机、阀门等液压和气压原件,应按产品说明书要求进行保养。 (3)及时检查并排除液压、气压、电气等系统管路的漏损及断电等现象。 (4)定期检查搅拌叶片的磨损情况并及时修补。经常检查各减速器是否有异响和漏油现象并排除。对机械进行清洗、维修以及换油时,必须将发动机熄火停止运转
清洁	(1)每装运一次混凝土,当装料完毕,在装料现场冲洗搅拌筒外壁及进料斗;卸料完毕,在卸料现场冲洗搅拌筒口及卸料槽,并加水清洗搅拌筒内部。 (2)下班前,要清洗搅拌筒和车身,以防混凝土凝结在筒壁和叶片及车身上。露天停放时,要盖好有关部位,以防生锈、失灵。汽车部分按汽车说明书进行维护保养
润滑	按照表 3-156 的润滑部位及周期进行润滑作业,并保持加油处清洁

表 3-156　混凝土搅拌运输车搅拌装置润滑部位及周期

润滑周期	润滑部位	润滑剂
每日	斜槽销	钙基脂 ZG－1
	加长斗连接销	
	升降机构连接销	
	操纵机构连接点	
每周	斜槽销支承轴	
	万向节十字轴	
每月	托轮轴	
	操纵软轴	齿轮油 HL－20
每年	液压电动机减速器	

3. 混凝土搅拌运输车的常见故障及排除方法

混凝土搅拌运输车的常见故障及排除方法见表 3-157～表 3-164。

表 3-157　进料堵塞

原　因	排除方法
进料搅拌不均匀，出现生料	堵塞后用工具捣通，同时加一些水
进料速度过快	控制进料速度

表 3-158　搅拌筒反转不出料

原　因	排除方法
料的含水量小、过干	加水搅拌
叶片磨损严重	修复或更换叶片

表 3-159　搅拌筒上下跳动

原　因	排除方法
滚道和托轮磨损严重	修复或更换
轴承座螺栓松动	拧紧螺栓

表 3-160　液压系统有噪声，油泵吸空，油生泡沫

原　因	排除方法
吸水滤清器堵塞	更换滤清器
进油管路渗漏	检查并排除渗漏

表 3-161　油温过高

原　因	排除方法
空气滤清器堵塞	清洗或更换空滤器
液压油黏度太大	更换液压油

表 3-162 压力不足，流量太小

原　因	排除方法
油箱内油量少	添加液压油
油脏，使液压泵磨损	清洗或更换
滤清器失效	清洗或更换

表 3-163 液压系统漏油

原　因	排除方法
元件磨损	修复或更换
接头松动	拧紧管接头

表 3-164 操纵失灵

原　因	排除方法
液压泵伺服阀磨损	修复或更换
轮轴接头松动	重新拧紧
操纵机构连接接头松动	重新拧紧

三、混凝土输送泵

1. 混凝土输送泵的组成和性能

(1)混凝土输送泵的组成。

1)液压活塞式混凝土输送泵。液压活塞式混凝土输送泵由电动机、料斗、输出管、球阀、机架、泵缸、空气压缩机、油缸、行走轮等组成，如图 3-35 所示。

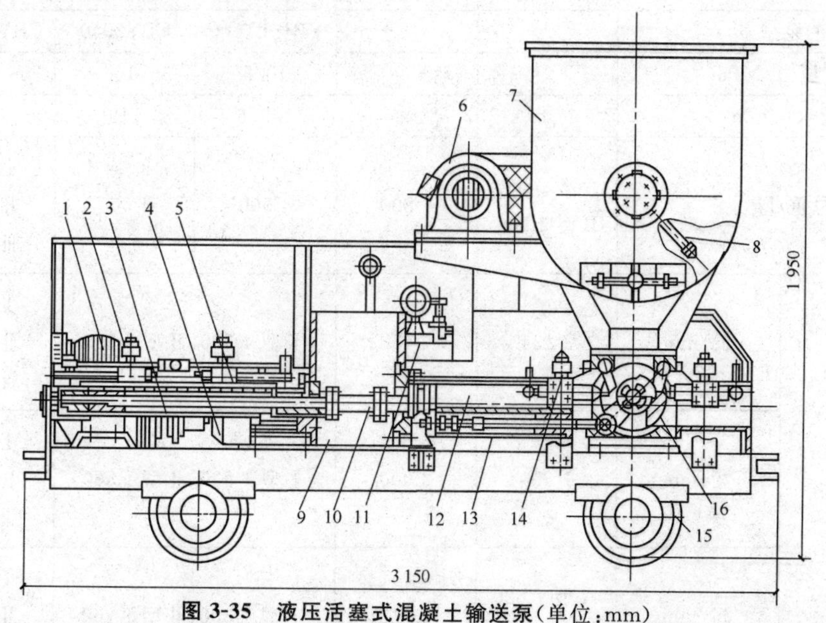

图 3-35 液压活塞式混凝土输送泵(单位：mm)

1—空气压缩机；2—主油缸行程阀；3—空气压缩机离合器；4—主电动机；5—主油缸；6—电动机；7—料斗；8—叶片；9—水箱；10—中间接杆；11—操纵阀；12—混凝土泵缸；13—球阀油缸；14—球阀行程阀；15—车轮；16—球阀

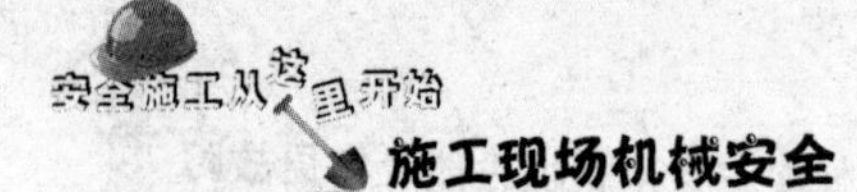

2)挤压式混凝土输送泵。挤压式混凝土输送泵的主要部分是泵体、软管、橡胶滚轮及行星齿轮传动系统。

(2)混凝土输送泵主要技术性能见表 3-165。

表 3-165　混凝土输送泵主要技术性能

性能指标		型　号				
		HB8	HB15	HB30	HB30B	HB60
排量/(m^3/h)		8	10～15	30	15,30	30～60
最大输送距离/m	水平	200	250	350	420	390
	垂直	30	35	60	70	65
输送管直径/mm		150	150	150	150	150
混凝土坍落度/mm		5～23	5～23	5～23	5～23	5～23
骨料最大粒径/mm		卵石 50 碎石 40	卵石 50 碎石 40	卵石 50 碎石 40	卵石 50 碎石 40	卵石 50 碎石 40
输送管清洗方式		气洗	气洗	气洗	气洗	气洗
混凝土缸数		1	2	2	2	2
混凝土缸	直径/mm	150	150	220	220	220
	行程/mm	600	1 000	825	825	1 000
料斗容量/L		400	400	300	300	300
离地高度/mm		A 型 1 460 B 型 1 690	1 500	Ⅰ型 1 300 Ⅱ型 1 160	Ⅰ型 1 300 Ⅱ型 1 160	Ⅰ型 1 290 Ⅱ型 1 185
主电动机功率/kW				45	45	55
主油泵型号				YB－B114C	CBY2040	CBY3100/3063
额定压力/MPa				10.5	16	20
排量/(L/min)				169.6	119	243
总重/kg		A 型 2 960 B 型 3 260	4 800	4 500	4 500	Ⅰ型 5 900 Ⅱ型 5 810 Ⅲ型 5 500
外形尺寸	长/mm	3 134	4 458	Ⅰ型 4 580、Ⅱ型 3 620		Ⅰ型 4 980 Ⅱ型 4 075 Ⅲ型 4 075
	宽/mm	1 590	2 000	Ⅰ型 1 830、Ⅱ型 1 360		Ⅰ型 1 840 Ⅱ型 1 360 Ⅲ型 1 360
	高/mm	A 型 1 620 B 型 1 850	1 718	Ⅰ型 1 300、Ⅱ型 1 160		Ⅰ型 1 420 Ⅱ型 1 315 Ⅲ型 1 240

续表

性能指标	型号				
	HB8	HB15	HB30	HB30B	HB60
备注	A型不带行走轮，B型带行走轮		Ⅰ型轮胎式、Ⅱ型轨道式		Ⅰ型轮胎式 Ⅱ型轨道式 Ⅲ型固定式

2. 混凝土输送泵的保养与维护

混凝土输送泵的保养与维护见表3-166。

表3-166 混凝土输送泵的保养与维护

项 目	内 容
日常维护	(1)检查线路连接牢固，绝缘良好，各种开关、按钮、接触器、继电器等作用正常，接地装置可靠。 (2)各部连接螺栓完整无缺，紧固牢靠，输送管路固定、垫实，无渗漏。 (3)油位指示器应在蓝线范围内，不足时添加。 (4)检查水箱水量充足。 (5)液压泵、缸及各操纵阀、管路等元件应无渗漏，工作压力正常，动作平稳正确，油温在15℃～65℃范围内。 (6)检查搅拌机构，应工作正常，无卡阻现象。 (7)分配阀动作及时，位置正确，泵送频率正常，正反泵操作便捷，无漏水、漏油、漏浆等现象。 (8)开动泵机，用清水将泵体、料斗、阀箱、泵缸和管路中所有剩余混凝土冲洗干净，如作业面不准放水时，可采用气洗
月度维护	(1)各部连接和紧固件应齐全完好，缺损者补齐。 (2)放出底部沉积的污垢，补充润滑油至规定油面高度。 (3)调整传动链条松紧度，一般挠度为20～30 mm。 (4)检查分配阀磨损情况。球阀的阀芯和阀体之间的间隙应为0.5～1 mm；板阀和系杆的间隙超过3 mm，板阀上端间隙超过1 mm，下端间隙超过1.5 mm，以及板阀和系杆对中程度超过3 mm均应调整或更换密封件。阀窗应关闭严密。 (5)料斗和搅拌叶片应无变形、磨损，视需要进行调整或修复。 (6)推送活塞、橡胶圈应无磨损、脱落、剥离或扯裂等现象，必要时予以更换。 (7)清洁过滤器滤芯，如有内泄外漏或压力失调等现象，应予调整或更换密封件。 (8)空气压缩机压力应正常，清洗空气过滤器。 (9)无漏水、漏浆等现象，安装牢固。 (10)清除机身外表灰浆，按润滑表规定进行润滑
年度维护	(1)打开上盖，放尽脏油，冲洗内部。检查齿轮副和轴承的磨损情况，更换磨损零件及油封，调整齿轮的啮合间隙，加注新油至规定油面。 (2)料斗、搅拌叶片、搅拌轴和支座等如有磨损应修复或更换，传动链轮和链条应无过量磨损，更换已磨损的轴承、密封盘、压圈、螺栓等易损件。

续表

项　目	内　容
年度维护	(3)拆检混凝土缸和活塞的磨损情况，更换橡胶圈、密封圈等易损件，如活塞杆弯曲或混凝土缸磨损超限应修复或更换。 (4)拆检各部零件的磨损情况，必要时修复或更换，更换密封件。 (5)清洁各液压元件，检测其工作性能，必要时调整或拆修。检测液压油，如油质变坏应予更换，更换时应进行全系统清洗。 (6)拆检水泵，检查轴承、叶片、泵壳等应无磨损，水管及吸水龙头应无老化或损坏，必要时予以修复或更换。更换填环、水封及其他易损件。 (7)检查输电导线的绝缘情况和接线柱头等应完好，检查各开关和继电器触头的接触情况，如有烧伤和弧坑应予清除，必要时调整继电器的整定值。 (8)检查随机配备的各型管道及管接头等，如有破损应予修复并补齐连接螺栓。 (9)全机清洗，对外表进行补漆防腐。 (10)按要求进行试运转，各部应运转正常，作业性能符合要求。 (11)按规定的润滑部位和周期进行润滑，见表 3-167

表 3-167　HB 系列混凝土输送泵润滑部位及周期

润滑点名称	润滑点数	润滑剂	加油周期/h		换油周期/h	
			HB30	HB60	HB30	HB60
板阀上下轴承	2	钙基脂 冬 ZG-2 夏 ZG-4	3	2	240	176
搅拌轴承	2		3	2	240	176
搅拌链条	1		3		240	
液压电动机支承座	1		80	480		
板阀液压缸转动销	1		8	8	240	176
板阀液压缸支承销	1		88		240	176
板阀夹紧螺母	2		16	16	240	176
板阀下轴承顶螺栓	1		80	64	240	176
阀窗铰链销	2		80	64	480	
阀窗夹紧臂销	4		90	64	480	
链条联轴器	2				480	
前后轮转向架轴承	6				2 880	2 100
分动器	1	齿轮油 冬 HL-20 夏 HL-30	16		首次 480 常规 1 440	

3. 混凝土输送泵的常见故障及排除方法

混凝土输送泵的常见故障及排除方法见表 3-168～表 3-187。

表 3-168 电动机启动时，空气开关跳闸

原 因	排除方法
空气开关内过流装置故障	检查修理
过电流整定值偏小	重新调整
前次运转停机时未按泵送停止按钮，造成电动机带负荷启动	按一下泵送停止按钮再启动

表 3-169 电动机启动后，运转指示灯不亮

原 因	排除方法
灯内限流电阻断线	更换
交流接触器常闭接点、时间继电器微动开关接点有故障	检修或更换

表 3-170 泵指示灯全不亮，但推送正常，或一侧灯亮，但无推送动作

原 因	排除方法
限流电阻接线故障	更换
灯座接线错误或松动	检查接线，扭紧螺栓
主电液阀电磁线圈或行程开关有故障	检修或更换

表 3-171 活塞反向失灵，或活塞能循环动作，但板阀不反向

原 因	排除方法
反向按钮接触不良	检修
反向继电器插座接线松动	检修，消除接线松动
板阀反向开关损坏或接线不良	检修或更换
电液阀电磁线圈损坏	检修或更换

表 3-172 搅拌自动反向失灵

原 因	排除方法
时间继电器微动开关失灵	检查接线或更换
微动开关与油压推杆错位	调整或更换
搅拌电磁阀损坏	检修或更换

表 3-173 搅拌轴不转

原 因	排除方法
料斗内有异物卡阻	清除异物

续表

原　因	排除方法
搅拌轴两端轴承密封损坏，砂浆渗入结硬	更换密封，排除砂浆积块

表 3-174　推送机构动作正常但无混凝土排出

原　因	混凝土活塞从活塞杆上脱落
排除方法	重新安装混凝土活塞

表 3-175　板阀上下轴端漏浆，阀窗泄浆

原　因	排除方法
轴承磨损	更换新的轴承
阀窗损坏或关闭不严	检修或重新关严

表 3-176　分动箱漏油

原　因	排除方法
油封损坏或轴颈磨损	更换油封、修复轴颈
箱盖结合面损坏或密封垫损坏	修理或更换

表 3-177　水系统有浮油或水泥浆，水从水箱盖冒出

原　因	排除方法
推进机构油缸密封圈损坏	更换密封圈
混凝土活塞橡胶圈损坏	更换橡胶圈
混凝土缸壁磨损	更换

表 3-178　推送混凝土频率过低或过高

原　因	排除方法
油箱油面过低，液压泵吸空气	加油至规定油面
主溢流阀不正常，有泄漏	检修
滤油器堵塞	清洗滤芯
封闭油路油量减少，冲程缩短	检修封闭油路安全阀

表 3-179　推送活塞在行程终端停顿

原　因	主电液阀阀芯卡住
排除方法	检修

表 3-180　板阀换向缓慢

原　因	排除方法
蓄能器充压不足	检修
卸荷溢流阀压力过低	调整溢流阀压力
液压缸活塞密封损坏	更换密封圈

表 3-181　蓄能器压力不稳定，呈不规则变化

原　因	排除方法
液压泵吸入空气	油箱补油，检修吸油管路
卸荷阀故障	检修

表 3-182　板阀液压缸不动作

原　因	排除方法
阀箱内混凝土堵塞	清除堵塞
板阀液压缸失灵	检修

表 3-183　主液压缸活塞杆振动

原　因	排除方法
油箱油位低，液压泵吸空	加油至规定油面
主泵吸油管泄漏	检修
主液压缸杆腔密封圈压得过紧，油温提高后活塞杆咬死	重新装配

表 3-184　两个推送液压缸不同步，有时还发生撞缸现象

原　因	闭合回路存在空气
排除方法	在停机状态下，缓缓松开闭合油路管接头进行排气，拧紧接头后开机运转几分钟，再停机进行排气，直至排完存气

表 3-185　油温过高

原　因	排除方法
泵送负载太高而使主溢流阀经常溢流	适当提高溢流压力
辅电液阀和卸荷阀有故障，使辅泵不能卸荷	检修
液压油黏度过低	更换液压油

表 3-186　电动机停转后，蓄能器释放能量时板阀动作少于 6 次

原　因	排除方法
卸荷阀泄漏，不保压	检修
辅电液阀失灵	检修

表 3-187　液压油污浊呈锈色

原　因	排除方法
推送液压缸密封圈损坏	更换密封圈
液压系统有损坏而引起污染	检查、排除

四、混凝土泵车

1. 混凝土泵车的组成

混凝土泵车主要由汽车底盘、双缸液压活塞式混凝土输送泵和液压折叠式臂架管道系统三部分组成，如图 3-36 所示。

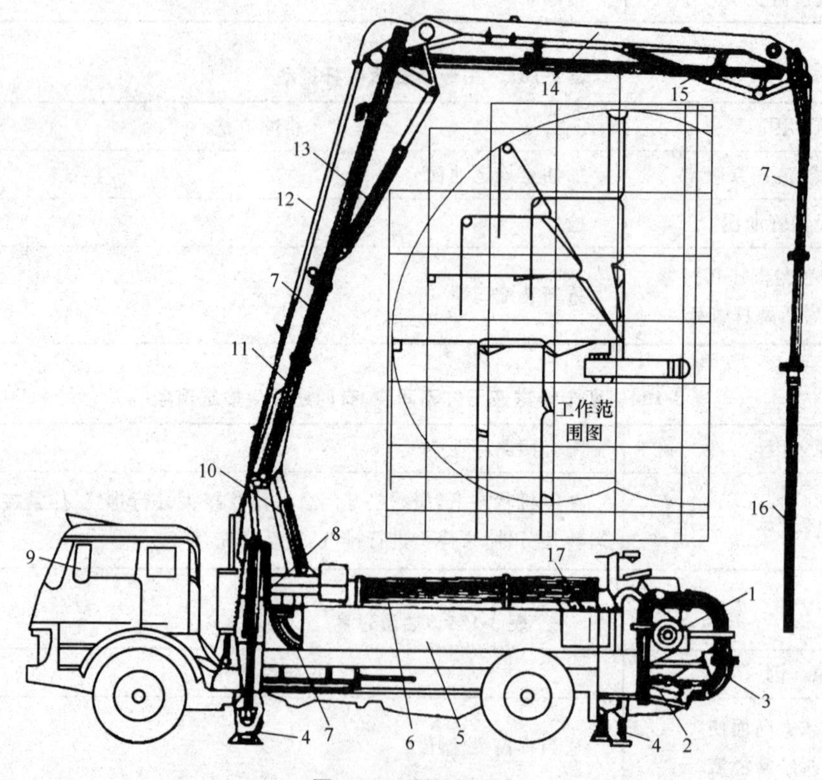

图 3-36　混凝土泵车

1—料斗和搅拌器；2—混凝土泵；3—Y 形出料管；4—液压外伸支腿；5—水箱；6—备用管段；7—输送管道；8—支承旋转台；9—驾驶室；10、13、15—折叠臂油缸；11、14—臂杆；12—油管；16—橡胶软管；17—操纵柜

2. 混凝土泵车的性能

混凝土泵车的主要技术性能见表 3-188。

表 3-188　混凝土泵车的主要技术性能

技术指标			型号							
			B－HB20	IPF85B		HBQ60	DC－S115B	NCP9FB	PTF75B	
性能	排量/(m³/h)		20	10～85		15～70	70	大排量时 15～90 高压时 10～45	10～75	
	最大输送距离/m	水平	270 (管径 150)	310～750 (因管径而异)		340～500 (因管径而异)	270～530 (因管径而异)	470～1 720 (因管径、压力而异)	250～600 (因管径而异)	
		垂直	50 (管径 150)	80～125 (因管径而异)		65～90 (因管径而异)	70～110 (因管径而异)	90～200 (因管径、压力而异)	50～95 (因管径而异)	
	容许骨料的最大尺寸/mm		40(碎石) 50(卵石)	25～50 (因管径和骨料种类而异)		25～50 (因管径和骨料种类而异)	25～50 (因管径和骨料种类而异)	25～50 (因管径和骨料种类而异)	25～50 (因管径和骨料种类而异)	
	混凝土坍落适应范围/cm		5～23	5～23		5～23	5～23	5～23	5～23	
泵体规格	混凝土缸数		2	2		2	2	2	2	
	缸径×行程/mm		180×1 000	195×1 400		180×1 500	180×1 500	190×1 570	195×1 400	
清洗方式			气、水	水		气、水	气、水	气、水	气、水	
汽车底盘	型号		黄河 JN150	IPF85B－2 ISUZU CVR144	IPF85B ISUZUK-SJR461	罗曼 R10、215F	三菱 EP117J 型 8 t 车	日产 K－CK20L	ISUZU SLR450	日野 KB721
	发动机最大功率/hp		160	188	188	215	215	185	195	90
	发动机最大转速/(r/min)		1 800	2 300	2 300	2 200	2 500	2 300	2 300	2 350
骨架	最大水平长度/m		17.96	17.40		17.70	17.70	18.10	17.40	
	最大垂直高度/m		21.20	20.70		21.00	21.20	20.60	20.70	
外形尺寸	长/mm		9 490	9 030	9 000	8 940	8 840	9 135	8 900	
	宽/mm		2 470	2 490	2 495	2 500	2 475	2 490	2 490	
	高/mm		3 445	3 270	3 280	3 340	3 400	3 365	3 490	
总质量/kg			约 15 000	14 740	15 330	约 15 500	15 350	约 16 000	15 430	15 290

五、插入式振捣器

1. 插入式振捣器的组成和技术性能

(1)插入式振捣器的组成。

1)电动偏心插入式振捣器。电动偏心插入式混凝土振捣器主要由棒头、振动棒壳体、电动机、减振器等部分组成,如图 3-37 所示。

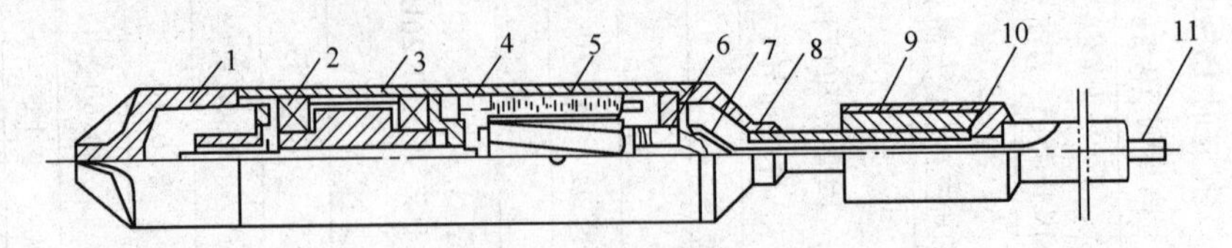

图 3-37 电动偏心插入式混凝土振捣器

1—棒头;2—轴承;3—振动棒壳体;4—中间壳体;5—电动机;6—轴承;7—接线盖;8—端盖;9—减振器;10—连接管;11—引出电缆线

2)电动软轴行星插入式混凝土振捣器。电动软轴行星插入式混凝土振捣器主要由振动棒、软轴套、防逆装置、电动机、电器开关、电动机座支座等部分组成,如图 3-38 所示。

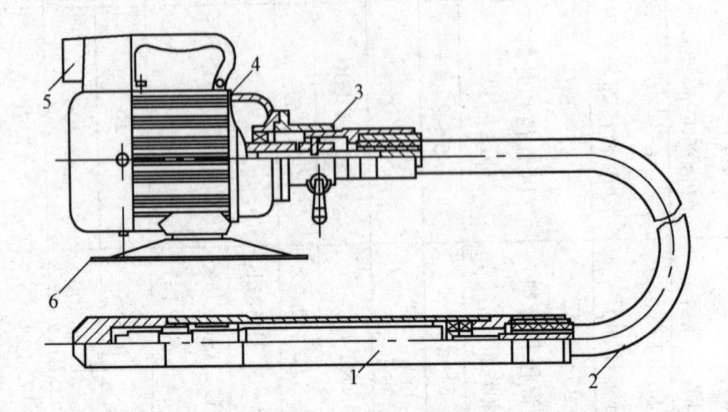

图 3-38 电动软轴行星插入式混凝土振捣器

1—振动棒;2—软轴套;3—防逆装置;4—电动机;5—电器开关;6—电动机座支座

(2)插入式振捣器的技术性能。

1)电动软轴行星式振捣器的主要技术性能见表 3-189。

表 3-189 电动软轴行星式振捣器的主要技术性能

性能指标		型号					
		ZN25	ZN35	ZN45	ZN50	ZN60	ZN70
振动棒(器)	直径/mm	26	36	45	51	60	68
	长度/mm	370	422	460	451	450	460
	频率/(次/min)	15 500	13 000~14 000	12 000	12 000	12 000	11 000~12 000
振动棒(器)	振动力/kN	2.2	2.5	3~4	5~6	7~8	9~10
	振幅/mm	8	10	10	13	13	13

续表

性能指标		型号					
		ZN25	ZN35	ZN45	ZN50	ZN60	ZN70
电动机	功率/kW	0.8	0.8	1.1	1.1	1.5	1.5
	转速/(r/min)	2 850	2 850	2 850	2 850	2 850	2 850
软轴直径/mm		8	10	10	13	13	13
软管直径/mm		24	30	30	36	36	36

2)电动软轴偏心式振捣器和电动直联式振捣器的主要技术性能,见表 3-190。

表 3-190 电动软轴偏心式振动器和电动直联式振捣器的主要技术性能

性能指标		形式及型号							
		电动软轴偏心式					电动直联式		
		ZPN18	ZPN25	ZPN35	ZPN50	ZPN70	ZDN80	ZDN100	ZDN130
振动棒(器)	直径/mm	18	26	36	48	71	80	100	130
	长度/mm	250	260	240	220	400	436	520	520
	频率/(次/min)	17 000	15 000	14 000	13 000	6 200	11 500	8 500	8 400
	振动力/kN						6.6	13	20
	振幅/mm	0.4	0.5	0.8	1.1	2.25	0.8	1.6	2
电动机	功率/kW	0.2	0.8	0.8	0.8	2.2			
	转速/(r/min)	11 000	15 000	15 000	15 000	2 850	11 500	8 500	8 400
软轴直径/mm			8	10	10	13			
软管直径/mm			30	30	30	36	0.8	1.5	2.5

2. 插入式振捣器的常见故障及排除方法

插入式振捣器的常见故障及排除方法见表 3-191～表 3-196。

表 3-191 电动机转速降低,停机再启动时不转

原因	排除方法
定子磁铁松动	拆卸检修
电源一相熔断丝烧断或一相断线	更换熔断丝,检查、接通断线

表 3-192 电动机旋转,软轴不旋转或缓慢转动

原因	排除方法
电动机旋向接错	对换电源任两相
软管过长	软轴软管接头一端对齐,另一端要使软轴接头比软管接头长55 mm,多余软管要锯去

续表

原　因	排除方法
防逆装置失灵	修复防逆装置使之正常工作
软轴接头与软轴松脱	设法紧固软轴接头与软轴

表 3-193　启动电动机，软管抖振剧烈

原　因	排除方法
软轴过长	软轴软管接头一端对齐，多余的软轴锯去
软轴损坏、软管压坏或软管衬簧不平	更换合适的软轴软管

表 3-194　振动棒轴承发热

原　因	排除方法
轴承润滑脂过多或过少	相应增减润滑脂
轴承型号不对，游隙过小	更换符合要求的轴承
轴承外圈与套管配合过松	更换轴承或套管

表 3-195　振动棒不起振

原　因	排除方法
软轴和振动子之间未接好或软轴扭断	接好接头或更换软轴
滚锥与滚道安装尺寸不对	重新装配
轴承型号不对	更换符合要求的轴承
锥轴断裂	更换锥轴
滚道处有油、水	清除油、水，检查油封，消除漏油

表 3-196　振动无力

原　因	排除方法
电压过低	调整电压
从振动棒外壳漏入水泥浆	清洗干净，更换外壳密封
行星振动子不起振	摇晃棒头或将端部轻轻碰木块或地面
滚道有油污	清除油污，检查油封，消除漏油
软管与软轴摩擦力太大	检测软管、软轴长度，使其相符

六、附着式、平板式振捣器

1. 附着式、平板式振捣器的组成和性能

(1)附着式、平板式振捣器的组成。

1)附着式振捣器。又称外部振捣器。各种类型的附着式振捣器的构造基本相同,仅外形有所区别,主要由电动机、偏心块振动子组成,如图 3-39 所示。

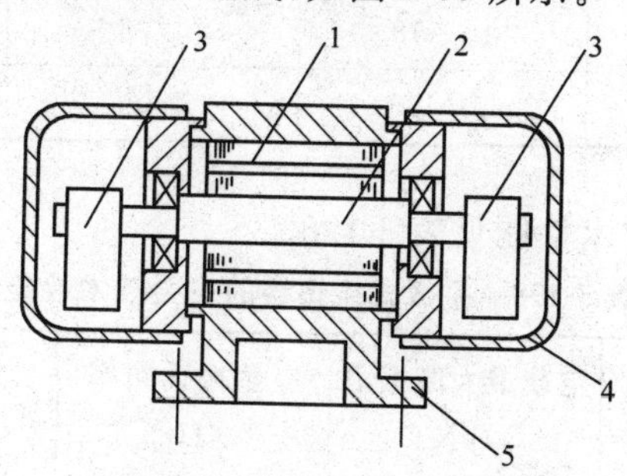

图 3-39 附着式振捣器构造

1—电动机;2—电动机轴;3—偏心块;4—护罩;5—固定机座

2)平板式振捣器。平板式振捣器主要由底板、壳、定子、转子轴、偏心振动子等组成,如图 3-40所示。

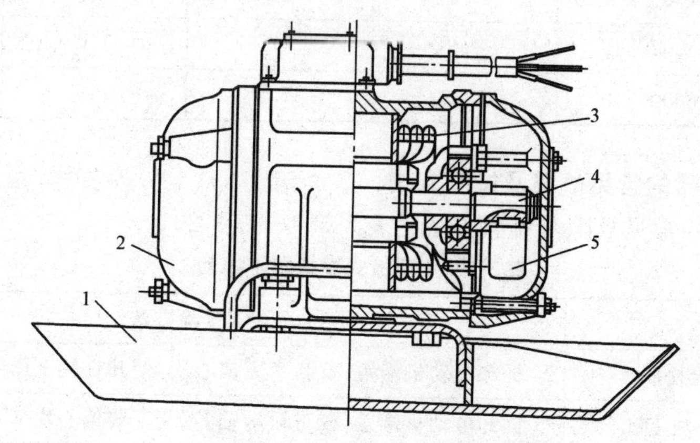

图 3-40 平板式振捣器构造

1—底板;2—壳;3—定子;4—转子轴;5—偏心振动子

(2)附着式、平板式振捣器的主要技术性能。

1)附着式振捣器的主要技术性能见表 3-197。

表 3-197 附着式振捣器的主要技术性能

型 号	附着台面尺寸(长×宽)/mm	空载最大激振力/kN	空载振动频率/Hz	偏心力矩/(N·cm)	电动机功率/kW
ZF18—50	215×175	1.0	47.5	10	0.18
ZF55—50	600×400	5	50		0.55
ZF80—50	336×195	6.3	47.5	70	0.8
ZF100—50	700×500		50		1.1

续表

型　号	附着台面尺寸（长×宽）/mm	空载最大激振力/kN	空载振动频率/Hz	偏心力矩/(N·cm)	电动机功率/kW
ZF150－50	600×400	5～10	50	5～100	1.5
ZF180－50	560×360	8～10	48.2	170	1.8
ZF220－50	400×700	10～18	47.3	100～200	2.2
ZF300－50	650×410	10～20	46.5	220	3

2)平板式振捣器的主要技术性能见表3-198。

表3-198　平板式振捣器的主要技术性能

型　号	振动平板尺寸（长×宽）/mm	空载最大激振力/kN	空载振动频率/Hz	偏心力矩/(N·cm)	电动机功率/kW
ZB55－50	780×468	5.5	47.5	55	0.55
ZB75－50	500×400	3.1	47.5	50	0.75
ZB110－50	700×400	4.3	48	65	1.1
ZB150－50	400×600	9.5	50	85	1.5
ZB220－50	800×500	9.8	47	100	2.2
ZB300－50	800×600	13.2	47.5	146	3.0

2. 平板式振捣器的常见故障及排除方法

平板式振捣器的常见故障及排除方法见表3-199～表3-201。

表3-199　平板式振捣器不振动

原　因	排除方法
偏心块紧固螺栓松脱	拆卸电动机端盖，重新紧固偏心块，使其在轴上固定牢靠
振动轴弯曲，偏心块卡死	拆卸电动机端盖，校正振动轴，重新安装偏心块

表3-200　振捣板振动不正常，有异响

原　因	连接螺栓松动或脱落
排除方法	重新连接并紧固螺栓

表3-201　电动机过热

原　因	电动机外壳粘有灰浆使散热不良
排除方法	清除灰浆结块，保持电动机外壳清洁

七、混凝土振动台

1. 混凝土振动台的组成和性能

(1)混凝土振动台主要由上部框架、下部框架、支承弹簧、电动机、齿轮箱、振动子等组成，

如图 3-41 所示。

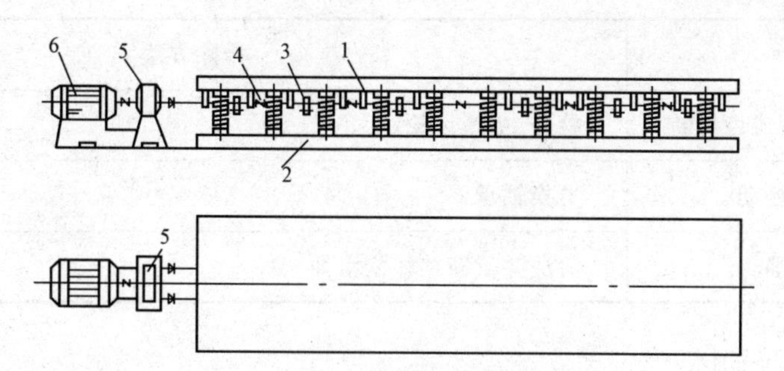

图 3-41　混凝土振动台结构示意图

1—上部框架(台面);2—下部框架;3—振动子;4—支承弹簧;5—齿轮同步器;6—电动机

(2)混凝土振动台的主要技术性能见表 3-202。

表 3-202　混凝土振动台的主要技术性能

型　号	技术指标			
	振动频率/(次/min)	激振力/kN	振幅/mm	电动机功率/kW
SZT－0.6×1	2 850	4.52～13.16	0.3～0.7	1.1
SZT－1×1	2 850	4.52～13.16	0.3～0.7	1.1
HZ9－1×2	2 850	14.6～30.7	0.3～0.9	7.5
HZ9－1×4	2 850	22.0～49.4	0.3～0.7	7.5
HZ9－1.5×4	2 940	63.7～98.0	0.3～0.7	22
HZ9－1.5×6	2 940	85～130	0.3～0.8	22
HZ9－1.5×6	1 470	145	1～2	22
HZ9－2.4×6.2	1 470～2 850	150～230	0.3～0.7	25

2. 混凝土振动台的常见故障及排除方法

混凝土振动台的常见故障及排除方法见表 3-203～表 3-205。

表 3-203　混凝土振动台振动不均匀

原　因	排除方法
联轴器螺栓松动或断裂	拧紧螺栓或更换螺栓
联轴器不同心	调整两轴的同心度

表 3-204　混凝土振动台振动不起来

原　因	排除方法
电气系统故障	检查并找出故障原因同时排除
传动部位有杂物卡住	清除杂物

表 3-205　运转时有异常声音

原　因	排除方法
齿轮啮合间隙过大或齿折断	检查、更换齿轮
轴承损坏或松动	更换轴承
缺少润滑油	清洗并重新加注润滑油

第五节　建筑起重机械

一、履带式起重机

常用履带式起重机的技术性能见表 3-206。

表 3-206　常用履带式起重机的技术性能

性能指标		型　号								
		W－501			W－1001			W－2001(W－2002)		
操纵形式		液压			液压			气压		
行走速度/(km/h)		1.5～3			1.5			1.43		
最大爬坡能力/(°)		25			20			20		
回转角度/(°)		360			360			360		
起重机总质量/kg		21.32			39.4			79.14		
吊杆长度/m		10	18	18+2①	13	23	30	15	30	40
回转半径/m	最大	10	17	10	12.5	17	14	15.5	22.5	30
	最小	3.7	4.3	6	4.5	6.5	8.5	4.5	8	10
起重量/t	最大回转半径时	2.6	1	1	3.5	1.7	1.5	8.2	4.3	1.5
	最小回转半径时	10	7.5	2	15	8	4	50	20	8
起重高度/m	最大回转半径时	3.7	7.6	14	5.8	16	24	3	19	25
	最小回转半径时	9.2	17	17.2	11	19	26	12	26.5	36

注：①18+2 表示在 18 m 吊杆上加 2 m 鸟嘴，相应的回转半径、起重量、起重高度各数值均为副吊钩的性能。

二、汽车、轮胎式起重机

(1)QY20B/29R/20H 型汽车式起重机的主要技术性能见表 3-207。

表 3-207　QY20B/29R/20H 型汽车式起重机的主要技术性能(支腿全伸,侧向和后向作业)

外形图/mm	10 200~25 500；3 380(QY20B)；3 405(QY20B)；300；1 2350；4 485；2 430；2 200							
工作幅度/m	主臂长/m							主臂＋副臂/m
	10.2	12.58	14.97	17.35	19.73	22.12	24.5	24.5＋7.5
	起重量/t							
3.0	20.0							
3.5	17.2	15.9						
4.0	14.6	14.6	12.6					
4.5	12.75	12.7	11.7	10.5				
5.0	11.6	11.3	11.3	9.7				
5.5	10.45	10.0		9.1	8.1			
6.0	9.3	9.0	9.0	8.5	7.6	6.9		
7.0	7.24	7.3	7.41	7.2	6.7	6.1	5.5	
8.0	5.99	6.1	6.17	6.2	5.9	5.4	5.0	
9.0		5.13	5.21	5.25	5.3	4.8	4.5	
10.0		4.35	4.43	4.48	4.52	4.4	4.0	
12.0			3.26	3.32	3.36	3.39	3.41	1.7
14.0				2.49	2.53	2.56	2.58	1.4
16.0					1.90	1.94	1.96	1.2
18.0						1.45	1.47	1.0
20.0							1.08	0.88
22.0							0.76	0.75
24.0								0.63
27.0								0.5

注:表中数值不包括吊钩及吊具自重。

(2)QLD16 型轮胎式起重机的主要技术性能见表 3-208。

表 3-208　QLD16 型轮胎式起重机的主要技术性能

臂长/m	12			18			24		
工作幅度/m	起重量/t		起升高度/m	起重量/t		起升高度/m	起重量/t		起升高度/m
	用支腿	不用支腿		用支腿	不用支腿		用支腿	不用支腿	
3.5		6.5	10.7						
4	16	5.7	10.6						
4.5	14	5	10.5		4.9	16.5			
5	11.2	4.3	10.4	11	4.1	16.4			
5.5	9.4	3.7	10.3	9.2	3.5	16.3	8		22.4

续表

臂长/m	12			18			24		
工作幅度/m	起重量/t		起升高度/m	起重量/t		起升高度/m	起重量/t		起升高度/m
	用支腿	不用支腿		用支腿	不用支腿		用支腿	不用支腿	
6.5	7	2.9	9.7	6.8	2.7	16.1	6.7		22.3
8	5	2	9	4.8	1.9	15.6	4.7		22
9.5	3.8	1.5	8.1	3.6	1.4	15	3.5		21.5
11	3		6.6	2.9	1.1	14.2	2.7		20.9
12.5				2.3		13.1	2.2		20.2
14				1.9		11.6	1.8		19.4
15.5				1.6		10.2	1.5		18.4
17							1.2		17.2

注：1. 起升钢丝绳的最大作用拉力为 23 kN；起吊 16 t 时，倍率为 7。

2. 当臂长 12 m 时，不使用支腿，允许在平坦路面上，按不使用支腿的额定起重量的 75%吊重行驶，但行驶速度小于 5 km/h。

三、塔式起重机

1. 塔式起重机的组成和性能

(1)以 QTZ120 型塔式起重机为例，该起重机主要由平衡臂、塔顶、起重臂、上下支座、塔身、吊钩及主动台车、被动台车等组成，如图 3-42 所示。

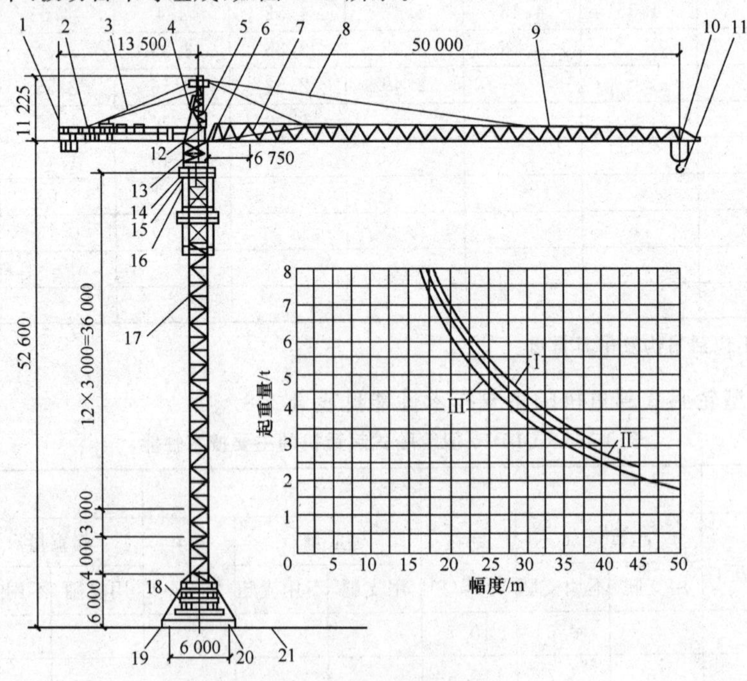

图 3-42 QTZ120 型塔式起重机(单位：mm)

1—平衡臂；2—起升机构；3—平衡臂拉杆；4—塔顶；5—力矩限制器；6—驾驶室；7—小车牵引机构；8—起重臂拉杆；9—起重臂；10—起重小车；11—吊钩；12—回转塔身；13—支座及平台；14—下支座；15—爬升架；16—起重量限制器；17—塔身；18—底架；19—主动台车；20—被动台车；21—轨道基础；Ⅰ—40 m 起重臂起重特性；Ⅱ—45 m 起重臂起重特性；Ⅲ—50 m 起重臂起重特性

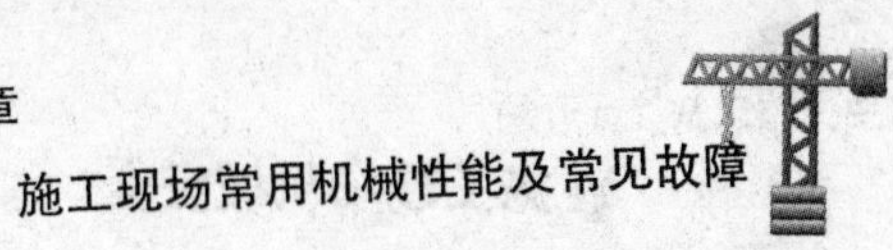

(2)下回转快速拆装塔式起重机和上回转自升塔式起重机的主要技术性能见表 3-209 和表 3-210。

表 3-209　下回转快速拆装塔式起重机的主要技术性能

性能指标		型号					
		红旗Ⅱ－16	QT25	QT40	QT60	QTK60	QT70
起重特性	起重力矩/(kN·m)	160	250	400	600	600	700
	最大幅度/起重载荷/(m/kN)	16/10	20/12.5	20/20	20/30	25/22.7	20/35
	最小幅度/起重载荷/(m/kN)	8/20	10/25	10/46.6	10/60	11.6/60	10/70
	最大幅度吊钩高度/m	17.2	23	30.3	25.5	32	23
	最小幅度吊钩高度/m	28.3	36	40.8	37	43	36.3
工作速度	起升/(m/min)	14.1	25	14.5、29	30、3	25.8、5	16、24
	变幅	4		14	13.3	40、15	2.46
	回转	1	0.8	0.82	0.8	0.8	0.48
	行走	19.4	20	25	25	25	21
电动机功率	起升/kW	7.5	7.5×2	11	22	22	22
	变幅	5	7.5	10	5	2、3	7.5
	回转	3.5	3	3	4	4	5
	行走	3.5	2.2×2	3×2	5×2	4×2	5×2
质量	平衡重/t	5	3	14	17	23	12
	压重/t		12				
	自重/t	13	16.5	29.37	25	23	26
	总重/t	18	31.5	43.37	42	46	38
轴距×轴距/m×m		3×2.8	3.8×3.2	4.5×4	4.6×4.5	4.6×4.5	4.4×4.4
转台尾部回转半径/m		2.5			3.5	3.57	4

表 3-210　上回转自升塔式起重机的主要技术性能

性能指标		型号					
		QT60/80	QTZ50	QTZ60	QTZ63	QT80A	QTZ100
起重特性	起重力矩/(kN·m)	600,700,800	490	600	630	1 000	1 000
	最大幅度/起重载荷/(m/kN)	30/20,25/32,20/40	45/10	45/11.2	48/11.9	50/15	60/12
	最小幅度/起重载荷/(m/kN)	10/60,10/70,10/80	12/50	12.25/60	12.76/80	12.5/80	15/0
起升高度	附着式/m		90	100	101	120	180
	轨道行走式	65,55,45	36			45.5	
	固定式		36	39.5	41	45.5	50
	内爬升式			160		140	

续表

性能指标			型号					
			QT60/80	QTZ50	QTZ60	QTZ63	QT80A	QTZ100
工作速度	起升	2绳/(m/min)	21.5	10～80	32.7～100	12～80	29.5～100	10～100
		4绳/(m/min)	14.3(3绳)	5～40	16.3～50	6～40	14.5～50	5～50
	变幅/(m/min)		8.5	24～36	30～60	22～44	22.5	34～52
	行走/(m/min)		17.5				18	
电动机功率	起升/kW		22	24	22	30	30	30
	变幅/kW		7.5	4	4.4	4.5	3.5	5.5
	回转/kW		3.5	4	4.4	5.5	3.7×2	4×2
	行走/kW		7.5×2				7.5×2	
	顶升/kW			4	5.5	4	7.5	7.5
	平衡重/t		5,5.5	2.9～5.04	12.9	4～7	10.4	7.4～11.1
质量	压重/t		46,30,30	12	52	14	56	26
	自重/t		41,38,35	23.5～24.5	33	31～32	49.5	48～50
	总重/t		92,74,70		97.9		115.9	
起重臂长/m			15～30	45	35,40,45	48	50	60
平衡臂长/m			8	13.5	9.5	14	11.9	17.01
轴距×轨距/m			4.8×4.2				5×5	

2. 塔式起重机的常见故障与排除方法

(1)塔式起重机液压系统常见故障与排除方法见表3-211～表3-213。

表3-211　系统压力不足,压力表读数低,不能顶升

现　象	原　因	排除方法
液压泵转向相反	电动机电源接错相位	调整电动机电源相位
换向阀失灵	阀芯定位不正确	更换或维修定位弹簧
溢流阀失灵	(1)溢流阀调整压力过低。 (2)溢流阀调压弹簧损坏。 (3)阀芯黏着	(1)调整溢流阀。 (2)更换调压弹簧。 (3)清洗阀芯
系统泄漏	(1)油管或接口破裂。 (2)液压缸内拉伤。 (3)密封圈损坏	(1)更换油管或接头。 (2)研磨缸体内壁。 (3)更换密封圈
液压泵转速过低	(1)供电电压不足。 (2)电动机转速过低	(1)调整供电电压。 (2)检修电动机

续表

现　象	原　因	排除方法
液压泵供油量不足	(1)液压油黏度过大。 (2)滤油器堵塞。 (3)液压泵磨损过大,容积率下降	(1)更换液压油。 (2)清洗滤油器。 (3)检修、更换液压泵

表 3-212　顶升(下降)不稳定,出现行走速度失控

现　象	原　因	排除方法
节流阀失灵	(1)节流阀流量过大。 (2)节流阀流量过小。 (3)阀芯弹簧失效	(1)减小节流阀流量。 (2)增大节流阀流量。 (3)更换弹簧
平衡阀失灵	(1)阀体不严。 (2)回油背压过低	(1)研磨或更换。 (2)增大回油背压
系统内有空气	(1)吸油管漏气。 (2)油面过低。 (3)油的黏度过大。 (4)油温过低	(1)更换吸油管。 (2)增加油量。 (3)更换液压油。 (4)空载运行,增加油温
单向阀失灵	(1)大流量单向阀不严。 (2)阀弹簧损坏	(1)研磨或更换单向阀。 (2)更换弹簧
油路连接错误	高低压油路接错,大流量阀误开启	正确连接油管

表 3-213　系统噪音

现　象	原　因	排除方法
液压泵故障	(1)齿轮泵齿形精度低。 (2)叶片泵困油	(1)两齿对研,达到精度要求。 (2)检修配油盘
机械振动	(1)电动机与液压泵安装误差大。 (2)电动机或液压泵轴承损坏。 (3)油管振动	(1)重新安装,控制同心度。 (2)更换轴承。 (3)紧固或增加管卡
液压泵吸真空	(1)手动截止阀未打开。 (2)吸油管漏油。 (3)油面过低。 (4)液压黏度过大。 (5)滤油器堵塞	(1)打开手动截止阀。 (2)更换吸油管。 (3)增加油量。 (4)更换液压油。 (5)清洗滤油器

(2)塔式起重机机构部分常见故障与排除方法见表 3-214～表 3-220。

表 3-214　塔式起重机吊钩尾部出现疲劳裂纹、危险截面磨损明显

原　因	排除方法
超过使用寿命,经常超载,材质有缺陷	更换吊钩
	检查磨损情况,磨损超过原尺寸的 10%应报废

表 3-215 塔式起重机滑轮磨损严重、轴向松动

原 因	排除方法
安装不符合要求，材质有缺陷	绳槽磨损达原壁厚的20%或径向磨损超过相应钢丝绳直径的25%应报废，更换新的滑轮
轴向紧固件紧固不牢	调整紧固件

表 3-216 塔式起重机卷筒出现裂纹、筒壁磨损

原 因	排除方法
超过使用寿命，经常超载，材质有缺陷	更换卷筒
	检查磨损情况

表 3-217 塔式起重机轴承过度发热、噪声大

原 因	排除方法
润滑不良，安装过紧	检查润滑油量，调整松紧程度
轴承中有污物，轴承元件损坏	清洗或更换轴承

表 3-218 塔式起重机制动器制动不良、过度发热

原 因	排除方法
制动器间隙过大，制动轮有油污，液压推杆行程不足	调整间隙，清除油污，调整推杆行程
制动器间隙过小	调整间隙

表 3-219 塔式起重机钢丝绳磨损过快、在滑轮中跳槽

原 因	排除方法
滑轮转动不灵敏，钢丝绳直径与滑轮不符	更换轴承或滑轮，钢丝绳磨损达到报废标准应报废
滑轮偏斜或位移	调整、固定轴向位置

表 3-220 塔式起重机安全装置不灵敏、失效

原 因	安全装置零部件失效或接线错误
排除方法	检查线路，更换部件，重新调整

四、门式、桥式起重机与电动葫芦

(1)门式、桥式起重机常见故障与排除方法见表 3-221～表 3-234。

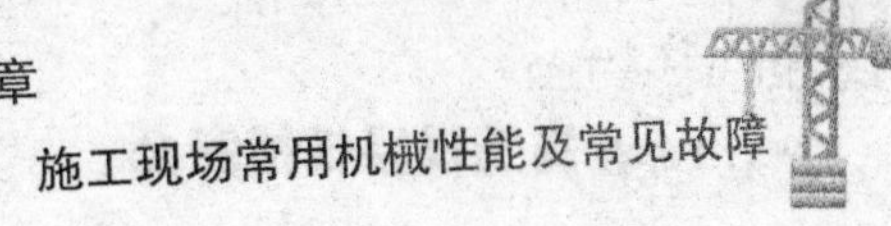

表 3-221　制动不灵、刹不住车，起升机构溜钩，运行机构溜车，断电后制动滑行距离过大

原　因	排除方法
制动器杠杆系统中有的活动铰链被卡住	加油润滑各铰接点
制动轮表面有油污	用煤油清洗制动轮工作表面
制动瓦衬严重磨损，铆钉裸露	更换制动瓦衬
主弹簧调整不当或弹簧疲劳、老化，张力、制动力矩过小	调整主弹簧的张力或更换已疲劳的主弹簧
电磁铁冲程调整不当	按技术要求调整电磁铁冲程
长行程制动器其水平杠杆下面有支撑物	清理长行程制动电磁铁工作环境
液压推杆制动器叶轮旋转不灵活	检修推动机构和电器部分

表 3-222　制动器打不开，制动力矩过大，电动机“没劲”

原　因	排除方法
制动瓦衬胶粘在制动轮上	用煤油清洗制动轮工作面及瓦衬
活动铰链被卡住	清除卡住地方的杂物，加油润滑铰链
主弹簧张力过大	调整主弹簧，使其符合标准要求
制动螺栓弯曲，未能触碰到动衔铁	调整或更换制动螺栓
电磁铁线圈烧毁	更换线圈
液力推动器油液使用不当	按工作环境更换适宜的油液
液力推动器的叶轮卡住	检查电器部分和调整驱动机构
电压低于额定电压的 80%，电磁铁吸力不足	测量电磁铁线圈电压值，查明电压降低的原因并予以解决

表 3-223　制动瓦衬有焦味、冒烟，瓦衬迅速磨损

原　因	排除方法
制动瓦衬与制动轮间隙不均匀，在机构运转时，摩擦生热冒烟	调整制动器，以达到间隙均匀，运转时瓦衬能脱开制动轮
辅助弹簧失效，推不开制动臂，瓦衬始终贴压在动轮上	更换辅助弹簧
制动轮工作表面粗糙	将制动轮工作表面重新加工

表 3-224 制动力矩不稳定

原 因	排除方法
制动轮不圆	重新车制制动轮
制动轮与减速器输入轴不同心	调整同心度，并使其一致

表 3-225 吊钩组坠落

原 因	排除方法
上升限位失效，造成钩头冲顶绳断，使吊钩组坠落	立即修复上升限位器，使其动作灵敏、工作可靠
重载时猛烈启动惯性力过大	遵守安全操作规程，平稳启动
严重超载或钢丝绳损坏	严禁超载，更换新的钢丝绳

表 3-226 吊钩组滑轮损坏

原 因	上升限位失效或操作不当，游摆碰撞所致
排除方法	修好上升限位器，遵守安全操作规程，提高操作技术

表 3-227 小车运行时打滑

原 因	排除方法
轨道上有油污、水或冰霜	清除油污、水或冰霜
轮压不均，特别是主动轮轮压太小	调整车轮轴的高低位置以增大主动轮的轮压
同截面内两轨道标高差过大，严重超过允许值	调整轨道的标准高差使其达到技术要求标准
启动过猛(鼠笼电动机启动时)	改变电动机启动方式或更换绕线式电动机

表 3-228 小车“三条腿”运行

原 因	排除方法
车轮直径偏差过大	按图样要求加工车轮
车轮安装精度不符合技术要求	按车轮安装技术标准调整安装精度
小车轨道安装不符合技术要求	调整小车轨道，使其符合技术要求标准
小车架变形	火焰矫正小车架，使其符合标准要求
小车轮轴不在同一水平面上，出现“瘸腿”现象	调整小车轮轴，使其在同一水平面上

表 3-229 大车轮啃轨

原 因	排除方法
两主动轮直径不等，超出允差，两侧车轮线速度不等，导致车体扭斜而啃轨	重新车制车轮，使两主动轮直径相等或更换两主动轮

续表

原　因	排除方法
传动系统中两侧传动间隙相差过大，造成大车启动不同步	检查传动轴键连接状况，齿轮联轴器啮合状况，各部螺栓连接状况，消除过大间隙，使两端传动协调一致
车轮安装精度差，车轮水平方向偏斜超差过大，引起车体走斜，车轮垂直偏差过大，导致车轮踏面直径出现相对差而使车体走斜发生啃道现象	调整车轮安装精度，使其水平偏斜度小于 $L/1\,000$，垂直度偏差小于 $h/1\,000$（L 和 h 分别为测量弦长）
金属结构变形，引起大车桥架对角线超差，使桥架出现菱形，导致运行大车啃道	可用火焰矫正法恢复桥架几何精度，达到设计标准
大车轨道安装精度差，标高、跨度均不符合安装技术要求	调整大车轨道，使其达到技术要求标准
轨道面有油污或冰霜	清除油污或冰霜
分别驱动时两端电动机额定转速不等	更换电动机，确保两电动机同步
两端串入的电阻器有断裂，致使两侧在运行时速度不等，导致车体扭斜而啃道	更换电阻器

表 3-230　金属结构主梁腹板或盖板发生疲劳裂纹

原　因	长期过载使用所致
排除方法	裂纹不大于 0.1 mm 时，可用砂轮将其磨平，裂纹较大时，可在裂纹两端钻不小于 $\phi 8$ 的小孔，然后沿裂缝两侧开 60°坡口，再以优质焊条补焊。重要受力部位应用加强板补焊

表 3-231　金属结构主梁焊缝或桁架接点焊缝有开焊

原　因	排除方法
原焊缝焊接质量差，有气孔、漏焊等焊接缺陷	用优质焊条补焊
长期超载使用	严禁超载使用
焊接工艺不当，产生大量焊接残余应力	采用合理的焊接工艺

表 3-232　金属结构主梁腹板有波浪变形

原　因	排除方法
焊接工艺不当，产生焊接内应力所致	采用火焰矫正方法，消除变形并用锤击，平整波浪且消除内应力
超负荷使用，使腹板失稳所致	严禁超载使用

表 3-233　金属结构主梁旁弯变形

原　因	制造时焊接工艺不当，焊接内应力与工作应力叠加或运输存放不当
排除方法	用火焰矫正方法在主梁的凸起侧火烤加热，并适当配合使用顶具或拉具以巩固矫正效果

表 3-234　金属结构主梁下挠

原　因	长期超载运行、热辐射作用、材质疲劳或运输不当等
排除方法	采用火焰矫正法，在顶起主梁的条件下，于主梁下方烘烤加热，冷却后使主梁拱起，并为巩固矫正效果、增大惯性矩和抗弯能力，在下盖板下面焊弓形底梁以加固，或采用张拉预应力拉杆法用以巩固矫正效果

(2)电动葫芦起重机的常见故障与排除方法见表 3-235～表 3-246。

表 3-235　制动失灵

原　因	排除方法
电动机轴断裂	更换电动机轴
锥形制动环装配不当，出现磨损台阶使制动失效	更换制动环，并正确安装

表 3-236　重物下滑或运行时明显刹不住车

原　因	排除方法
制动间隙太大	调整制动器间隙
制动环或制动轮磨损严重，并超过了规定值而未更换	更换制动环或制动轮
电动机轴或齿轮轴轴端紧固螺钉松动	将制动器卸下，拧紧松动的紧固螺钉
弹簧或碟簧失效	更换弹簧或碟簧

表 3-237　钢丝绳切断

原　因	排除方法
因起升限位器失灵被拉断	修理或更换限位器
超载过大	按规定吊载，不得超载
已达到报废标准仍继续使用	更换新的钢丝绳

表 3-238　钢丝绳变形

原　因	无导绳器，缠绕乱绳时钢丝绳进入卷筒端部缝隙中被挤压变形
排除方法	安装导绳器

表 3-239　钢丝绳磨损

原　因	排除方法
斜吊造成钢丝绳与卷筒外壳之间的磨损	禁止斜吊

续表

原　因	排除方法
钢丝绳选用不当，直径太大与绳槽不符	合理选用钢丝绳

表 3-240　钢丝绳空中打花

原　因	在地面缠绕钢丝绳时未能将钢丝绳放松伸直
排除方法	让钢丝绳在放松状态下重新缠绕到卷筒上

表 3-241　起升限位器负荷升至极限位置时不能限位

原　因	排除方法
电源相序接错，接线不牢	重新接线、修整
限位杆的停止挡块松动	紧固停止挡块在需要的位置

表 3-242　主梁上拱度减小至消失，甚至出现下挠

原　因	排除方法
超载起吊	按规定起吊或加载荷限制器
疲劳过度	利用火焰局部烘烤修复
使用环境恶劣(如高温烘烤)	改善工作环境

表 3-243　主梁振动或下挠过大，造成葫芦运行小车溜车

原　因	排除方法
超载起吊	按规定起吊或加载荷限制器
主梁刚度差	主梁补强(加大截面)
有共振因素影响	降低吨位使用，排除共振干扰

表 3-244　主梁工字钢等下翼缘下塌(出现塑性变形)

原　因	排除方法
超载过大	按规定起吊或加载荷限制器
葫芦轮压过大	增加葫芦车轮个数
工字钢翼缘太薄	选用异型加厚工字钢或在工字钢下翼缘下表面贴板补强
主梁下翼缘磨损严重、变薄，局部弯曲强度减弱	下塌严重、无法补强时主梁应报废

表 3-245　司机室振动与摇晃

原　因	排除方法
司机室本身刚度低，与主梁连接不牢	加强司机室的刚度

续表

原　因	排除方法
起重机梁动刚度性能差	增加减振装置
起重机运行振动冲击大	适当提高主梁刚度
当电动机为鼠笼电动机时不能调速	尽量采用双速鼠笼电动机，以减少启制动的冲击

表 3-246　零部件裸露表面锈蚀严重

原　因	排除方法
裸露的机构零件未进行镀锌或煮黑处理	更换经过镀锌或经过煮黑处理的零件
未进行打砂等预处理	对零部件进行打砂等预处理
未涂防锈漆	涂防锈漆
漆层剥落严重	重新涂防锈性能较好的漆层

五、卷扬机

1. 卷扬机的组成和性能

(1)以 JJKD1 型卷扬机为例，该卷扬机主要由 7.5 kW 电动机、联轴器、圆柱齿轮减速器、光面卷筒、双瓦块式电磁制动器、机座等组成，如图 3-43 所示。

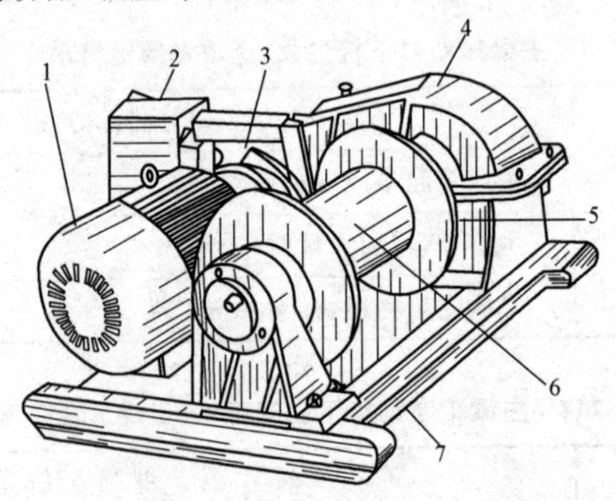

图 3-43　JJKD1 型卷扬机

1—电动机；2—制动器；3—弹性联轴器；
4—圆柱齿轮减速器；5—十字联轴器；6—光面卷筒；7—机座

(2)卷扬机的主要技术性能见表 3-247。

表 3-247　卷扬机的主要技术性能

性能指标	型　号							
	JK0.5	JK1	JK2	JK3	JK5	JK8	JD0.4	JD1
额定静拉力/kN	5	10	20	30	50	80	4	10

续表

性能指标		型号							
		JK0.5	JK1	JK2	JK3	JK5	JK8	JD0.4	JD1
卷筒	直径/mm	150	245	250	330	320	520	200	220
	宽度/mm	465	465	630	560	800	800	299	310
	容绳量/m	130	150	150	200	250	250	400	400
钢丝绳直径/mm		7.7	9.3	13～14	17	20	28	7.7	12.5
绳速/(m/min)		35	40	34	31	40	37	25	44
电动机	型号	Y112M－4	Y132M$_1$－4	Y160L－4	Y225S－8	JZR2－62－10	JB92－8	JBJ－4.2	JBJ－11.4
	功率/kW	4	7.5	15	18.5	45	55	4.2	11.4
	转速/(r/min)	1 440	1 440	1 440	750	580	720	1 455	1 460
外形尺寸	长/mm	1 000	910	1 190	1 250	1 710	3 190		1 100
	宽/mm	500	1 000	1 138	1 350	1 620	2 105		765
	高/mm	400	620	620	800	1 000	1 505		730
整机自重/t		0.37	0.55	0.55	1.25	2.2	5.6		0.55

2. 卷扬机的保养与维护

(1)每班保养。

1)检查润滑情况,按规定进行润滑。

2)检查卷筒轴承架、离合器、操纵杆等各部的连接是否可靠,并紧固连接螺栓。

3)检查钢丝绳,断丝不得超过规定值,钢丝绳在卷筒上排列要整齐。

4)检查制动器工作情况,操纵要灵活,制动要可靠,制动带要保持清洁和没有油污。

5)工作后清洁机体。

(2)一级保养。

卷扬机一般每隔 300 h 进行一级保养,除包括每班进行保养的全部工作外,还包括:

1)检查、调整制动器及离合器,清除油污,按规定调整间隙。

2)检查、调整电磁制动器。如销孔与销轴磨损过大、有松旷时,应更换销轴。调整制动瓦与制动轮之间的间隙,并达到规定数值。

3)检查传动装置,开式齿轮的轮齿不得有损坏和断裂现象。

(3)二级保养。

卷扬机一般每隔 600 工作小时进行二级保养,除包括一级保养的全部工作外,还包括:

1)检查制动器并清除油污。当制动带磨损过大且铆钉头接近外露时,应及时更换。制动带与制动轮之间的间隙应保持均匀,接触面积不应小于 80%。

2)检查齿轮、轴和轴承的磨损。齿厚磨损不得超过 20%,轴颈和铜套的间隙不大于 0.4 mm,滚动轴承的径向间隙不得大于 0.2 mm,否则应予修复和更换。

3)减速器齿面的磨损程度,侧向间隙不得大于 1.8 mm,各轴承间隙不得大于规定值。

4)检查油封的完好情况。

5)检查并清理操纵机构。

3. 卷扬机的常见故障及排除方法

卷扬机的常见故障及排除方法见表3-248～表3-251。

表3-248 卷筒不转或达不到额定转速

原　因	排除方法
超载作业	减载
制动器间隙过小	调整间隙
电磁制动器没有脱开	检查电源电压及线路系统，排除故障
卷筒轴承缺油	清洗后加注润滑油

表3-249 制动器失灵

原　因	排除方法
制动带(片)有油污	清洗后吹干
制动带与制动鼓的间隙过大或接触面过小	调整间隙，修整制动带，使接触面积达到80％
电磁制动器弹簧张力不足或调整不当	调整或更换弹簧

表3-250 减速器升温过高或有噪声

原　因	排除方法
齿轮损坏或啮合间隙不正常	修复损坏齿轮，调整啮合间隙
轴承磨损过甚或损坏	更换轴承
超载作业	减载
润滑油过多或缺少	使润滑油达到规定油面
制动器间隙过小	调整间隙

表3-251 轻载时吊钩下降阻滞

原　因	排除方法
制动器间隙过小	调整间隙
导向滑轮转动不灵	清洗并加注润滑油
卷筒轴轴承缺油	清洗并加注润滑油

六、施工升降机

1. 施工升降机的组成

施工升降机主要由传动系统、锥鼓限速器、吊笼、外笼、标准节、天轮架、对重、附墙架、吊杆、电缆保护架、电气设备、安全控制系统等组成。图 3-44 所示为齿轮齿条式(SC 系列)施工升降机。

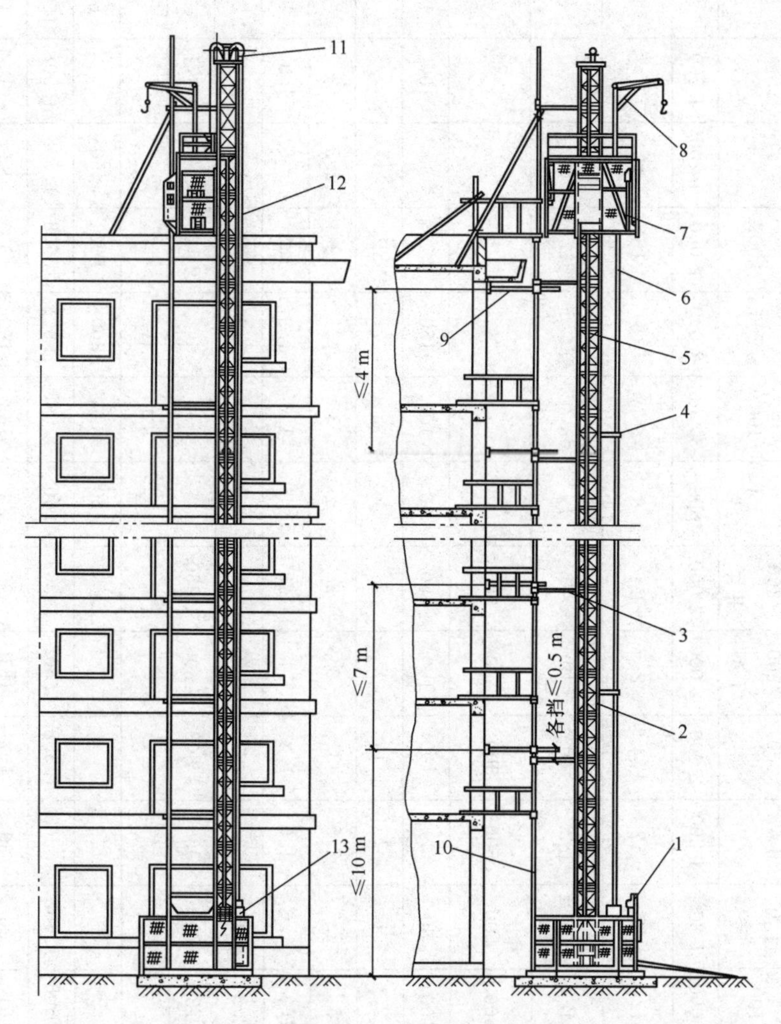

图 3-44　齿轮齿条式(SC 系列)施工升降机

1—底笼；2—导轨架；3—前附着架；4—电缆护杆；5—齿条；6—电缆；7—吊笼；8—小桅杆；9—后附着架；10—导柱；11—天轮架；12—对重用钢丝绳；13—对重

2. 施工升降机的技术性能

常用齿轮齿条式(SC 系列)施工升降机的主要技术性能见表 3-252。

表 3-252　常用齿轮齿条式(SC 系列)施工升降机的主要技术性能

性能指标			SCD 100	SCD 100 /100	SC120 Ⅰ型	SC120 Ⅱ型	SCD 200	SCD 200 /200 Ⅰ型	SCD 200 /200 Ⅱ型	SC80	SCD 100 /100A	SCD 200 /200	SCD 200 /200A	SC120	SF12A	SC100	SC100 /100	SC200/ D	SC200 /200D
额定值	载重量/kg		1 000	1 000	1 200	1 200	2 000	2 000	2 000	800	1 000	2 000	2 000	1 200	1 200	1 000	1 000	2 000	2 000
	乘员人数/(人/笼)		12	12	12	12	24	24	24	8	12	15	15	12		12	12	24	24
	提升速度/(m/min)		34.2	34.2	26	32	40	40	40	24	37	36.5	31.6	32	35	35	35	37	37
	安装载重量/kg		500	500	500	500	500	500	500										
最大提升高度/m			100	100	80	80	100	100	150	60	100	150	220	80	100	100	100	100	100
吊笼	数量/笼		1	2	1	1	1	2	2	1	2	2	2	1	1	1	2	1	2
	尺寸/m	长	3	3	2.5	2.5	3	3	3	3	3	3	3	2.5	3	3	3	3	3
		宽	1.3	1.3	1.6	1.6	1.3	1.3	1.3	1.3	1.3	1.3	1.3	1.6	1.3	1.3	1.3	1.3	1.3
		高	2.8	2.8	2	2	2.7	2.7	3.0	2.0	2.5	2.5	2.16	2.0	2.6	2.8	2.8	2.8	2.8
	单重/kg		1 730	1 730	700	950	1 800	1 800	1 950				2 100		1 971				
导轨架标准节	断面形状									△	□	□	□	△		□	□	□	□
	断面尺寸/mm									450	800	800	800	450		650	650	650	650
	长度/m		1.508	1.508	1.508	1.508	1.508	1.508	1.508	1.508	1.508	1.508	1.508	1.508	1.508	1.508	1.508	1.508	1.508
	质量/kg		117	161	80	80	117	161	220	83	163	163	190	83		150	175	150	150
电动机功率/kW			5	5	7.5	5.5	7.5	7.5	7.5	7.5	11	7.5	11	7.5	7.5	7.5	7.5	7.5	7.5
小吊杆吊重/kg			200	200	100	100	200	200	250	100			230						
对重/kg			1 700	1 700			1 700	1 700	1 700		1 800	1 300	2 000		1 765			1 200	1 200

参考文献

[1] 中华人民共和国住房和城乡建设部. JGJ 33—2012　建筑机械使用安全技术规程[S]. 北京:中国建筑工业出版社,2012.

[2] 袁化临. 起重与机械安全[M]. 北京:首都经济贸易大学出版社,2000.

[3] 寇长青. 工程机械基础[M]. 成都:西南交通大学出版社,2001.

[4] 陈裕成. 建筑机械与设备[M]. 北京:北京理工大学出版社,2009.

[5] 韩实彬,双全. 机械员[M]. 北京:机械工业出版社,2007.

[6] 李世华. 现代施工机械实用手册[M]. 广州:华南理工大学出版社,1999.

[7] 龚利红. 机械员一本通[M]. 北京:中国电力出版社,2008.

[8] 周立新. 中小型建筑机械[M]. 北京:中国建筑工业出版社,1993.

[9] 朱学敏. 起重机械[M]. 北京:机械工业出版社,2007.

[10] 曹善华. 建筑施工机械[M]. 上海:同济大学出版社,1992.

[11] 范俊祥. 塔式起重机[M]. 北京:中国建材工业出版社,2004.